本著作获得国家自然科学基金青年项目“互联网空间重塑效应对制造业
高质量发展影响研究：集聚—分散动态视角”（72203018）资助

中国城市制造业布局优化与高质量发展

季 鹏 著

U0157539

中国建筑工业出版社

图书在版编目（CIP）数据

中国城市制造业布局优化与高质量发展 / 季鹏著
. —北京：中国建筑工业出版社，2023.6
ISBN 978-7-112-28813-7

Ⅰ.①中… Ⅱ.①季… Ⅲ.①制造工业—工业布局—城市规划—研究—中国 Ⅳ.① TU984.13

中国国家版本馆 CIP 数据核字（2023）第 103715 号

责任编辑：张智芊
责任校对：姜小莲

中国城市制造业布局优化与高质量发展
季 鹏 著
*
中国建筑工业出版社出版、发行（北京海淀三里河路 9 号）
各地新华书店、建筑书店经销
北京雅盈中佳图文设计公司制版
北京中科印刷有限公司印刷
*
开本：787 毫米 × 1092 毫米 1/16 印张：15½ 字数：325 千字
2023 年 7 月第一版 2023 年 7 月第一次印刷
定价：69.00 元
ISBN 978-7-112-28813-7
（41140）
版权所有 翻印必究
如有内容及印装质量问题，请联系本社读者服务中心退换
电话：（010）58337283 QQ：2885381756
（地址：北京海淀三里河路 9 号中国建筑工业出版社 604 室 邮政编码：100037）

前　言

在过去的一个多世纪，城市空间结构经历了缓慢而显著的变化。昔日由单个城市核心及其农村腹地构成的城市空间形态发生了显著变化。随着城市产业规模的不断扩张，集聚的空间结构越发不稳定，在城市内部逐渐出现了去中心化和郊区化现象，而交通基础设施的完善、家庭小汽车的拥有量剧增、信息技术的突飞猛进加速了这一变化趋势。伦敦政治经济学院的经济学家理查德·奥布里恩曾发表“地理的终结（The end of geography）”论断，其研究指出，随着互联网和现代化通信技术的大规模应用，人、物、资金和信息的分布和流动将倾向于平均化和扁平化，地理差异将逐步消失。然而，三十年后的今天，英国、美国、日本等国家的地理空间差异并没有消失，甚至有愈演愈烈的趋势。反观中国，制造业在空间上出现了“集聚逆转”，产业空间集聚程度呈现下降趋势。

党的二十大报告明确了高质量发展是全面建设社会主义现代化国家的首要任务，坚持把发展经济的着力点放在实体经济上，加快建设制造强国、质量强国。制造业作为大国经济的“压舱石”，是实体经济的基础，是国家经济命脉所系，对于推动经济高质量发展至关重要。改革开放以来，中国制造业取得了举世瞩目的成就，但与世界先进水平相比，中国制造业在自主创新能力、资源利用效率、产业结构水平、信息化程度等方面仍存在明显差距。因此，推动制造业高质量发展成为中国经济高质量发展的新引擎。

2015 年，中央城市工作会议提出“城市发展要把握好生产空间、生活空间、生态空间的内在联系，实现生产空间的集约高效、生活空间宜居适度、生态空间山清水秀”的总体要求，为城市生产空间发展思路指明了方向。随着工业技术的不断进步，各个城市对资源的开采利用已达到顶峰，城市空间作为生产活动的载体逐渐成为一种获得竞争优势的新资源，通过空间重构提高制造业发展质量，成为城市内部产业增强生命力的新手段。在信息技术革命和知识经济浪潮推动的全球产业技术重组背景下，城市产业空间重构已逐步成为主导城市高质量发展的有效抓手。

经济学理论告诉我们，任何一个地区或城市的发展，都是通过空间结构的调整和优化来完成的，都是把结构调整作为转变经济发展方式的主攻方向，都是建立起既符合“五位一体”总布局要求，又适应域情的特色个性空间结构。只有将空间结构与生产力布局有机结合起来，才能够实现城市全域空间资源的优化配置。我们可以观察到，不同城市建立的特色空间结构，从本质上讲，就是生产关系在经济社会发展中特定的空间具象表现形态，由此形成城市在产业发展层面的空间结构。正如习近平总书记所指出的："城市空间结构直接关系城镇化质量，影响房价、交通、生态等城镇人居环境和竞争力，处理不好会滋生和助长城市病。"

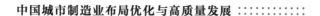

本书基于核心－边缘理论、新经济地理理论以及动态集聚经济理论，梳理城市制造业空间演变规律及其对高质量发展的影响机理，并以全国地级及以上城市为研究样本，结合企业微观数据，从离心性、空间分离度和聚集性三个角度刻画中国城市制造业空间布局演变特征，从城市、行业、企业三个尺度实证检验城市制造业空间布局变化对高质量发展的影响及内在机制，并以高质量发展为导向，结合相关制度规划，探索不同类型城市、细分行业制造业布局优化的路径和方向。最后，分别对高技术制造业空间布局的经济绩效、职住分离对城市空间利用效率的影响等问题开展专题研究，并结合数字经济时代背景，初步探讨信息技术时代城市制造业空间布局演变的新规律。

目 录

1 绪论

1.1 研究背景

在过去的一个多世纪，城市空间结构经历了缓慢而显著的变化。过去由城市核心和农村腹地组成的城市工业空间布局已越来越淡出了人们的视线。随着城市产业规模的不断扩张，集聚的空间结构越发不稳定，在城市内部逐渐出现了去中心化（Decentralization）和郊区化（Suburbanization）现象，而交通基础设施的完善和家庭小汽车的拥有量剧增加速了这一变化趋势。与西方国家人口郊区化先行、产业紧随其后的空间变迁模式不同，中国城市空间结构的变化首先表现在产业的空间布局重构上，又具体体现在制造业空间布局变动上。本书在以下几点背景下，开展城市内部制造业空间布局及其对高质量发展的影响研究。

1.1.1 城市制造业高质量发展是我国实现经济高质量发展的重要载体

如何实现我国经济的持续稳定增长，是改革开放以来以及未来很长一段时间我国经济发展面临的主要问题。党的二十大报告指出，“高质量发展是全面建设社会主义现代化国家的首要任务”，进一步凸显了高质量发展的全局和长远意义，为推动经济发展质量变革、效率变革、动力变革指明了前进方向。改革开放以来，中国经济持续快速增长创造了世人瞩目的“中国奇迹”，这主要依赖于过去中国较高的资本形成率、较快的资本累积速度、人口红利带来的充裕劳动力以及快速的出口贸易增长。但随着中国经济进入新常态，人口老龄化趋势明显，人口红利逐渐消失，资本形成和出口面临瓶颈，预测很难维持中国经济未来二十年的高速增长。全面建设社会主义现代化国家新征程，必须牢牢把握将高质量发展作为首要任务，以解决好质的问题为根本遵循，推动经济社会高质量发展，为全面建成社会主义现代化强国奠定坚实基础。党的二十大报告强调要坚持把发展经济的着力点放在实体经济上，推进新型工业化，加快建设制造业强国、质量强国。制造业是实体经济的主体，是供给侧结构性改革的重要领域和技术创新的主战场，也是现代经济体系建设的主要内容。制造业高质量发展是经济高质量发展的关键支撑，关系到制造强国的建设、实现中华民族伟大复兴、实现第二个百年奋斗目标等重大战略，从根本上决定着我国未来的综合实力和国际地位。在新发展格局下，要完整、准确、全面贯彻新发展理念，顺应产业变革大势，把握产业发展规律，不断强化制造业核心竞争力。在推进制造业高质量发展的过程中，城市是重要的空间载体。近年来，各地政府纷纷将“制造强市”“工业立市”“制造业当家”作为战略发展目标，将推进制造业高质量发展摆在更重要位置。城市承载着制造业转变发展方式、优化产业结构、转换增长动力的重要使命，是发展先进制造业和打造世界级产业集群的重要依托。随着城市内部劳动力成本上升，矿产等自然资源开发利用收窄，依靠粗放型人力、资本和资源投入发展的传统制造业已经无法为城市的可持续发展提供源源不断的动力，生产资源的空间合理配置调整成为各城市发展到一定阶段的必经过程，其中制造业作为城市经济发展的主要力量，在经历初级工业化、重工业化、高加工度化和知识技术高度密集化的渐次演变过程中，产业结构的调整必然会引起产业布局的变化，而产业布局的变化反过来还会促进产业结构升级。城市制造业高质量发展不仅对城市推动制造业结构转型与产业升级有着重要现实意义，更对推动我国经济高质量发展，加快建设制造强国有着重要战略意义。

1.1.2 全球产业技术重组推动我国城市产业空间布局加速转变

经过前几轮工业革命，欧美国家迅速积累了财富，完成了工业化进程，随后逐渐放弃了工业这一经济支柱，将劳动力和资本大量转向第三产业。在全球经济经历了 2008 年金融危机之后，发达国家逐渐意识到过分依赖第三产业带动经济发展的路径是错误的。新一轮科技革命和产业变革在全球兴起，世界上主要工业化国家之间掀起了产业重构和重新规划产业发展战略的浪潮。特别是以美国为代表的西方国家，更是将制造业回归当作振兴国民经济的重要战略。例如，2012 年，美国奥巴马政府提出并实施了“国家制造业创新网络”计划，推动国会于 2014 年通过《振兴美国制造业和创新法案 2014》。2016 年 9 月，“国家制造业创新网络”正式更名为“美国制造”。德国在 2013 年汉诺威工业博览会上提出工业 4.0 的概念，旨在利用自身工业先发优势，进一步提升工业竞争力，在新一轮工业革命中占领先机。全球制造业格局重塑对中国制造业的发展既是机遇也是挑战。德国的经验也表明，继续发展工业，推动工业化升级，从制造业大国迈向制造业强国，不仅关系到现代产业体系的构建，更关系到未来整个国家经济高质量的发展。针对如此复杂的国际环境，中国始终坚持以制造业为国民经济的主体，视其为立国之本、强国之基。习近平总书记在不同时期、不同场合多次强调制造业的重要性，指出“中国必须搞实体经济，制造业是实体经济的重要基础”[①]。新中国成立特别是改革开放以来，中国制造业持续快速发展，建成了门类齐全、独立完整的产业体系。经过 70 多年的砥砺奋进，我国已成为全世界唯一拥有联合国产业分类中所列全部工业门类的国家[②]，制造业规模更是达到了世界之最。根据国家统计局数据显示，2021 年，中国国内生产总值达到 113.3 万亿，其中制造业占比高达 27.71%，是维系中国经济发展的命脉产业，而制造业增加值由 1990 年的 8983.79 亿元增加到 2021 年的 31.4 万亿元，在全球占比由 1990 年的 3.31% 增加到 2021 年的近 30%，逐渐超过德国、日本、美国，成为世界第一制造业大国。但是，与世界先进制造水平相比，我国制造业仍面临大而不强的问题，特别是在信息化程度、自主研发创新、资源利用率以及质量效益等方面还存在差距。

---

① 人民网 . 如何把制造业搞上去？习近平这样说 [EB/OL].（2019-09-18）[2020-04-11]. http://finance.people.com.cn/n1/2019/0918/c1004-31360867.html.

② 人民网 . 成就举世瞩目 发展永不止步 [EB/OL].（2019-09-21）[2020-04-11]. http://politics.people.com.cn/GB/n1/2019/0921/c1001-31365403.html.

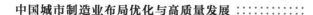

美国的“再工业化”、英国的“现代工业战略”、德国的“工业 4.0”和“中国制造 2025”等国家级战略相继提出，意味着全球正式进入制造业争夺时代，最终将带来全球范围的产业重构。产业空间重构在宏观层面决定了一个国家的地区间整体资源和生产力匹配效率，在微观尺度上决定了一个地区的发展和福利水平。在新一轮工业革命浪潮下，全球性产业技术重组必然会推动城市产业空间结构的加速转变。

2015 年，习近平总书记在中央城市工作会议中明确提出“城市发展要把握好生产空间、生活空间、生态空间的内在联系，实现生产空间集约高效、生活空间宜居适度、生态空间山清水秀”的总体要求，为城市生产空间发展思路指明了方向。随着工业技术的不断进步，各个城市对资源的开采利用已达到了顶峰，如何优化城市空间结构，从而最大限度地提高城市土地资源的配置和利用效率，成为我国城市发展中迫切需要解决的重大课题。合理的产业布局有利于促进人力、物力、财力和时间的节约，提高经济效益；有利于促进人才流动、技术示范与技术竞争，促进创新与创业；有利于根据资源环境承载力、现有开发密度与开发潜力，调整产业布局，实现人与自然和谐发展。罗勇和曹丽莉（2005）认为“制造业是集群特征最为明显的产业”，制造业的空间布局对整个城市空间结构乃至城市发展产生了重要影响。因此，在有限的资源条件下，城市土地和空间成为一种获得竞争优势的新资源，通过空间重构促进制造业高质量发展，成为城市内部产业增强生命力的新手段。在信息技术革命和知识经济浪潮推动的全球产业技术重组背景下，城市产业空间重构已逐步成为主导城市高质量发展的有效抓手。

1.1.3 快速城市化和工业化推动下的城市制造业布局：“去中心化”和“郊区化”

改革开放以来，中国的城镇化水平得到了前所未有的飞速发展，根据国家统计局公布数据①，2021 年中国常住人口城镇化率达到 64.72%，比 1979 年的 19.99% 增长了三倍有余。与此同时，中国特色社会主义工业化道路取得了巨大成功。但是，快速的城市化和工业化进程在促进城市经济快速发展的同时，也造成了部分城市产能过剩、地价上升以及环境污染等“城市病”问题。随着交通设施的日臻完善和通信技术的迅猛发展，运输成本和通信成本下降，进一步降低了空间临近的重要性，加之“退二进三”产业调整政策的指引，中心城区的工业企业特别是高耗能、高污染、效益差的传统制造业纷纷迁出中心城区。据统计，2004 年，中国城市市辖区制造业就业人数占市辖区总就业人数的 33.5%，到了 2019 年，这一比重下降到了 25.5%。而 2004 年，中国城市非市辖区制造业就业占非市辖区总就业人数的比重为 19.9%，到 2019 年，这一比重增长到了 29.4%②。可见，在产业转型升级的时代背景下，制造

① 资料来源：国家统计局，《中华人民共和国 2021 年国民经济和社会发展统计公报》。
② 数据来源：根据《中国城市统计年鉴》相关数据计算所得。

业并不会完全退出城市，而是在城市产业中仍占据一定比例。但从数据上来看，制造业在城市整体空间布局正由中心城区向外围郊区转移。

1.1.4 土地使用制度改革下城市企业空间区位的重新抉择

集聚效应是产业空间布局形成和演变的主要驱动力，但是中国与西方国家的城市产业布局方式和过程并不一致。一般来说，西方国家城市的资源集聚过程是市场自发的，而中国特有的行政体制使得重要生产资源或要素都是从中央到地方、从上级城市到下级城市逐次分配。在城市内部，产业空间布局也在很大程度上受到政府整体规划的影响。例如，在中华人民共和国成立初期，土地使用权采取无偿划拨的方式进行分配，国家根据各省的生产计划和规划将城市土地无偿分配给用户。到20世纪80年代初期，城市土地改革要求使用者根据土地价值和其他市场因素来支付土地使用权，新的城市土地权和城市土地税制度开始允许土地价值和土地价格由地理位置、供给和需求决定，以国务院2006年发布的《国务院关于加强土地调控有关问题的通知》(以下简称《通知》)为例，《通知》明确规定“工业用地必须采用招标拍卖挂牌方式出让，其出让价格不得低于公布的最低价标准”。土地作为城市生产活动的主要投入要素，在过去长期的无偿使用制度下，其区位优势所带来的超额利润为城市企业所占有，企业的发展受土地价值规律变化的影响作用较小，企业为获得市场临近优势、低运输成本而临近市中心布局。而土地有偿使用制度的实施，使得土地价格成为影响企业生产成本的重要因素，在追逐利润最大化目标动机下，企业区位选址因将土地成本作为重要成本因素考虑而发生重大变化，特别是相对于服务业，制造业企业往往需要大面积的厂房进行生产，因此，土地成本的上升使得城市制造业空间布局出现较大变化。

1.1.5 信息技术冲击下城市内部制造业空间重塑

三十年前，伦敦政治经济学院的经济学家理查德·奥布里恩（1992）曾发表“地理的终结（The end of geography）”论断，其研究指出，随着互联网和现代化通信技术的大规模应用，人、物、资金和信息的分布和流动将倾向于平均化和扁平化，地理差异将逐步消失。然而，三十年后的今天，英国、美国、日本等国家的地理空间差异并没有消失，甚至有愈演愈烈的趋势。反观中国，在互联网快速发展时期，中国制造业在空间上出现了“集聚逆转”，产业空间集聚程度呈现下降趋势。正如蒸汽机时代，产业向动力源周围集聚；电气化时代，铁路扩展了产业的分布范围；在互联网时代，制造业空间布局正发生着深刻变革。

在城市内部，集聚的空间结构同样愈发不稳定，无论是西方国家城市还是国内城市都有制造业外迁的现象，昔日由单个城市核心及其农村腹地构成的城市产业空间形态发生了显著变化。信息技术的发展对城市制造业空间的重塑发挥了重要作用。

综上所述，在数字经济时代，全球制造业格局重组、中国经济转型发展以及制造业转型升级的重要时期，空间资源的合理布局成为城市经济高质量可持续发展的重要突破口。究竟何种空间布局方式更有利于城市制造业高质量发展？各个行业是否表现出不同的特征？本书利用中国地级及以上城市的制造业企业微观数据，首先分析了中国城市制造业空间布局的演变特征，并从城市、行业、企业三个层面探讨制造业空间布局对高质量发展的影响及作用机制。探索高质量发展导向下，如何在城市内部合理地进行制造业空间布局规划，旨在为政府产业空间规划提供理论支持。

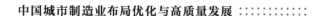

1.2 核心概念界定与说明

1.2.1 制造业的定义及分类

制造业是工业的重要组成部分，根据维基百科定义，制造业是指使用人工、机器、工具，通过化学和生物加工或配比制造的可供人们使用或销售的商品，可泛指从手工艺品到高科技的一系列产品，但最常用于工业生产中。制造业产品既可以通过零售商直接出售给最终用户和消费者，也可以作为中间制成品生产其他更复杂的产品。国家统计局将制造业界定为“经物理变化或化学变化后成为新的产品，不论是动力机械制造，还是手工制作；也不论产品是批发销售，还是零售，均视为制造”。

根据 2002 年版《国民经济行业分类》GB/T 4754—2002，将制造业二位数代码在 13–43 区间的 30 个行业界定为制造业。当前对制造业行业的分类主要有两类标准：其一是根据要素密集度的不同进行行业分类，例如江静等（2007）根据要素密集程度将制造业行业划分为劳动密集型、资本密集型和技术密集型三类。张万里和魏玮（2018）在此基础上将资源密集型行业分出，把 30 个制造业 2 位码行业划分为资源密集型行业、劳动密集型行业、资本密集型行业、技术密集型行业四类，具体分类结果见表 1–1。其二是撇开劳动和资本密集程度的差别，仅以技术密集程度作为划分标准，例如郭克莎（2005）、傅元海等（2014）依据经济合作与发展组织（OECD）基于产业研究与开发（R&D）经费的投入强度界定制造业行业分类标准，按照 ISIC Rev.3 分类标准对应工业企业微观数据库中 4 位码行业，将制造业划分为高技术行业、中高技术行业、中低技术行业、低技术行业四类，结果如表 1–2 所示。

按要素密集度的行业分类　　表 1–1

类型	行业名称
资源密集型行业	农副食品加工业；石油、煤炭及其他燃料加工业；烟草制品业；非金属矿物制品业；皮革、毛皮、羽毛及其制品和制鞋业；金属制品、机械和设备修理业；木材加工和木、竹、藤、棕、草制品业；废弃资源综合利用业
劳动密集型行业	食品制造业；造纸和纸制品业；酒、饮料和精制茶制造业；印刷和记录媒介复制业；纺织业；其他制造业

续表

类型	行业名称
资本密集型行业	纺织服装、服饰业；橡胶和塑料制品业；家具制造业；黑色金属冶炼和压延加工业；文教、工美体育和娱乐用品制造业；有色金属冶炼和压延加工业；化学纤维制造业；仪器仪表制造业
技术密集型行业	化学原料和化学制品制造业；铁路、船舶、航空航天和其他运输设备制造业；医药制造业；电气机械和器材制造业；通用设备制造业；计算机、通信和其他电子设备制造业；专用设备制造业

资料来源：根据相关文献整理。

按技术密集度的行业分类　　表 1-2

类型	行业名称
高技术行业	计算机、通信和其他电子设备制造业；医药制造业；仪器仪表制造业
中高技术行业	化学原料和化学制品制造业；专用设备制造业；化学纤维制造业；铁路、船舶、航空航天和其他运输设备制造业；通用设备制造业；电气机械和器材制造业
中低技术行业	石油、煤炭及其他燃料加工业；金属制品、机械和设备修理业；黑色金属冶炼和压延加工业；橡胶和塑料制品业；有色金属冶炼和压延加工业；非金属矿物制品业
低技术行业	农副食品加工业；木材加工和木、竹、藤、棕、草制品业；食品制造业；家具制造业；酒、饮料和精制茶制造业；造纸和纸制品业；烟草制品业；印刷和记录媒介复制业；纺织业；文教、工美体育和娱乐用品制造业；纺织服装、服饰业；其他制造业；皮革、皮毛、羽毛及其制品业；废弃资源综合利用业

资料来源：根据相关文献整理。

1.2.2 城市制造业布局

1.2.2.1 空间布局

空间布局指的是地理事物在地球表面展开的空间范围和位置排列状态。赵作权（2009）认为空间布局是一种地理栅格，是在二维空间上的中心、方位及其自身地理范围空间的密度和形态。蒋宏凯（2004）认为空间布局是指特定组织所涉及的横向或纵向层级在地区分布上的结构，包括地理的远近、分散在各地区的层级数目等。

城市经济学将空间看作城市存在的基本形式，并将城市空间结构的内涵分为三个方面，即密度、布局和形态。城市空间布局作为城市空间结构的一个维度，指的是构成城市的各要素在城市发展过程中，按照经济活动对区位发展的特殊要求，具体地有指向性地分布在城市空间某一位置上。因此，空间布局不仅仅是简单的地理概念，还包括组织、功能等因素。

1.2.2.2 产业空间布局

1. 产业空间布局的基本含义

产业空间布局又称产业空间分布、产业空间配置，是指产业在特定地域范围内（一个国家或一个地区）的空间分布和组合，所体现的是一种社会经济现象，涉及多层次、多行业、多部门以及多种因素影响，具有完整性和持久性的特征。具体来说，产业空间布局的含义可以表现为静态和动态两个层面：在静态上表现为形成产业的各部门、各要素和各链路在空间上的分布形态和地域上的组合；在动态上表现为生产能力、生产要素以及各个企业组织选择最佳区位的过程中，在地域空间上产生的流动、转移或重新组合的配置与再配置过程。

不同的学科对产业空间布局进行了不同角度的解读。例如，区域经济学主要将研究视角放在区域内综合的整体空间上，把区域内的各产业看作具有一定功能的有机体。空间经济学借助垄断竞争模型，引入规模收益递增假定，解释历史偶然事件如何经循环累积而产生锁定效应，形成“强者更强，弱者更弱”的产业空间布局变化过程，这类产业空间布局的变动具有经济指向性，关注产业活动在原有中心继续加强，还是转移到其他地区。本书的研究主要从城市经济学的角度探讨城市范围内产业空间的分布特征。城市经济学是从经济学的视角解释城市问题的学科，既涉及经济学范畴下人们如何在稀缺的资源下进行行为决策，也思考了资源如何在空间上进行合理配置以及经济活动的起源地问题。因此，城市经济学对产业空间布局的研究一般聚焦在城市内部，以租金理论和选址理论为核心，研究企业在追逐利润最大化条件下的区位选择，进而在一般均衡框架下从空间和时间维度讨论产业空间布局问题。

2. 产业空间布局与产业集聚的关系

为了更加明确产业空间布局的含义，该部分通过与其较为相关且含义更为明确的产业集聚的概念进行比较。产业集聚与产业空间布局既有联系，又有区别。二者都是描述生产活动在地域空间上的分布形态问题，但产业集聚更多是描述特定空间上大量企业集中在某个或某几个区域的非均衡布局形态，而产业空间布局则更多是描述生产活动多维度的形态，例如集中布局与分散布局、均衡布局和非均衡布局，都是描述产业空间布局的某种特征。关于二者之间的关系，国内外学者主要有三种解释：第一种是狭义地认为产业空间布局就是产业集聚，这也是为什么大量的关于产业空间布局的研究都只是涉及产业集聚；第二种解释认为产业集聚只是产业空间布局的一种表现形式，即产业趋向集中的布局形式；第三种解释认为产业空间布局是产业集聚的动态表现形式。产业集聚产生的规模效应使得产业在空间上趋于集中，因此表现出非均衡产业空间布局，随着产业集聚程度增加，集聚不经济现象的出现使得企业从特定区域迁出，在空间上更加分散，因此表现出均衡产业空间布局。在本书的研究中，我们更倾向于第二种和第三种解释的结合，即一方面，产业集聚是产业空间布局最终状态的形成动因，另一方面将产业聚集性看作产业空间布局的一种表现形式。

1.2.2.3 城市制造业布局的多维度内涵

从产业空间布局的规划需求出发，可以将产业空间布局分为国家、区域和城市三个层级。国家层级的产业布局是从整个国家产业发展战略出发，统筹考虑各地区自然条件、技术水平、发展阶段，综合规划产业布局的总体框架。区域层级的产业布局基于区域发展定位，研究第一自然、第二自然、第三自然和区域政策作用下，产业布局的要素指向、市场指向、枢纽—网络和政策指向等模式。城市层级的产业布局则从创造有序的城市生产、生活空间出发，研究聚集经济与功能分区、聚集不经济与功能疏解、多维转向与产城融合等规律。城市层级的产业空间布局本质任务是合理、有效、公正地创造有序的城市生产生活空间环境。

本书研究的是城市制造业空间布局，即对城市层级制造业空间布局的研究，主要涉及城市内部生产活动的分布与组织状态，既有一般产业空间布局的特征，又在城市经济学框架下有其特殊的含义。本书认为，城市产业空间布局是指在城市这一特定空间范围上，从有限的资源、要素到各个追逐利润最大化的企业组织选择最佳区位的过程中，在城市内部空间上产生的流动、转移或重新组合的配置与再配置结果。其表现形式既可以是空间集聚等非均衡布局，也可能是分散等均衡布局。

鉴于当前我国城市制造业普遍存在的“郊区化”现象，单纯地从集聚视角难以较全面地刻画城市制造业的空间布局特征。因此，本书主要从三个切入点考察城市制造业空间布局特征：第一是离心状态，主要聚焦在制造业空间分布的离心程度（Centrifugation），与之相对的是向心程度；第二是分离状态，主要考虑制造业的空间分离程度（Spatial separation），与之相对的是空间临近程度；第三是非均匀分布状态，主要讨论制造业在城市空间的聚集性程度（Concentration），与之相对的是均匀分布程度。具体地，本书所使用描述城市制造业空间布局的三个指标定义如下：

1. 离心性

从字面来看，离心性布局是以某处为中心基点，其他经济社会活动与中心之间的一种空间关系。因此，我们需要明确两个定义：其一是“什么是”中心，其二是经济社会活动与中心之间的空间关系。在城市空间范围上，城市的经济中心通常被认为是城市的中央商务区，又称中心商务区或简称为 CBD（Central Business District），该词起源于 20 世纪 20 年代的美国，意为商业汇集之地。最早由美国城市地理学家 E·W·伯吉斯于 1923 年在其创立“同心圆模式”中提出，他认为在城市地域结构中，城市中心必是商务会聚之处[①]。后来由 Alonso（1964）、Mills（1967）和 Muth（1969）创建的城市经典单中心模型（以下简称“AMM 模型”）认为 CBD 是城市所有企业集中的区域，也是通勤工人的工作地。现代意义上的中央商务区是集金融、商务、信息、贸易和中介服务机构于一体，拥有大量商务办公、商店、公寓等配套设施，具备完善的市政通信和交通，便于商务活动的场所[②]。经济社会活动与中心的空间关系既可以是向心的，也可能是离心的。Anas 等（1998）认为“在全市范围，经济活动根据它临近 CBD 的情况可能表现出向心或离心”。早期的区位论以及单中心理论更倾向于认为城市经

① 资料来源：《中国土木建筑百科辞典：城市规划与风景园林》。
② 资料来源：《现代地理科学词典》。

济活动表现出向心布局，特别是生产活动集中在单一的城市中心，经济密度随着到中心的距离而递减。而随着城市的不断发展，城市产业在不同时期出现了不同程度的郊区化现象，也就是离心布局。产业离心布局的动因主要来自于两方面：一方面是城市发展到一定阶段，其内部经济活动在市场向心力和离心力两种作用下的区位再选择；另一方面来自于政府政策对经济活动区位选择的引导，例如产业园区等地域性优惠政策和产业疏解等战略规划。不同国家城市产业的离心布局演进过程也存在不同，例如，Glaeser 和 Kahn（2001）认为美国城市经历了两次郊区化浪潮，第一次郊区化浪潮指的是城市居民将住房迁往郊区，19 世纪末的第一批通勤火车和有轨电车开启了城市工人在郊区和市中心之间的通勤。第二次郊区化浪潮发生在 20 世纪末，工作岗位也迁移到郊区，城市居民不仅居住在郊区，而且工作也在郊区，制造业郊区化的现象最为常见。与美国不同的是，我国城市的郊区化是从产业郊区化开始的。崔功豪和武进（1990）通过分析南京等城市边缘区土地利用的发展过程和经济社会特征发现，人口和经济社会结构随到市中心距离的空间布局具有一定的规律，临近城区的距离是决定边缘区用地结构、经济活动质量的重要因素。在空间分布上，工业用地始终位于郊区化的前沿，即工业用地郊区化带动居住和商业用地的外移。

综上所述，本书利用离心性的概念来衡量城市制造业生产活动与 CBD 的空间关系，具体利用制造业企业到 CBD 的加权距离衡量城市制造业在空间上的离心程度。

2. 空间分离度

空间分离度的概念最早由 Midelfart—Knarvik 等（2002）提出，用来衡量产业在欧洲各国之间的分布情况。该研究认为传统的集聚指标只能够衡量各个产业在少数几个国家的集中程度，而无法告诉人们这些产业集聚的少数几个国家是相互临近还是分离的。因此，采用空间分离度的概念来描述这种产业在空间上的相互关系。例如，考虑整体上表现出相同均匀分布程度的两个产业，其中一个产业主要分布在相互临近的两个国家，而另外一个产业分布在距离较远的两个国家，这两个产业尽管表现出相同的集聚程度，但空间分离度是有很大差别的。

我国地域广大，一省之规模类似于欧洲一国，相比欧洲国家和地区，我国城市的规模也要大得多，城市内部结构更加丰富，整体功能也更完善。因此，本书将空间分离度的概念引入到城市内部，用来描述产业在城市内部空间的临近或分离状态，并衡量产业活动彼此间的空间分离程度。

图 1-1 展示了离心性与空间分离度视角下，描述产业空间布局的示意图，图 1-1（a）表示离心性维度的衡量，主要以城市 CBD 为参照；图 1-1（b）表示空间分离度的衡量，表示城市内部经济活动的相对分离程度。

3. 聚集性

产业聚集也称产业集聚，其概念涵盖多个学科知识，从而形成不同角度但含义相近的解

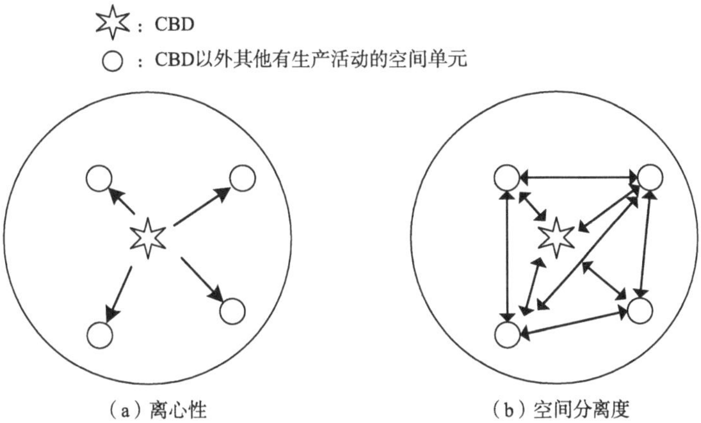

图 1-1 离心性与空间分离度示意图

资料来源：作者绘制。

释。产业聚集的概念最早可以追溯到新古典经济学代表人物马歇尔，其在 1890 年出版的《经济学原理》中提到，特定区域内由于某种产业的集聚引起该区域企业整体成本的下降，而且外部规模经济是由于许多性质相似的小型企业集中在工业区而形成的。不过，马歇尔对于产业聚集概念的阐述主要是从相关产业的生产联系角度分析的，并没有考虑地理临近性的视角。在马歇尔之后，古典区位论学者从空间地理临近视角定义了产业聚集。例如，德国经济学家阿尔弗雷德·韦伯 1909 年在其《工业区位论》一书中把聚集经济函数定义为一种工业的经济函数，他认为，“聚集是一种优势，或是一种生产的低成本化，或者是生产被带到某一地点上所产生的市场化”。胡佛同样将产业聚集看作一种优势，这种优势会产生规模经济效应、地方化经济和城市化经济收益。艾萨德把产业聚集看作是一种生产和劳动高度分工在地区经济上的表现。米尔斯把聚集经济直接定义为企业在空间上的群居现象。

与产业聚集相关的概念还包括产业簇聚（Industrial complexes）、产业集群（Industrial cluster）。产业簇聚的提出可以追溯到 1971 年 Czamanski 发表的一篇关于产业聚集的研究论文，该研究对产业簇聚进行了专门的研究。随后，Czamanski 在 1976 年发表的《关于空间产业簇聚的研究》一文中将产业簇聚定义为产业活动在空间上的一种聚集。继 Czamanski 之后，Gordon 和 McCann（2000）从古典经济学视角出发，并融合了古典区位理论，认为产业簇聚的概念实际上是古典区位论的进一步演变，是韦伯关于运输成本和区位生产要素假说的另一种阐述，从而将产业簇聚定义为企业在确定区域内产生稳定的商业关系的结果，企业间的这种稳定关系决定了他们的区位性行为，最终形成了产业簇聚。产业集群是产业聚集现象中较为频繁出现的概念，这一概念的广泛使用主要来自于波特出版的著作《国家竞争力优势》，其将产业集群定义为相关产业内企业、生产中间商、供应商以及领域内的相关服务机构在地理上的一种集中现象，这些企业在聚集区域内相互合作的同时产生相互竞争。Gordon 和 McCann

（2000）认为产业簇聚和产业集群的概念是存在细微的差别，产业簇聚是产业集群的一种表现形式，是一种更为微观的空间形态。

通过对上述概念的梳理，本书认为，单从产业聚集的概念来看，产业聚集性描述的是生产活动在特定空间上的集中程度。而从产业空间布局角度来看，如果广义上将产业空间布局分为均衡布局和非均衡布局两种形式，那么产业聚集性则表达了生产活动在整体空间上如何不成比例地聚集在城市内某个或某几个区域的非均衡布局。

需要说明的是，空间分离度和聚集性并不是同一纬度的两个不同方向，相同的聚集状态下可能表现出不同的空间分离程度，如图 1–2 所示，图中圆柱形高低代表生产活动的聚集程度，左右两图中相同的聚集程度表现出不同的空间分离程度，右图中产业的分离程度明显大于左图。

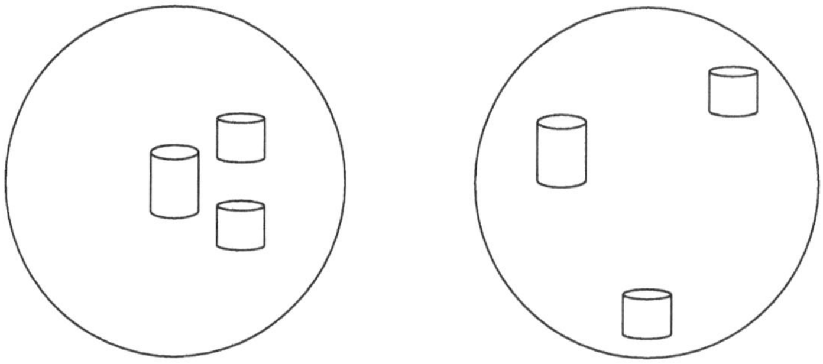

图 1–2　相同聚集性产业不同空间分离度的比较示意图

资料来源：作者绘制。

1.2.3　高质量发展

1.2.3.1　高质量发展的一般含义

自高质量发展被提出以来，受到了学术界的广泛关注。关于什么是高质量发展，现有观点可以分为三类：

（1）以五大发展理念为基础的深入解读。高质量发展的核心内涵是创新、协调、绿色、开放、共享相统一的新发展理念[①]，围绕这一核心内涵，学者们从不同方面开展了深入探讨。例如，杨伟民（2018）、刘志彪（2018）认为，高质量发展就是能够很好满足人民日益增长的美好生活需要、体现新发展理念的发展，是创新成为第一动力、协调成为内生特点、绿色成为普遍形态、开放成为必由之路、共享成为根本目的的发展。赵昌文（2017）、程承坪（2018）认为，一是通过识别经济社会发展中突出的不平衡、不充分问题来界定高质量发展；

① 刘鹤．必须实现高质量发展 [N]. 人民日报，2021–11–24.

二是以是否有利于解决新时代我国社会主要矛盾、是否有利于解决发展不平衡不充分问题、是否有利于满足人民日益增长的美好生活需要为根本标准来判断高质量发展。任晓（2018）认为，高质量发展就是更高水平、更有效率、更加公平、更可持续的发展，即完成从规模的“量”到结构的“质”、从“有没有”到“好不好”的两个转变。林兆木（2018）认为，经济高质量发展就是商品和服务质量普遍持续提高，投入产出效率和经济效益不断提高，创新成为第一动力，绿色成为普遍形态，坚持深化改革开放，共享成为根本目的。

（2）聚焦于经济视角的高质量发展。该观点将经济的高水平发展等同于高质量发展，高质量发展是能够更好满足人民不断增长的真实需要的经济发展方式、结构和动力状态，包括经济发展、改革开放、城乡发展和生态环境的高质量。高质量发展意味着高质量的供给、高质量的需求、高质量的配置、高质量的投入产出、高质量的收入分配和高质量的经济循环。要实现高质量发展，一要提高全要素生产率，二要持续提高保障和改善民生水平，三要保持经济运行的稳定性、可持续性和低风险。高质量发展具有两方面的统一：其一是绝对和相对的统一。一定的发展阶段必须达到一定的基本标准，但高质量发展的标准又是相对的，并且是与发展阶段相适应的，超越发展阶段提出过高要求反而会带来各种扭曲，不能起到引领发展的作用。其二是质量与数量的统一。量变是质变的基础，质变是量变累积的结果。高质量发展是以一定的数量为基础，离开了数量，质量也就成了无源之水、无本之木。反过来，质量改善也会为数量的可持续增长提供更好条件。

（3）广义与狭义视角下的高质量发展。该观点认为发展质量有广义与狭义之分，狭义的高质量发展是指以产品高质量为主导的生产发展；广义的高质量发展包括社会再生产过程的高质量发展，也包括社会经济生活全过程的高质量发展。也可以从微观层面的产品和服务质量、中观层面的产业和区域发展质量和宏观层面的国民经济整体质量和效益来考察。微观层次的高质量发展是确保产品和服务满足消费者的质量需求；宏观层次的高质量发展，一要贯彻落实五大发展理念，二要提高总体经济的投入产出效益，三要进一步增强对各类经济风险的预判和识别，四要进一步增强应对重大突发事件的能力。

综上所述，高质量发展是以“满足人民日益增长的美好生活需要”为根本目的；以五大发展理念为根本理念，创新、协调、绿色、开放、共享缺一不可；以“高质量”为根本要求，既涵盖微观层面的产品和服务也涵盖宏观层面的结构和效率，既涵盖供给环节也涵盖分配环节、流通环节和需求环节，既涵盖经济领域也涵盖其他各个领域；以“创新”为根本动力，不断提升综合效率；以“持续”为根本路径，不断优化各种关系。

1.2.3.2 制造业高质量发展

本书认为，制造业高质量发展同样应该从宏观层面和微观层面加以区分。在宏观层面，制造业高质量发展可以是一个国家或地区制造业整体的高水平发展，应包括技术创新、集约高效、绿色低碳、结构高级和包容开放五个方面；在微观层面，主要涉及制造业个体企业的发展质量，结合高质量发展的核心内涵，个体企业的高质量发展应该是高生产率、高研发、低碳、低污染的发展，本书用企业的全要素生产率来衡量。

1.2.3.3 高质量发展与全要素生产率

根据《人民日报》对高质量发展内涵的解读，高质量发展就是“能够很好满足人民日益增长的美好生活需要的发展，是体现新发展理念的发展，是创新成为第一动力、协调成为内生特点、绿色成为普遍形态、开放成为必由之路、共享成为根本目的的发展”。刘志彪和凌永辉（2020）认为，实现创新、协调、绿色、开放、共享的高质量发展，最关键的就是实现全要素生产率的稳步提升。因为质量不仅是指产品能够满足实际需要的使用价值特性，同时兼具更高性价比且能更有效满足需要的质量合意性和竞争力特性，因而质量因素最终要体现在生产效率上。根据传统生产函数，从产出角度可以将经济增长的源泉分为两个部分：其一是资本、劳动力等生产要素合理配比投入带来的产出增加；其二则是技术进步和效率水平提高带来的产出增加。而后者通常被解释为全要素生产率。根据测算效率时认定的投入要素不同，可将生产效率分为单要素生产率（Single Factor Productivity）和全要素生产率（Total Factor Productivity，TFP）。单要素生产率衡量某一特定生产要素（如劳动、资本）与经济产出的比率，包括劳动生产率、资本生产率等。现有文献中最常使用的单要素生产率为劳动生产率，但考虑到现实经济中，劳动并不是唯一的投入要素，不能全面反映生产活动的经济效益。现有文献通常将全要素生产率定义为剔除全部投入要素（如劳动、资本等）之外，来自技术进步和技术效率改善等因素对经济增长的贡献。因此，全要素生产率相对于单要素生产率而言，能够衡量经济生产活动中所有投入要素带来的总产出率，可以更全面、更准确地衡量整个经济活动主体的投入 - 产出情况。因此，在微观层面，全要素生产率是衡量制造业行业和企业高质量发展的理想指标。

从创新发展的角度看，全要素生产率是技术创新的直接反映。在宏观维度上，衡量创新对经济增长贡献的经典方法就是“索洛剩余”法，而“索洛模型”中的“剩余”指的就是全要素生产率，它反映了单位产出中要素投入的净成本降低，从而直接度量了生产效率的增加。在微观维度上，全要素生产率高的部门更容易带来由于成本节约或规模经济产生的超额利润，进而更有可能造成行业垄断。尽管垄断的市场结构存在某些缺陷，但一定程度的垄断对于创新来说是极其必要的，譬如采用专利、版权等阻止仿造，通过优质信誉吸引人才，利用资金优势进行 R&D 研发等，这就是所谓的“熊彼特假说”。从协调发展的角度看，全要素生产率提升与协调发展是内在统一的。以现代产业体系建设为例，其要求实体经济、科技创新、现代金融、人力资源协调同步发展，这就等价于各部门的全要素生产率都获得提升，否则，缺乏等量要素资源在部门间获取等量收益，很容易在原有的二元经济结构下，片面突出发展某个产业部门，形成产业间的结构撕裂。从绿色发展的角度看，将生态环境内化为经济财富，本身就蕴含了全要素生产率的提升。譬如，探索以单位 GDP

能耗交易为基础的生态环境补偿机制，有利于通过市场交易制度降低各地区的能耗水平，这实际上是一种成本节省型的生产效率提升。从开放发展的角度看，提升开放型经济发展水平，攀升全球价值链高端，显然与全要素生产率提升是内在一致的。从共享发展的角度看，一方面，生产力发展水平是共享发展的基础；另一方面，共享发展使得所有经济活动参与主体的回报更加公平，有利于增加全社会创造力和发展活力，从而反过来又促进全要素生产率提升。

全要素生产率的概念最早可以追溯到荷兰学者 Tibergen（1942），他将时间因素引入柯布－道格拉斯生产函数中，提出了全要素生产率的概念。但是，全要素生产率真正引起学术界的广泛关注是从索洛（1957）的新古典增长模型开始的，在希克斯中性的假设下，索洛将除去投入要素（资本和劳动力）以外引起经济增长的余量因素认定为全要素生产率，用来衡量技术进步在生产中的作用。在后来大量的研究中，将索洛“余量”等同于技术进步，即可以在不增加要素投入的情况下带来总产出增加的部分，这里的技术进步更多地表现为通过研发投入带来的新发明或新工艺的进步。例如，任曙明和吕镯（2014）认为，全要素生产率度量了技术贡献率，是企业动态创新能力的重要标志。蔡昉（2013）把全要素生产率解释为，在各种生产要素投入水平既定的条件下，所达到的额外生产率。随着对现实经济的不断深入解读，使用同样生产技术的企业，生产效率水平也存在不同。因此，国内外学者开始注意到，全要素生产率除了与技术进步有关之外，还反映了生产过程中的一些其他因素，如物质生产的知识水平、管理技能、制度环境以及计算误差等因素。Massimo 等（2008）认为全要素生产率反映了生产过程中各种投入要素的单位平均产出水平，也就是投入转化为最终产出的总体效率，反映了生产率作为一个经济概念的本质。齐嘉（2019）认为全要素生产率是一种综合生产率，体现的不仅仅是技术进步贡献，还有可能包括产业集聚、产业政策等要素贡献。Meijers 和 Burger（2010）将城市化的外部性和城市空间结构也作为全要素生产率的一部分，以反映空间关系带来的效率变化。陈旭等（2018）也发现了蔓延的城市结构会对制造业企业全要素生产率产生影响。

1.3 研究内容与研究意义

1.3.1 主要研究内容

本书基于核心－边缘理论、新经济地理理论“本地市场效应”“价格指数效应”和“拥挤效应”以及动态集聚经济理论，结合我国规模以上制造业企业微观数据，通过城市内部空间单元刻画城市制造业空间布局特征，并分析了城市制造业空间布局变化对高质量发展的影响，最终结合研究结论为城市政府合理规划制造业空间布局提供政策参考。具体地，主要围绕以下几个问题展开讨论：

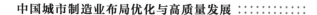

第一，空间布局对制造业高质量发展的影响机理是什么？

国内外学者对于宏观层面的产业转移、产业空间结构等对经济发展的影响已经进行了丰富的研究。随着近几年微观数据的放开，部分学者开始在城市层面展开研究，主要集中在空间集聚、专业化和多样化经济等对于经济增长、效率、分工的影响。其中针对产业集聚对生产效率的影响机理已有了丰富的研究，但对产业空间布局其他维度缺乏深入探讨。20 世纪 80 年代后期，我国土地使用政策变革之后，在“退二进三”的产业疏解政策引导下，我国城市特别是大城市中心城区的制造业已向外围迁出。因此，单纯地研究空间集聚而不考虑空间区位的变化已不适用于刻画当前城市内部产业空间布局特征。在此情况下，制造业空间布局变化的动因是什么？制造业空间布局的变化是否会影响城市、行业和企业的发展质量，以及其影响机制如何？是一个当下值得探讨的问题。

第二，随着中国工业进程的不断加快，城市内部制造业空间布局呈现什么样的变化特征？不同发展阶段的城市是否表现出差异？不同行业由于不同的技术需求是否在空间分布上表现出差异？

现有研究证实了大多数城市已出现了制造业退出中心城区的现象，基于低成本需求和政策引导，制造业企业选择退出地租高昂的中心城区，这些企业退出中心城区后与中心城区的空间关系是怎样的？彼此间的空间关系又是怎样的？这些都是与城市整体制造业空间布局相关的研究内容。而不同规模的城市由于所处的城市化阶段不同，制造业是否表现出不同的空间布局规律？例如城市化初期，城镇体系尚不完善，城市制造业空间布局可能处于比较分散的状态。而城市化后期，由于核心区拥挤效应占主导地位，制造业退出程度是否更高，距离中心城区是否更远？传统的劳动密集型行业是否更加倾向于追求低成本投入而选择远离市中心布局？本书将从离心性、空间分离度和聚集性三个维度测度我国城市制造业空间布局特征，并选择北京、上海、天津进行案例研究。

第三，制造业空间布局的演变是否对制造业发展质量产生影响？不同子行业间是否存在差别？

产业集聚通常产生正负两种相反的作用，即正向的集聚规模经济或空间临近产生的溢出效应和借用规模效应，负向的拥挤效应。城市内企业基于这两种效应，在不同的外部环境下，根据不同的偏好和需求进行不同的区位选择，进而对制造业发展质量产生动态影响。本书分别从城市层面、行业层面、微观企业层面测度高质量发展水平，并构建计量模型，从三个层面实证检验制造业布局对高质量发展的影响，并进行机制验证。

第四，数字经济时代，信息技术普及对城市制造业空间布局以及高质量发展产生了什么影响？

无论是西方国家城市还是国内城市都有制造业外迁的现象，昔日由单个城市核心及其农村腹地构成的城市产业空间形态发生了显著变化。信息技术对城市制造业空间的重塑发挥了重要作用，但这一重塑效应具有不确定性：一方面，日益发达的信息技术消除了企业生产和销售的空间障碍，降低了企业面对面交流的重要性，扩大了产品的销售范围，同时也降低了企业迁出城市中心的机会成本，使得企业空间选址更具灵活性，信息技术的空间重塑效应表现为分散力；另一方面，信息技术的发展增加了企业的业务往来，对单位时间业务处理和响应时间提出了更高的要求，从而更加突出企业在中心位置集聚的重要性。此外，信息技术还能通过多种渠道降低企业非区位因素的固定成本，从而缓解城市中心在位企业的成本压力，利润增加强化了城市中心的吸引力，信息技术的空间重塑效应表现为集聚力。最终，信息技术对制造业的空间重塑方向取决于集聚力与分散力相互作用的动态结果。本书通过总结现有信息技术对经济空间布局影响的相关研究，对信息技术重塑城市制造业空间的内在机理展开论述，并将互联网等信息技术载体加入到实证模型，检验信息技术飞速发展的外部影响。

第五，以高质量发展为导向，顺应数字经济时代特征，结合本书的研究结论，城市政府应如何合理进行制造业的空间布局规划？

在城市内部，产业空间布局在很大程度上受到政府整体规划的影响。其中，开发区和产业园区的建立对城市产业空间布局带来了一定的影响。本书根据不同行业空间分布特征、产生的经济效应差别，对不同的行业提出差异化的布局战略规划，旨在最大化利用有限空间提升制造业发展质量。结合本书专题研究部分中关于信息技术对制造业布局的影响研究，探索利用数字化新势能促进制造业高质量发展的现实路径。

1.3.2 研究意义

1.3.2.1 理论意义

目前，尽管学术界对产业空间布局的研究有了丰硕成果，但仍有许多无法回避的问题尚未解决。首先，现有的相关研究主要集中在产业集聚视角。根据前面的概念梳理，产业集聚不仅是产业空间布局形成的动因之一，也是产业空间布局多种表现形式中的一种。从动态变化来看，产业空间布局在变化趋势上表现出多维属性，而产业集聚体现的仅仅是产业内企业向特定区域集中的单维属性。其次，从各国城市产业特别是制造业空间布局的演变特征来看，随着城市的不断发展，各国城市制造业空间布局不再是单纯地表现出空间集中的特征，而是出现了郊区化和空间分离，过去仅从产业集聚的视角衡量城市产业空间布局情况会过度丢失产业空间区位属性等重要特征。最后，产业集聚所产生的规模经济会吸引生产要素进一步在空间上集中，产业集聚会通过劳动力池、知识溢出等途径促进经济发展，但生产要素在空间上的过度集聚会引起要素成本的快速上升，从而增加企业的生产成本，降低企业利润空间。但目前大多数研究肯定了产业集聚的正面效应，而较少的学者关注到集聚产生的“拥挤效应”，对产业集聚的动态经济效应的讨论也相对比较缺乏，少有的部分研究也仅仅是将拥挤因素作为研究其他经济问题的次要参数，更多是观点上的判断。

因此，本书立足于产业空间布局的多维度视角，对不同维度产业空间布局的经济效应进行了探讨，一方面扩充了现有产业空间布局的研究视角，从不同角度更加全面立体地描述了城市内部的产业空间布局特征，从更广泛的视角发现产业活动过程中的典型现象和规律，丰富城市产业空间经济的相关理论。另一方面完善并验证了动态集聚经济理论，从时间和空间上探讨了产业空间布局的动态变化对制造业高质量发展的影响。

1.3.2.2 现实意义

我国始终坚持以制造业为国民经济的主体，视其为立国之本、强国之基，而城市是一切生产活动的空间载体，如何对城市内部的制造业产业进行合理布局规划，不仅是提升城市制造业生产效率、促进城市可持续发展的重要突破口，从大的方面来说，也是经济新常态下制造业产业提质增效的重要动力源泉。研究城市产业空间布局，可以将研究理论与城市产业的规划或城市经济的规划很好地结合起来，体现应用研究的价值。例如，当考虑到产业聚集的规律和所能产生的引致作用时，在城市发展规划和产业发展规划的制定和实施过程中，有目的地引导相同和相关的产业聚集在同一地区，能够产生聚集经济的效果。而当某个产业出现过度集聚从而导致产业内生产成本提升、企业恶性竞争等不良现象时，产业规划人员可以通过优惠政策疏解过度集聚的产业，缓解拥挤效应的损失。

此外，大到一个国家和地区，小到一个城市或企业，发展质量是决定其持续稳定发展的重要源泉。党的十九大报告中提到，中国经济已由高速增长转向高质量发展的新阶段，处在转变发展方式、优化经济结构、转换增长动力的攻关期。党的二十大报告进一步强调高质量发展是全面建设社会主义现代化国家的首要任务，坚持把发展经济的着力点放在实体经济上，加快建设制造强国、质量强国。制造业作为我国国民经济的主体，转向高质量的发展道路更是影响整个国民经济增长的重要议题。城市作为制造业企业的主要空间载体，如何通过合理规划布局，充分利用有限的资源提高其内部制造业发展质量，对一个城市的可持续、高质量发展有着重要意义。

1.4 方法与可能的创新点

1.4.1 主要研究方法

本书主要采用理论分析与实证检验相结合的方式，对我国城市制造业空间布局变化特征及其对高质量发展的影响进行研究，涉及经济地理学、城市空间经济学、空间统计学等多个学科知识。具体采用了以下几种方法：

（1）空间分析法。借助 ArcGIS 软件和 R 语言对城市制造业空间布局进行了测算。利用高德地图 API 坐标拾取工具获取各城市政府、区县政府所在地，从而计算空间距离矩阵，与区县层面的制造业数据结合，刻画了城市制造业的空间布局特征。另外，利用经济地理学常用的非参数 Lowess 拟合分析方法对产业空间布局及全要素生产率的动态变化进行模拟。该方法不需要预先设定全局函数形式来拟合数据，可以在很大程度上减少模型设定误差，并且与传统的模型相比，Lowess 方法在曲线拟合上具有更多的灵活性，所拟合的曲线可以较好地描述变量之间的细微关系变化。

（2）理论建模法。通过运用理论推演、模型构建的方法，结合传统的城市单中心模型和新经济地理模型的基础，将产业空间布局引入到经典的柯布道格拉斯生产函数，并以工资和地租为介质，推演了产业离心性布局变化对经济效益的影响机理。此外，考虑到数字经济时代，信息技术的飞速发展改变了生产、生活与消费方式。本书总结现有关于信息技术外生冲击影响城市产业布局的研究，论述信息技术影响下城市制造业空间的演变机理。

（3）指标评价法。由于制造业高质量发展的内涵和特征在学界仍没有一致的认识，对其测度也处于初步发展阶段。本书关于城市层面制造业高质量发展水平的测度主要以建立指标体系，采用熵权法进行计算；此外，对于信息技术发展水平同样没有权威指标公布，因此，本书从多维度视角建立指标体系，评价测度各个城市的信息技术发展水平。测算中用到的熵权法是一种客观赋权方法，能够克服主观因素对最终评价结果的影响，又能避免主成分分析法所导致的信息缺失，将在具体章节进行详细介绍。

（4）实证建模与计量分析法。制造业空间布局与全要素生产率由于存在较强的互为因果内生性，因此在模型估计中要特别注意解决内生性问题。本书通过构建能够较好反映动态变化影响的 ADL（1，1）模型，并采用大样本广义矩估计（GMM）方法研究城市制造业布局演化对高质量发展的动态影响，并通过选择外生工具变量，利用两阶段最小二乘估计（TSLS）方法确保最大限度降低模型的内生性问题。在微观企业行为的研究中，分别采用 Probit 模型和 Cox 比例风险模型从企业的进入和退出角度识别了制造业空间布局对企业全要素生产率影响的微观机制。

1.4.2 可能的创新点

（1）在研究视角上，以新的视角描述城市制造业空间布局及其经济效应。城市经济领域的学者对于城市产业空间布局的研究大多集中在产业空间集聚、专业化和多样化经济等范畴，更多地考虑产业间的功能布局，而较少考虑产业的区位特征；而经济地理领域学者对城市产业空间布局进行了更为细致的刻画描述，但对于其经济效应的研究较为缺乏，且大多数是以案例城市进行研究，缺少城市制造业空间布局一般性规律研究。因此，本书将结合这两类视角，重点讨论城市内部产业空间布局的区位特征对制造业高质量发展的影响。

（2）在研究内容上，主动探索城市制造业高质量发展的内涵、特征、测度方法以及从空间布局角度的实现路径；在专题研究部分，创新性地思考信息技术发展水平对城市制造业布局造成的冲击，并从理论和实证两方面进行了综合研究，为顺应数字经济发展，从空间视角，为探索数字经济与实体经济融合提供新思路。

（3）在研究理论上，解构产业空间布局对制造业高质量发展影响机制的黑箱。当前有大量的实证研究探讨了产业空间结构的经济效应，但其影响机制一直没有得到清晰的梳理。本书根据城市化进程的发展规律，结合核心－边缘理论和动态集聚经济理论，探讨城市产业核心区和边缘区的关系变化，以及在核心区空间溢出效应和拥挤效应的双重作用下，制造业如何在城市中心及外围布局。

（4）在实证上，创新性地从城市、行业、企业三个空间尺度，检验城市制造业布局对高质量发展的影响。在城市层面，构建指标体系测度城市制造业高质量发展水平，构建计量模型实证检验空间布局对城市制造业高质量发展的影响。在行业层面，将制造业在城市内部的空间布局具体到两位数代码子行业，建立能够较好反映动态性的一阶滞后 ADL（1，1）模型，从长短期角度研究行业内制造业空间布局变化对高质量发展的影响，并比较不同子行业的差异。在企业层面，通过进一步放开行业层面的控制，研究制造业全行业空间布局对城市微观企业生产效率的影响。

1.5 逻辑路线与结构安排

1.5.1 逻辑路线

本书的研究遵循“立题—破题—分析—验证—答题”的逻辑思路，理论和实证研究城市制造业空间布局对高质量发展的影响，具体逻辑路线如图 1–3 所示。

1.5.2 结构安排

本书的章节安排如下：

第 1 章是绪论。作为研究问题的引出，本章主要介绍该研究的选题背景，对与该研究相关的概念进行梳理和界定，并介绍本书的主要研究内容和研究意义、主要用到的研究方法和可能存在的创新点以及逻辑路线和章节安排。

第 2 章是相关研究综述。主要对该研究相关议题的研究进展进行回顾、整理和评述，以求准确把握本研究已有的相关理论基础、研究前沿，总结现有研究的方法，在已有研究的基础上发现新的问题，以确定本书的研究方向，提高研究的针对性和准确性。

第 3 章是高质量发展下城市制造业布局优化的理论机制。首先，介绍产业布局研究的一般范式，影响产业布局均衡结果的向心力与离心力，以及两种相反作用力下的产业布局均衡。其次，以核心－边缘理论、集聚理论为基础，结合城市单中心模型和新经济地理模型，将产业空间布局引入到经典的柯布道格拉斯生产函数，并以工资和地租为介质，推演制造业布局

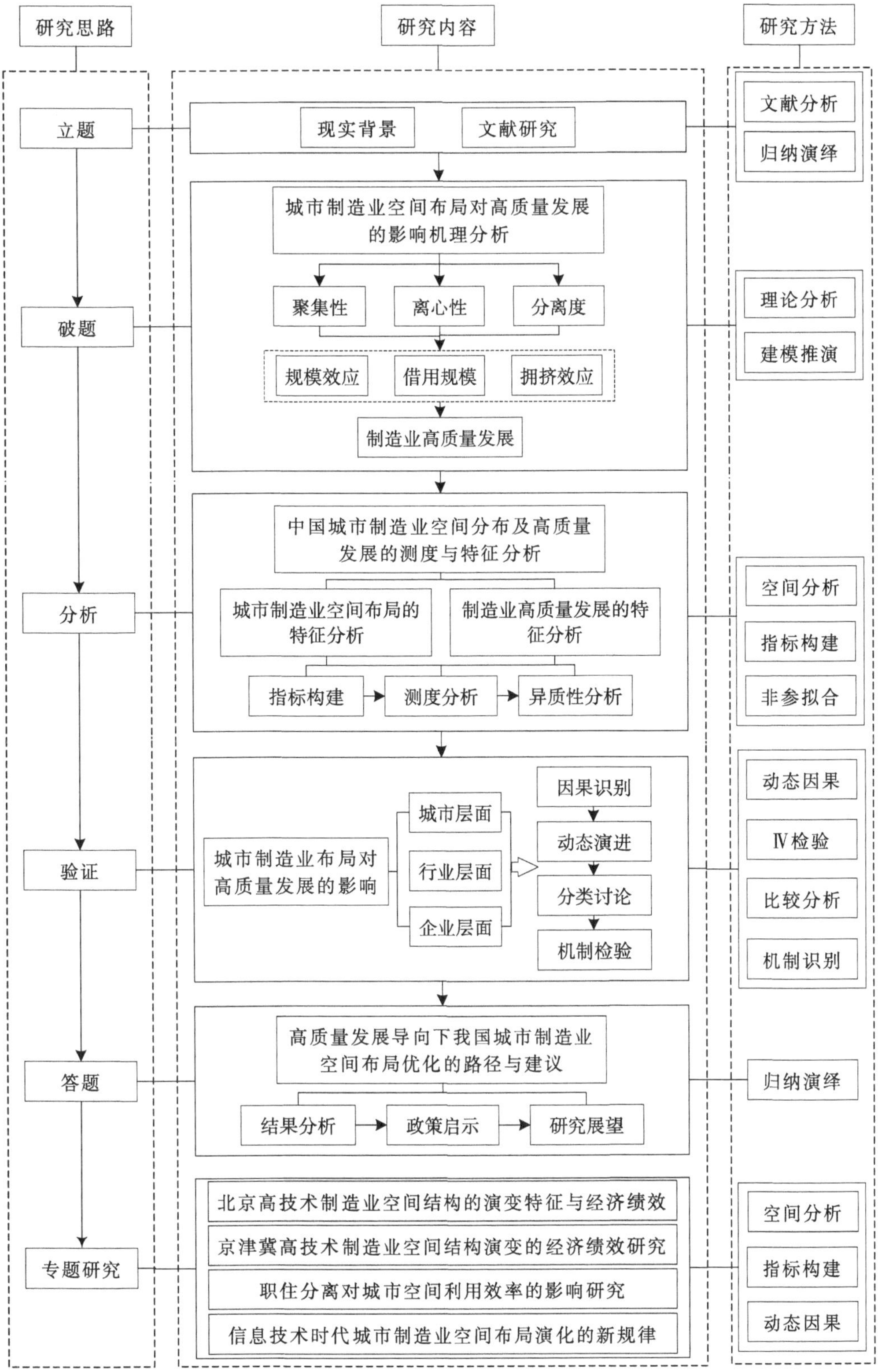
研究思路
研究内容
研究方法
立题
现实背景
文献研究
文献分析
归纳演绎
破题
城市制造业空间布局对高质量发展的影响机理分析
聚集性
离心性
分离度
规模效应
借用规模
拥挤效应
制造业高质量发展
理论分析
建模推演
分析
中国城市制造业空间分布及高质量发展的测度与特征分析
城市制造业空间布局的特征分析
制造业高质量发展的特征分析
指标构建
测度分析
异质性分析
空间分析
指标构建
非参拟合
验证
城市制造业布局对高质量发展的影响
城市层面
行业层面
企业层面
因果识别
动态演进
分类讨论
机制检验
动态因果
Ⅳ检验
比较分析
机制识别
答题
高质量发展导向下我国城市制造业空间布局优化的路径与建议
结果分析
政策启示
研究展望
归纳演绎
专题研究
北京高技术制造业空间结构的演变特征与经济绩效
京津冀高技术制造业空间结构演变的经济绩效研究
职住分离对城市空间利用效率的影响研究
信息技术时代城市制造业空间布局演化的新规律
空间分析
指标构建
动态因果

图 1-3 逻辑路线图

演变的微观动力机制。最后，搭建空间布局影响高质量发展的一般分析框架，结合制造业布局的内涵界定，从离心性、聚集性和空间分离性三个角度分析城市制造业布局对高质量发展的影响机理。

第 4 章是中国城市制造业布局演变特征及高质量发展的现状。首先，利用中国工业企业数据库 2004—2013 年数据，以中国地级及以上城市为样本，测算各个城市内部制造业空间布局指数，并以两位数行业代码分类，分别计算 30 个制造业子行业的空间布局指数①，从时间和空间两个维度对中国城市制造业布局演变进行时空分析。此外，选取北京、天津、上海三个城市进行城市制造业布局演变的案例分析。其次，在城市层面，构建城市制造业高质量发展的指标体系，综合测度城市制造业高质量发展水平；在微观企业层面，利用 Olley and Pakes（1996）方法，分别以全样本和分行业样本计算制造业微观企业的全要素生产率，以此衡量企业的高质量发展水平；在行业层面，将企业全要素生产率加权到两位数代码行业，以此衡量制造业细分行业的高质量发展水平。最后，分析三个层面制造业高质量发展现状。

第 5 章是制造业布局影响高质量发展的经验研究：城市层面。通过建立计量模型，结合测算得出的城市制造业布局指数以及城市制造业高质量发展水平，构建恰当计量模型，从城市层面实证检验制造业空间布局对高质量发展的影响，并进行城市规模的异质性研究。

第 6 章是制造业布局影响高质量发展的经验研究：行业层面。结合前文得到的制造业空间布局指数和企业全要素生产率水平，将制造业空间布局指数具体到每个两位数代码行业，通过建立“城市—行业—时间”三维面板模型重点考察制造业企业行业内的空间布局变化对行业高质量发展的影响，同时检验不同类型行业的异质性影响，以期为我国城市制造业不同行业的合理布局进而提升发展质量提供科学依据。

第 7 章是制造业布局影响高质量发展的经验研究：企业层面。本章放宽研究维度的限定，不再将制造业空间布局控制在每个两位数代码行业内，以我国地级及以上城市为研究样本，利用制造业微观企业数据，建立城市—时间二维面板，研究城市制造业空间布局变化对城市内部微观企业全要素生产率的影响，并基于企业生命周期的判断方法，从企业建立和退出两个角度，分别检验城市制造业空间布局的变化对企业全要素生产率造成的影响。

第 8 章是主要结论、政策启示与研究展望。本章总结了全书的研究结论，并基于理论和实证研究结果，以高质量发展为导向，分城市、分行业探索中国城市制造业空间布局优化的路径和方向，以期为政府政策实施提供参考。最后，提出一些问题的进一步展望。

第 9 章是空间布局和高质量发展的专题研究。前两个专题分别以京津冀城市群为例，探

---

① 本书主要依据《国民经济行业分类》GB/T 4754—2002 对制造业子行业进行分类，该版分类代码中，二位码 13-43 行业为制造业，但代码 38 空缺，故共 30 个子行业。

索高技术制造业的空间布局演变特征及其对生产效率的影响。第三个专题重点讨论职住空间失衡对城市空间利用效率的影响，以全国地级及以上城市为研究样本，构造职住分离指数，理论与实证分析职住分离对城市高质量发展的影响，并提出相应的政策建议。第四个专题结合数字经济的时代背景，探讨信息技术影响下城市制造业空间布局演变的新规律，该部分总结现有的信息技术影响城市产业布局的理论框架，初步探讨信息技术外生冲击对城市产业布局均衡结果的影响；并构建指标测度城市信息技术发展水平，实证检验信息技术对城市制造业空间布局的影响。

2　相关研究综述

2.1 产业空间布局的相关研究

2.1.1 不同空间尺度下产业空间布局研究

城市地理学将城市空间的研究划分为两大核心内容，即区域的城市空间组织和城市内部的空间组织。其中，区域的城市空间组织研究一般侧重于用区域角度、整体观点分析一国或某一地区城市体系的等级规模结构、职能结构、空间结构和发展趋势，以及城市体系的理论、模型和方法等；城市内部空间组织研究侧重于城市内部以工业、服务业为主导的产业空间布局，以商业网点为核心的市场空间，由邻里、社区和社会区构成的社会空间，以及从人的行为考虑的感知空间等研究。按照这一思路，本书依据研究尺度的不同，将产业空间布局的相关文章分为宏观和微观尺度，即将城市内部产业空间的相关研究划为微观尺度，将城市以上层面，如全球、国家、省域、城市群等划为宏观尺度。在不同研究尺度上，得出的结论也存在较大的差异。例如，从全球或者国家层面来看，制造业分布可能是比较分散的，而具体某一省域、城市群，甚至城市内部，制造业的空间布局可能就比较集中。因此研究尺度的界定是研究制造业空间布局的必要前提。

2.1.1.1 宏观尺度——全球、国家或地区层面的研究

从全球层面来看，非农产业在空间布局上呈现出明显的分块特征，例如北美洲、欧洲和东北亚的少部分区域有明显的产业活动痕迹，经济活动比较分散；而具体到某个国家或地区，如 1978 年以来的中国沿海地区就是制造业比较集中的区域。在全球或国家层面，关于制造业空间布局的研究更多地涉及动态变化，如产业转移等相关议题。有研究指出，国际上共发生了四次产业转移，分别是第一次科技革命后，英国向欧洲大陆和美国的转移，随后美国通过承接第一次国际产业转移，工业得到快速发展并领跑了第二次科技革命。第二次国际产业转移发生在 20 世纪五六十年代，日本和联邦德国逐渐承接了美国退出的产业，大大加快了这两个国家的工业化进程；第三次国际产业转移发生在 20 世纪七八十年代，产业由美国和日本向亚洲部分国家转移，造就了所谓的亚洲“四小龙”。紧接着，随着发达国家去工业化以及受中国内陆和东南亚地区人口红利的吸引，制造业逐渐向亚洲地区的发展中国家转移。全球制造业的空间布局也随着每次的产业转移发生着深刻变革。

在国家层面，产业布局的演变很大程度上遵循其自身的生命周期规律。赤松在 20 世纪 30 年代，通过对各个国家的产业布局演变过程进行分析，提出了著名“雁行理论”，讨论了工业布局与国民经济的关系。产业地理集聚是一个国家在经历工业化过程中不可避免的空间现象，也是各国学者关注的焦点问题。Krugman（1991）采用基尼系数测度了美国的制造业空间格局。Brakman 等（1996）指出，产业发展早期会促进资源和生产要素的集聚，但当产业规模发展到一定程度后，拥挤效应开始起主导作用，要素和资源开始向外转移，工业分布的空间集中程度也开始下降。Krugman（2000）的研究发现，美国大部分高度集聚的产业并不是高精尖产业，

而是与纺织相关的传统行业集聚。Desmet 和 Fachamps（2005）发现美国第二产业整体的集聚程度减弱。Midelfart-Knarvik 等（2002）对欧盟国家的产业布局进行研究发现，欧盟内部各行业集聚程度存在较大的差异，传统的劳动密集型行业空间布局相对更加集中，而高技术和高增长的行业更加分散。Duranton 和 Overman（2005）通过构建基于距离的本地化指数，测度了英国各行业的空间布局模式，尤其是各行业相对于整体制造业的集聚趋势。

区域层面的产业布局研究主要产生于 19 世纪末和 20 世纪初，在经历了两次工业革命后，欧美国家的工业产业特别是钢铁和机器制造业蓬勃发展，从而产生了大量工业区位布局的相关研究。早期的工业区位理论也相伴而生。德国经济学家阿尔弗雷德·韦伯（1909）在其《工业区位论》一书中首次系统论述了工业区位理论，奠定了现代工业区位理论的基础，他认为运输成本和工资是决定工业区位的主要因素。沃尔特·克里斯塔勒（1933）在其《德国南部的中心地原理》一书中描述了德国南部地区城市和农村区域的空间等级结构，形成不同等级“中心”的网络化市场结构。几乎同一时期，奥古斯特·廖什（1939）在其著作《区位经济学》中进一步拓展了区域空间结构体系。区域科学代表人物艾萨德（1956）试图以区域科学整合古典和新古典区位论，并将空间引入主流经济学，他将区位决策看作厂商对运输成本和生产成本的权衡。空间报酬递增与当时规模报酬不变或递减的主流经济学框架不符，最终没有成功引起主流经济学对空间的重视。

中国制造业空间布局在宏观层面的研究已有丰富的成果。例如，蔡昉和王德文（2002）研究发现我国东部地区有更高的人力资本，物质资源也更加丰富，而中西部地区拥有更多的自然资源和劳动力，因此，各个地区需要通过其要素禀赋比较优势来调整产业结构。范剑勇（2004）、Fujita 和 Hu（2001）均认为中国区域之间制造业分布呈现出典型的、新经济地理学意义上的“中心—外围”特征。陈秀山和徐瑛（2008）针对空间经济学所关注的区位锁定效应，提出了产业空间结构变动的“过程”和“结果”的度量方法，并对中国制造业空间结构变动过程进行了研究。孔令池（2019）分别以“胡焕庸线”为界，分东、中、西和东北四大区域对中国制造业空间布局进行了刻画。王非暗等（2010）、范剑勇和李方文（2011）认为中国制造业集聚自 2004 年出现了拐点，即在 2004 年以前中国制造业总体上呈现出集聚趋势，而在 2004 年之后，制造业总体上出现了扩散趋势。吴三忙和李善同（2010）借助重心分析法描述了我国制造业的空间分布及变化特征。赵璐和赵作权（2014）基于空间统计标准差椭圆方法，从大规模集聚视角描述了中国制造业总体空间布局特征及变化情况。李金华（2018）分析了改革开放以来中国制造业的发展格局。另外，对于中国宏观层面产业布局的研究主要还聚焦在东部地区的产业是否已经向中西部地区转移，研究结论存在较大争议。一种观点认为东部地区的产业已经向中西部转移。胡安俊和孙久文（2014）利用中国 335 个地级及以上行政单元的 169 个三位数编码制造业数据，验证了产业转移机制，发现中国制造业已出现由东部向中西部的大规模转移。另一种观点认为东部沿海地区的产业并没有出现向中西部地区大规模转移的现象。中国制造业资源空间布局依然不均衡，主要生产资源仍集中在东中部地区。国内关于省域、城市群或四大地理区域也有一定数量的实证研究。例如，张杰和唐根年（2018）、关伟等（2019）分别研究了浙江省和辽宁省制造业空间布局，均发现制造业空间集聚程度呈递减态势。原嫄等（2015）根据2001年和2009年中国地市级尺度制造业份额变化，研究了制造业重心基本空间格局在各个省区之间的变化。巨虹（2019）通过研究西部大开发之后十余年（2003—2013年）陕西省工业企业的空间格局演变进程，发现陕西省的产业空间格局由原来的单核心转变为双核心发展模式。毛中根和武优勐（2019）通过构建指数分析西部地区制造业空间分布特征，发现西部地区制造业总体重心向东移动，与西部中心偏离度增大，空间分布趋于非均衡化。范剑勇（2004）、赵金丽和张落成（2013）、徐维祥等（2019）分别在不同时期探讨了长三角制造业企业的空间布局。席强敏和季鹏（2018）从空间分离度和多中心度两个视角探讨了京津冀城市群高技术制造业的空间布局。

2.1.1.2 微观尺度——城市内部层面的研究

城市是空间最直观的表达，企业在空间上的集聚所产生的外部规模经济或集聚经济是城市存在的原因之一。早在1898年，英国社会活动家霍华德提出的田园城市理论对城市工业布局进行了早期探索。Alonso（1964）基于杜能的农业区位论，把城市换为中心商务区，把农民换为通勤者，通勤者的区位选择在运输成本和地租之间权衡，将杜能模型在城市产业分布上重现。他提出了城市产业用地的竞租曲线，将土地价格作为重要的要素成本加入到厂商区位选择模型中，研究了产业区位与土地利用和城市空间结构问题。米尔斯则提出，城市规模是由规模报酬递增和运输成本之间的相互替代所决定的。由于有限土地上仅能容纳有限的厂商，他们从地理的独立性获得垄断权力，都是不完全竞争者。亨德森（1974）将马歇尔外部性引入城市经济学，不仅把经济体作为城市系统看待，而且也是研究城市最优规模和功能区划的重要工具。Henderson（1974，1980）的研究发现，马歇尔外部性对城市产业分布产生较明显的作用。20世纪50年代以后，发达国家陆续经历了制造业郊区化历程，制造业逐渐向城市的郊区和边缘地区转移。Glaeser和Kahn（2001）利用按行业分类的邮政编码数据发现美国大部分城市出现了产业郊区化现象，仅有不到16%的产业留在市中心4.8公里以内的区域，并且发现制造业的郊区化现象最为明显，而服务业的郊区化现象较弱。Lee和Gordon（2007）认为美国城市CBD的平均就业份额不超过11%。针对产业郊区化这一现象，20世纪八九十年代，萌生了一系列关于产业（就业）次中心的研究。大多数学者认为，制造业离开城市中心以后，为了追求集聚经济，会在郊区形成就业次中心，并有诸多学者对次中心的识别方法进行了讨论。例如，Giuliano和Small（1991）对美国洛杉矶的产业空间布局进行研究，认为一个总就业密度超过最低值（每平方公里2471人）的连续区域簇聚，且总就业量超过最低值一万人的区域为一个就业次中心。McMillen和McDonald（1998）用同样的方法对芝加哥进行了研究，但将标准提高到就业密度超过每平方公里4942人，且总就业人数超过两万人的区域为一个次中心。然而，利用这一定义的经验研究，其中心形态的准确性过于依赖就业密度和总就业的阈值，阈值的主观设定增加了识别的不定性和识别难度。因此，McDonald 和 Prather（1994）利用最小二乘（OLS）估计模型的显著性分析，通过就业密度显著大于周边区域来识别次中心。McMillen（2001）进一步利用局部加权回归（LWR）模型估计了包含到 CBD 距离的三维密度方程来识别次中心。Griffith 和 Wong（2007）在密度函数中增加了到次中心的距离，以更准确地刻画城市产业空间布局。新的就业中心不仅可以享受类似于 CBD 的集聚经济，而且还不用支付 CBD 高昂的劳动力工资和用地成本。但也有研究认为，经济活动离开城市中心后以更为一般分散的形态分布，而不是形成次中心，Gordon 和 Richardson（1996）证实了美国洛杉矶就是分散的形态，而不是多中心形态。

江曼琦（1994）较早地对我国大城市的工业布局进行了思考，其研究发现，以天津为代表的大城市，在 20 世纪末工业进入高速发展时期，工业在城市内的分布由中心城区向外围扩散，并提出，随着改革开放进程的加快，这一扩散趋势还会越来越明显。田宇（1995）认为城市产业空间布局实质是产业用地的布局，合理用地结构是优化城市产业空间布局的基础。Baum-Snow 等（2017）研究发现，中国城市的铁路、公路建设促进了中心城区产业向周边迁出。限于微观数据可得性，国内关于城市内部产业空间的研究主要集中在两方面：其一，基于集聚经济视角的城市内部产业空间布局研究。该类研究一般基于经济密度、专业化和多样化经济验证城市内部产业集聚的马歇尔外部性和雅各布斯外部性。例如，傅十和等（2008）利用中国 2004 年经济普查数据中的制造业企业数据，检验了不同城市规模马歇尔外部性和雅各布斯外部性对不同规模制造业企业绩效的影响。韩峰和柯善咨（2012）在马歇尔外部性和新经济地理的综合视角下，探讨了我国 284 个地级及以上城市制造业空间集聚机制。刘修岩（2009）、孙浦阳等（2013）利用城市面板数据，探讨了中国城市的产业集聚对劳动生产率的影响。范剑勇等（2014）则从更微观的区县层面研究了产业集聚的主要形式——专业化和多样化经济对全要素生产率及其构成要素的影响。然而，这一类城市产业空间布局的研究缺少了对区位的刻画。其二，更多的经济地理学者以个别城市为案例，细致刻画了城市内部产业空间的布局。例如，贺灿飞等（2005）、郑国（2006）、刘涛和曹广忠（2010）、张晓平和孙磊（2012）、季鹏和袁莉琳（2018）等以北京为例对城市制造业空间布局进行研究，均发现北京市制造业在中心城区的集聚程度减弱，出现显著的郊区化现象。陈小晔和孙斌栋（2017）、曹玉红等（2015）、杨凡等（2017）等以上海为例进行研究发现，上海市工业（制造业）由中心城区向郊区扩散，陈小晔和孙斌栋（2017）还发现上海市在郊区涌现出了稳定的制造业次中心。此外，还有学者以广州、深圳、南京等大城市为案例进行产业空间布局的研究，大多发现大城市产业空间布局出现“郊区化”和“多中心”等较为一致的结论。但在进行不同制造业行业空间布局研究中，出现了不同的结论。例如，杨凡等（2017）以北京、上海为例，研究城市内部研发密集型制造业的空间布局发现，北京市的研发密集型企业出现了逆郊区化现象，企业集中分布在核心城区和近郊的少数地区。楚波和梁进社（2007）研究了北京市制造业空间区位的变化特征发现，在成立初期，外资企业为规避风险倾向于城区，后期为降低成本倾向于郊区；资源型产业偏好于郊区，而技术密集型产业集中在城区。近几年，随着国内空间数据的开发，学者们开始进行城市内部空间的大样本研究。Sun 和 Lv（2020）利用中国地级及以上城市数据发现，在城市行政区维度，大多数城市表现出多个就业中心，并且多中心的布局与制造业郊区化息息相关。Long 等（2022）同样发现中国 284 个地级市中有 70 个表现出多中心布局。

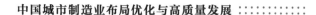

2.1.2 不同研究视角下的产业空间布局研究

2.1.2.1 集聚经济视角下的产业空间布局研究

产业集聚一直以来是研究产业空间布局的主流方向。从产业集聚研究的发展历程来看，大致可以分为四个阶段：第一阶段出现在 19 世纪末，以马歇尔为代表的新古典经济学者发现了产业趋于集中发展这一经济活动在空间上的表现，并且，马歇尔（1890）在其著作《经济学原理》中阐述了产业集聚的形成动因和作用；第二阶段出现在 20 世纪 30 年代，美国区域经济学家胡佛将产业集聚与最优规模联系起来，论述了产业集聚产生的规模经济效应；第三阶段的研究是在 20 世纪七八十年代，随着发达国家产业集聚区的快速兴起，部分学者开始将研究视角放在“产业区”和新的“产业空间”等议题，例如斯科特创立的产业空间理论；第四阶段是 20 世纪 90 年代以来，学者们提出的产业集聚创新体系，并出现了大量关于产业集聚的实证研究。例如，Ellison 和 Glaeser（1997）构建了经典的集聚指数（EG）对 SIC 体系四位行业编码的产业集聚进行测度发现，459 个四位码行业中有 446 个行业存在集聚现象。罗勇和曹丽莉（2005）利用 EG 指数对中国 20 个行业从 1993 年到 2003 年的集聚程度进行了测度，结果发现 1993—1997 年，产业集聚程度出现下降趋势；而 1997—2003 年，产业集聚呈增长趋势。吴学花和杨蕙馨（2004）利用中国各地区的工业数据，对 20 个制造业行业的集聚程度进行了测度，发现中国制造业主要集中在东部沿海城市。王燕和徐妍（2013）运用 EG 指数和 Moran 指数测算了中国高技术产业的集聚程度，发现航空航天器制造业呈现高度集聚特征，而医药类和电子信息类行业表现出中低度集聚。文东伟和冼国明（2014）利用中国工业企业微观数据，分别从省、市、县三个尺度测度了制造业行业的 EG 指数，结果发现，中国制造业的集聚程度在加深，不同的地理单元测度结果会有一定差异，但不改变产业集聚的变化趋势。陈柯等（2018）测算了 2003 年至 2011 年中国工业二位码行业的 EG 指数，发现中国工业产业集聚趋势正处于上升阶段。

2.1.2.2 集聚不经济视角下的产业空间布局研究

集聚不经济会造成产业在空间上出现离心布局，也就是过度集聚产生拥挤效应导致的产业郊区化和分散化。国内外学者对多个国家的城市产业空间布局研究发现，城市产业在不同时期出现了不同程度的郊区化和分散化。例如，Warner（1975）在研究美国工人的通勤模式中发现，美国城市郊区与市中心的通勤流发生在19世纪末期，通勤列车和有轨电车的第一次出现促进了郊区化的形成。祝俊明（1995）发现中国城市的非中心化过程中，制造业部门的郊区化是先发生的，制造业向郊区扩散的动力不仅仅来自于生产成本的下降，还来自于发达的现代运输工具降低了运输成本，以及传统制造业向现代大工业的产业结构转变降低了传统制造业的区位黏性。Glaeser和Kahn（2001）通过研究美国城市就业空间布局变化过程发现，在1940年，美国城市大部分就业岗位处于临近市中心的位置，而到了1996年，都市区平均仅有16%的就业岗位在CBD的4.8公里以内，大部分的城市劳动力在距离市中心8公里以外的区域工作。其中，制造业的郊区化最为常见，而服务业郊区化较为少见。Sridhar（2004）利用Mills的两点技术（Two-point technique）计算了印度城市区的人口、家庭和就业密度梯度，发现就业的郊区化带动了人口和住房的郊区化。劳动力的技能是影响印度城市制造业郊区化的重要因素。崔功豪和武进（1990）通过分析南京等中国城市边缘区的土地利用变化情况发现了不同的结论，即中国的城市郊区化最先发生在工业用地郊区化，随后带动了居住和商业用地的外移。江曼琦（1994）以天津为例分析了中国大城市工业空间布局，同样认为工业最先出现了郊区化的现象，但受限于郊区物质条件的配备不完善和单一的交通方式，中国大城市在20世纪初仅仅出现了少量的工业退出中心城区的现象，而居民仍集中在中心城区。Garcia-López等（2017）利用1968年至2010年法国巴黎大都市的数据，发现就业郊区化的空间布局正在强化巴黎的多中心性，新的轨道交通明显促进了次中心的出现。毛中根和武优勐（2019）利用重心分析法、集中率指数和空间分离度（SP）指数等方法测度并描述了中国西部地区制造业空间分布特征，发现西部地区制造业分布趋向非均衡化，特别是西部大开发战略实施以来，制造业呈现出“中心—外围”格局。安同良和杨晨（2020）发现在互联网快速发展时期，中国经济地理格局发生了重构，特别是中国工业企业出现了“集聚逆转”，在互联网的分散作用下，工业企业向地价和房价更低的城市边缘区迁移。贺灿飞和胡绪千（2019）通过分析1978年以来中国工业地理格局的演变趋势发现，中国工业总体上经历了向内陆扩散到向沿海地区集聚，然后再向内陆分散的过程，总体上产业表现出空间集聚的态势，但在2004年后，产业空间集聚程度呈现出缓慢下降趋势。

2.2 制造业高质量发展的相关研究

自我国经济转向高质量发展阶段以来，经济高质量发展成为学术界的热点研究问题之一。其中包括高质量发展的内涵、转型特征、动力机制等理论阐述，以及指标测度、驱动因素等实证分析。这些研究大多是从整个经济社会出发的宏观研究，专门针对制造业高质量发展的研究还较少。少数前期探索主要集中在制造业高质量发展的内涵、指标测度和动因等方面。

2.2.1 制造业高质量发展的内涵研究

党的十九大报告指出，制造业高质量发展要以增强制造业创新能力为核心驱动，以工业强基、智能制造、绿色制造为抓手，推动制造业质量变革、效率变革、动力变革。当前学界对于制造业高质量发展的内涵界定仍比较模糊，部分学者对制造业高质量发展的内涵做出了解读。例如，李晓华（2018）认为制造业高质量发展就是创新能力强、工艺先进、数字化智能化水平高、产品质量好、能耗和物耗低、污染物排放少、处于全球价值链中高端、整体竞争力居于世界前列。李巧华（2019）将制造业企业高质量发展定义为通过组织创新、技术创新，连接利益相关者、整合企业内外部资源和提高绿色全要素生产率，提供产品或服务，以实现兼顾环境效益、社会效益和经济效益的发展范式。余东华（2020）认为制造业高质量发展是指在新发展理念指导下，制造业的生产、制造、销售全过程，实现生产要素投入低、资源配置效率高、品质提升实力强、生态环境质量优、经济社会效益好的高水平可持续发展。李英杰和韩平（2021）认为制造业高质量发展应该是质量、效率和动力的有机结合，具体应包括要素体系高质量、供给体系高质量和需求匹配高质量，即通过推动生产要素和供需体系的协同创新发展，打造高质量的制造业产业生态系统。中国信息通信研究院发布的《城市制造业高质量发展评价研究报告（2022 年）》中认为城市制造业高质量发展的内涵主要体现在规模速度、发展质效、自主创新、绿色低碳、开放发展、数字转型、产业集聚、企业能力、安全稳定九个方面。当前学界对制造业高质量发展的内涵解读主要围绕技术创新、生产效率、资源配置、绿色低碳等方面，为本研究提供了一定的理论素材。

2.2.2 制造业高质量发展的测度研究

当前对制造业高质量发展的测度方式和方法可以分为三类：第一类研究基于全要素生产率、工业产值、产业增加值率等中间变量的单指标法，单指标法的优势在于数据收集和指标测算过程相对简便，但仅从单一维度很难对制造业高质量发展这一多维概念进行合理测度。第二类研究则以构建指标体系的方式通过综合评价法对制造业高质量发展水平进行综合评价，例如，魏后凯（1997）从工业加工层次、增值程度、投入产出效率及产品质量方面对工业增长质量进行度量。江小国等（2019）构建了以经济效益、技术创新、绿色发展、质量品牌、两化融合、高端发展等为一级指标的制造业高质量发展评价指标体系。赵卿和曾海舰（2020）从经济效益、创新驱动和绿色发展三个方面选择 15 个测度指标构建了中国各省制造业高质量发展水平测度体系。傅为忠和储刘平（2020）从创新能力、人才集聚、绿色发展、质量效益、产业结构高端化 5 个维度，共 16 个指标构建制造业高质量发展评估体系，并运用改进的 CRITIC—熵权法组合权重的 TOPSIS 评价模型对“长三角”三省一市的制造业发展质量进行了测度。中国信息通信研究院（2022）对照其界定的城市制造业高质量发展的主要内涵，建立了由 9 个一级指标、22 项二级指标组成的城市制造业高质量发展评价指标体系。基于指标体系的综合评价法优势在于可以多维度测评制造业高质量发展水平，但指标选取的主观性对测度结果的影响较大。第三类研究同时使用多个指标作为制造业高质量发展的代理变量，例如，田晖等（2021）从制造业的“质”和“量”两方面构建指标测度制造业高质量发展水平；王俊和陈国飞（2020）从创新和效益两个维度衡量制造业发展质量。不同的测度方法各有利弊，根据研究目的、研究范围有不同的适用性，对地区、省域、城市等宏观、中观尺度的测度更多采用构建指标体系的综合评价方式，对微观企业尺度的测度更多采用单指标或多指标代理变量的方式。此外，本书重点梳理了作为衡量企业层面高质量发展的最常用指标——全要素生产率的测度方法。

经典的对全要素生产率的测算是从估计生产函数开始的。在传统意义上，全要素生产率被理解为扣除要素贡献后的“剩余”生产率水平，或者是由于技术进步以及制度改良等非生产性投入对于产出增长的贡献。因此在估算全要素生产率之前首先需要选择生产函数形式。在实际估算中，往往采用 Cobb–Douglas 生产函数（*C–D* 生产函数）和超越对数生产函数（Trans–log 生产函数）。虽然超越对数生产函数形式更加灵活，能有效避免由于函数设定带来的偏误，但超越对数生产函数不能提供比 *C–D* 生产函数更多的信息。因此，在实际研究中，更多地采用结构更加简单直接的 *C–D* 生产函数。*C–D* 生产函数通常采用以下形式：

$$Y_{it}=A_{it}L_{it}^{\alpha}K_{it}^{\beta} \tag{2–1}$$

其中，Y_{it} 表示总产出，L_{it} 和 K_{it} 分别表示劳动力和资本投入。A_{it} 即为所要估算的全要素生产率。对式（2–1）取对数可以得到函数的线性形式：

$$\ln Y_{it}=\ln A_{it}+\alpha\ln L_{it}+\beta\ln K_{it}+\varepsilon_{it} \tag{2–2}$$

其中，ε_{it} 表示不可预测的误差项。通过使用不同的计量方法对式（2–2）进行估计即可得到全要素生产率的估计值。

根据不同的生产函数估计方法，可以将全要素生产率的估计划分为参数估计法、半参数和非参数估计法。Massimo 等（2008）将估计全要素生产率的各种计量方法归纳为前沿分析和非前沿分析两类，如表 2–1 所示。

全要素生产率的常见估计方法　　表 2–1

方法 / 分析	确定方法	计量方法	
		参数法	半参数法
前沿分析	数据包络分析（DEA） FDH（方法）	随机前沿分析方法（SFA） （宏观 – 微观）	
非前沿分析	增长核算法 （宏观）	增长率回归法 （宏观）	代理变量法 （微观）

资料来源：鲁晓东和连玉君，2012。

从表 2–1 可见，不同的估计方法适用于不同层面全要素生产率的估算，增长核算法和增长率回归法更适用于宏观层面的全要素生产率估计，重点关注总量生产率；而代理变量法，如 OP 法和 LP 法能够更好地检测企业个体特征对全要素生产率的影响，因此，常被应用于微观层面的全要素生产率估算。

1. 参数法

传统的全要素生产率估计方法较多采用参数法，即对式 2–2 进行直接最小二乘（OLS）估计，但 OLS 估计方法得出的结果往往存在两种严重的偏误：其一是同时性偏误，即企业的生产要素投入决策受到企业当期被预测到的全要素生产率水平的影响；其二是样本自选择偏误，即当企业面临低效率冲击时，资本存量更大的企业往往对前景有更好的预期、有更高的利润，因此，退出市场的概率更小。企业退出市场的概率与企业资本存量存在负相关关系，从而产生了样本选择偏误。在解决同时性偏误问题时，早期研究主要尝试采用固定效应模型（FE）和寻找合适的工具变量进行 IV 估计来解决，但通过这两种方法有效处理同时性偏差问题时往往需要严格的假设条件，FE 处理同时性偏差的基本假设是允许影响企业决策的不可预测生产率具有一定的非时变企业异质性。尽管在具体模型操作中，使用固定效应的一阶差分可以得到生产函数的一致估计，但这一假定过于严格，且有违基本事实。而采用工具变量法处理同时性偏差时，需要寻找的外生工具变量，既要与要素投入高度相关，又要与全要素生产率完全不相关，在现实研究中往往很难成功。再后来，动态面板方法通过引入投入变量的滞后项或差分变量作为工具变量，并采用广义矩估计（GMM）的方法处理同时性偏差，为估计全要素生产率提供了新的思路。但 GMM 方法尽管可以在一定程度上克服同时性偏差问题，但弱工具变量问题可能会使得模型的估计系数偏小，且对生产率变化的假定仍过于严格。另外，参数法对于解决第二类问题——样本选择偏误并没有明显效果。

2. 非参数法

数据包络分析法（DEA）在进行模型估计时不需要进行模型的预设，从而避免了函数形式误设而造成的测量误差。该方法最早源于 Farrell（1957）的研究，Charnes 等（1978）学者在此基础上进一步将数据包络分析法进行了完善。尽管非参数的方法可以避免模型误设带来的估计偏差，但该方法没有考虑随机误差等因素带来的影响，也没有考虑要素之间的替代弹性，而且该方法对于数据异常值较为敏感，单个企业的测算误差可能会导致所有企业的测算结果出现偏差，因此，在实际应用中更多应用于宏观层面生产率的测算。

3. 半参数法

鉴于参数法估计存在的各种问题，Olley 和 Pakes（1996）发展了基于一致半参数估计值方法（Consistent semi-parametric estimator），简称为 OP 法。该方法假定企业根据当前生产率状况做出投资决策，因此用企业的当期投资作为不可预测生产率冲击的代理变量，从而解决了同时性偏差问题。但现实研究中，并非所有企业每年都有正的投资，从而使得很多企业样本在估计过程中被丢掉了。Levinsohn 和 Petrin（2003）针对这一问题，采用中间品投入替代投资额作为全要素生产率的代理变量进行估计，简称为 LP 法。但是，LP 法与参数法一样，并不能有效解决样本选择偏误问题。在实际的估计样本中，经常会碰到在某些年份、某些样本值缺失的情况，如果该样本值的缺失是非随机的，那么模型的估计就是有偏的。OP 法通过构造一个包含投资额和资本存量对数值的多项式来获得投入的一致无偏估计之后，使用一个生存概率来估计企业的进入和退出，从而可以有效控制样本选择的偏误。

2.2.3 制造业高质量发展的动因研究

2.2.3.1 企业生产率的影响因素研究

对于制造业高质量发展的动因分析，可以追溯到企业生产效率的影响因素研究，其中全要素生产率作为一种衡量经济发展质量的综合生产率，其影响因素被广泛关注。现有的研究主要从技术进步、政府政策和空间集聚等方面进行了讨论。

1. 聚焦技术进步的全要素生产率研究

Scherer（1965）、Griliches（1964）的研究较早涉及了技术创新对全要素生产率的影响，Mansfield（1965）通过实证研究检验了研发投入对生产率提升的影响。到 20 世纪 80 年代，随着新经济增长理论的兴起，对技术进步与全要素生产率之间关系研究的理论框架更加成熟。Griliches（1979）、Jaffe（1989）等学者对技术进步和全要素生产率之间的关系研究进行了理论和实证上的拓展。Wakelin(2001）把研发强度作为影响变量加入到生产函数中进行研究发现，研发投入对全要素生产率水平有显著的提升作用。国内学者对全要素生产率的研究主要集中在实证研究方面。例如，颜鹏飞和王兵（2004）利用中国各个省区 1978 年至 2001 年的数据，运用 DEA 的方法测度了各个省区的全要素生产率水平，研究发现，中国全要素生产率的增长主要来自于技术进步。赵伟和张萃（2008）利用两位数水平的中国制造业行业数据进行研究发现，制造业区域集聚可以显著提升全要素生产率水平，而且是主要通过技术进步而非技术效率改善来促进全要素生产率的提升。孙晓华等（2012）采用 2000 年至 2009 年中国制造业数据进行实证研究得出了不同的结论，即制造业本身的研发投入对全要素生产率表现出抑制作用，而国际贸易和外商投资，以及各产业之间的研发投入显著地促进了制造业全要素生产率水平的提升。蒋殿春和王晓娆（2015）利用中国 1998 年至 2011 年各个省区的面板数据发现，中国研发投入总体上会改善全要素生产率，但不同部门和不同研发投入类型的效果存在显著差异，工业企业的研发投入对全要素生产率的改善作用最强。

2. 聚焦政府政策的全要素生产率研究

产业政策是政府干预经济的一种重要方式，是否需要实行产业政策，在学术界和政府决策部门均有较大的争论。相对而言，发展中国家更加偏向于主动实行产业政策，以此来保护弱势产业的生存，促进产业升级。中国近几十年的产业发展一直受到政府产业政策和市场竞争机制两股力量的作用。产业政策方面，主要有经济开发区等区域型产业政策和政府对企业进行直接补贴等方式。有研究指出产业政策对促进企业优异表现和提振中国经济方面有较好的成效。从提升生产效率的角度来看，部分学者对产业政策的政府干预行为持积极态度。例如，Aghion 等（2015）借助政府补贴和税收等指标衡量产业政策的经济效应，发现在竞争环境下，产业政策有利于提高企业的全要素生产率水平。王文（2014）认为当产业政策促进了行业竞争时，行业内企业生产率水平得到显著提升。林毅夫等（2018）认为经济开发区作为典型的区域型产业政策，能够通过提供更好的政策环境而促进企业生产率的提升。但也有研究发现产业政策对生产效率产生消极影响。例如，舒锐（2013）通过税收优惠和研发补贴政策对全要素生产率增长及分解影响进行了实证分析，发现尽管产业政策可以实现工业行业产出的增长，却不能促进全要素生产率的提高。邵敏和包群（2012）、孟辉和白雪洁（2017）的研究发现，政府补贴强度过高会导致企业进行以寻求补贴为目的的生产，这会诱发资本配置效率降低，进而不利于企业全要素生产率的提升。张莉等（2019）利用中国工业企业微观数据，考察了重点产业政策对企业全要素生产率的影响及其作用机制，结果发现重点产业政策整体上显著抑制了相应行业内企业全要素生产率水平的提升，作用渠道主要是将资源从非重点行业推向重点行业，导致企业过度投资，最终降低了整体的全要素生产率水平。

3. 聚焦空间集聚的全要素生产率研究

对有限的空间资源进行合理有效布局是提升企业和行业全要素生产率的有效途径。目前国内外学者针对空间布局对全要素生产率的研究还相对较少，并且主要集中在产业集聚产生的正向外部性对全要素生产率的促进作用。例如，Roberto 和 Giulio（2009）利用意大利制造业企业数据研究发现，专业化集聚能够促进企业创新的生产率效应，而多样化集聚只能提升企业创新能力。范剑勇等（2014）、沈鸿等（2017）使用中国工业企业数据，检验地方化和城市化对制造业企业生产率的影响，发现代表专业化水平的地方化经济显著提升了企业全要素生产率水平，多样化集聚对全要素生产率的影响不显著。从产业空间布局对不同生产要素资源配置的影响角度来看，有研究表明产业空间集聚能够通过技术溢出、信息共享以及规模经济等渠道提升资源配置效率，进而提高全要素生产率水平。盛丹和王永进（2013）基于 1998 年至 2007 年中国工业企业数据和 2005 年世界银行投资环境调查数据发现，由于企业在地理位置上的临近降低了监督成本和信息不对称，并通过信息扩散增加了企业的违约成本，进而有利于全要素生产率水平的提升。也有研究指出，产业过度集聚带来的拥挤效应反而不利于生产效率的改善。例如，孙元元和张建清（2015）的研究发现，由于产业集聚带来的拥挤效应和低技术外部性，中国制造业空间集聚并没有有效改善扩展边际下的资源配置效率。周圣强和朱卫平（2013）以 1999 年至 2007 年全国 60 个工业城市为研究对象，证实了拥挤效应对地区全要素生产率的非线性影响。沈能等（2014）利用非线性门限回归模型考察了异质性行业集聚效应的门限特征，发现产业集聚对行业生产率的影响并非单调变化的，而是随着产业集聚度由弱变强，对行业生产率产生先促进后抑制的作用，且具有明显的三重非线性门限特征。谢小平等（2017）从城市层级的角度研究了新企业选址带来的资源配置问题，研究发现，新企业更倾向于选址高层次城市而进行政策套利，然而这种套利型集聚会导致高层级城市存在资源错配问题，不利于生产效率的提升。

2.2.3.2 制造业高质量发展的影响因素研究

自制造业高质量发展的概念被提出以来，如何实现制造业高质量发展逐渐引起学界重视，部分学者从数字经济、政策干预、全球化等方面开展了相关探索。

在数字经济和信息技术快速发展的背景下，惠宁和杨昕（2022）、刘鑫鑫和惠宁（2021）、李史恒和屈小娥（2022）的研究表明，数字经济能够显著促进制造业高质量发展，尤其是在经济相对发达地区，数字经济对制造业高质量发展的驱动效应更强，但数字经济对制造业高质量发展影响存在非线性趋势。王俊和陈国飞（2020）认为互联网打破了制造业发展的时空约束，优化了要素配置，促进了制造业高质量发展。邓峰和任转转（2020）发现互联网可以通过激活人力资本带来的人才效应和加强技术创新推动制造业高质量发展。祝合良和王春娟（2020）从成本节约效应、规模经济效应、精准配置效应、效率提升效应和创新赋能效应五个方面剖析数字经济引领产业高质量发展的内在机理，认为中国应从创新构建数字化产业体系和政府引导产业数字化转型两方面来推进产业高质量发展。杨仁发和陆瑶（2023）理论分析并实证检验了人工智能对制造业高质量发展的影响，并发现人工智能应用能够显著促进制造业高质量发展，且能有效提升制造业发展的经济效益、创新效益、绿色效益和附加值效益。钞小静等（2021）的研究发现，新型数字基础设施能够显著促进制造业高质量发展，且对高效率制造业的正向影响更加强烈。吕铁和李载驰（2021）认为数字技术对赋能制造业高质量发展具有重要作用，其作用机制分别是改变价值创造方式、提高价值创造效率、拓展价值创造载体和增强价值获取能力。

在政府政策干预方面，陈昭和刘映曼（2019）基于2012年至2017年中国制造业上市公司的年报数据，研究政府补贴对企业发展质量的影响，发现政府补贴抑制了企业发展质量的提升，但是政府补贴也通过激励企业创新进而对企业发展质量产生了正向影响，具体表现为遮掩效应。杨仁发和郑媛媛（2020）通过理论分析环境规制对制造业高质量发展的影响机理并进行实证检验，发现环境规制对制造业高质量发展的影响为“U”型。

在全球经济发展视角，胡亚男和余东华（2021）研究发现，随着全球价值链嵌入程度加深，倒逼后发国家加大自主研发投入，进而促进制造业高质量发展。田晖等（2021）研究发现，进口竞争总体上抑制了中国制造业高质量发展，创新在二者的关系中发挥中介作用。徐华亮（2021）从价值链升级视角对中国制造业高质量发展变化态势进行了分析。张楠等（2022）认为逆全球化对中国制造业发展质量产生显著的抑制效应，降低了高质量进口中间品对中国制造业质量的影响作用。此外，张鑫宇和张明志（2021）的研究发现，要素配置效率和技术进步是促进全要素生产率进而实现制造业高质量发展的重要动力。单春霞等（2023）认为知识产权保护正向促进制造业高质量发展，且创新驱动在知识产权保护对制造业高质量发展中具有正向互补中介效应。总之，现有研究认为，创新无论是作为构建指标或者中介机制，对制造业高质量发展均起到至关重要的作用。

2.3 空间布局对制造业高质量发展的影响研究

城市产业空间历来是城市管理者和规划者重点研究的问题之一，但其经济学研究经常被遗忘在角落，对制造业高质量发展的影响研究则更被忽视。与该研究相关的文献大多从产业空间集聚的单维度视角，研究产业集聚、经济密度对企业生产效率影响。少数研究从产业空间布局多维视角探讨了经济效应，例如，Park 等（2009）从企业数目、企业之间的平均距离和分散度指数三个维度衡量了韩国制造业企业的空间布局特征，并实证探索了制造业空间布局对生产效率的影响。此外，还有相关研究从城市空间结构、城市蔓延等空间视角探讨了经济效益、创新绩效、环境污染等问题。通过对现有文献的梳理，目前关于产业空间布局的研究中，大多集中在产业空间布局的测算方法、演变特征和影响因素等问题的研究，而较少涉及产业空间布局的经济效应研究。与该问题相关的研究更多将视角集中在产业空间集聚的经济效应研究，包括经济增长、区域分工、生产效率和绿色发展等几个方面，仅有少数研究从产业空间布局的不同维度进行讨论，我们在此进行一并梳理。

2.3.1 产业空间布局与经济增长

新经济地理模型将主流经济学长期忽视的空间因素纳入到一般均衡的分析框架中，以 Dixit 和 Stiglitz（1977）的垄断竞争模型作为产业集聚与经济增长的基础模型，又结合古典区位论研究经济活动的空间分布规律，分析探讨经济增长的空间因素。Fujita 和 Thisse（2003）将核心边缘模型与内生增长模型相结合展开理论分析，假定研发部门的创新活动与技术工人间的知识外部性有关，其理论分析得出集聚激励产出额外增长并形成一个帕累托占优结果，经济活动由分散转向集聚促进了创新的出现。当集聚带来的增长效应足够强大时，边缘地区的增长率高于分散状态下该地区的原有增长率。Fujishima（2013）构建了具备微观基础的城市增长模型，该模型包含两个地区和能够自由流动的劳动力，运用演化博弈的方法分析了经济增长、集聚和城市拥挤之间的相互作用。

在实证研究方面，大多数学者从产业集聚的角度探讨了产业空间布局对经济增长的贡献。例如，Ciccone（2002）在考虑了集聚的内生性条件下，利用欧洲五个国家的数据进行实证研究，发现经济集聚程度对区域经济增长有正向作用。Brülhart 和 Sbergami（2009）利用欧盟内部国家的样本数据研究发现城市化对经济增长有显著的促进作用，且制造业集聚的经济增长效应随着国家收入水平的提高而降低。张卉等（2007）研究发现，产业间集聚和产业内集聚对中国经济增长起主要作用。潘文卿、刘庆（2012）运用中国工业企业微观数据证实了制造业集聚促进了区域经济增长。但也有研究表明产业集聚对经济增长的作用不显著，甚至Sbergami（2002）使用欧盟内部国家的跨国面板数据发现集聚对于经济增长率产生抑制作用。产生这一结论分歧的原因可能是空间研究尺度、研究时间区间的不同所导致。Williamson（1965）早期的研究指出，集聚主要是在经济发展的早期阶段发挥作用，在经济发展早期阶段，交通和通信基础设施稀缺、资本市场的作用范围受限，生产活动的空间集中可显著地增强经济绩效。但随着基础设施完善和资本市场扩张，拥挤外部性支持经济活动空间的离散化布局。Brülhart和Sbergami（2009）基于横截面和面板数据考察经济活动国家间空间集聚对经济增长的作用，得到的经验证据支持Williamson假说。陈得文、苗建军（2010）构建空间集聚和经济增长的面板联立方程组模型，实证分析集聚和经济增长间内生关系，发现区域集聚对区域经济增长的影响存在"U"型关系，经济增长对区域的空间集聚存在门槛效应。孙浦阳（2011）类似研究同样验证了Williamson假说，伴随着经济发展、经济活动集聚的益处越来越衰减，而且对外开放程度的增加降低了人口集聚对经济增长的作用，空间集聚并不总是促进经济增长。

与较多的从单维度研究产业集聚对经济增长影响不同，Lee和Gordon（2007）在实证上另辟蹊径，利用美国79个都市区就业数据，从中心性和聚集性两个维度讨论了产业空间布局与经济增长之间的关系。该研究发现，就业分散对经济增长的影响与城市规模相关。更集聚的空间结构增长更快，可能是由于当规模较小时更多受益于集聚经济的作用，随着都市区规模变大，更加分散的结构带来更高的增长速度。

2.3.2 产业空间布局与区域分工

现有研究对空间结构变动与区域分工之间的关系并没有达成一致共识。如Kim（1995，1998）的研究发现，19世纪和20世纪美国内部一体化过程中，制造业的区域分工程度、区域专业化经历了先上升后下降的过程，且这一下降过程一直持续到20世纪90年代末。美国的专业化下降过程在空间结构上表现为行业集聚程度，尤其是制造业集聚程度在20世纪90年代的下降。与美国不同，Midelfart-Knarvik等（2002）发现欧洲经历20世纪70年代区域间产业结构趋同后，20世纪80年代开始扭转，呈现缓慢的专业化过程，而且专业化加深的趋势持续到了20世纪90年代末。但是欧洲专业化加深的过程却伴随着内部聚集程度的下降。因此，从动态过程来看，美国聚集程度下降和专业化下降同时出现，二者同向变动；而欧洲却表现为专业化上升和聚集的微弱下降，二者呈反向变动。

在中国学者的研究中，该议题的研究同样没有一致结论。Young（2000）研究发现区域专业化下降以及地方保护主义的加强，并指出中国区域产业结构趋同主要是因为市场壁垒和保护主义。相反，范剑勇（2004）认为中国地区专业化程度处于上升趋势，但中国地区专业化水平与美国比仍偏低。樊福卓（2007）则发现中国地区专业化水平存在拐点，在20世纪90年代以前逐渐下降，而之后开始逐渐上升。陈秀山和徐瑛（2008）对我国1996年至2005年的制造业数据计算发现，中国制造业整体表现出集聚特征，只有个别子行业出现了扩散过程，但发生的扩散过程加剧了区域产业结构冲突。导致区域分工研究结论不一致的原因可能在于，在一定的空间范围内，产业分工与地理距离有关，地理位置靠近，空间距离较短的区域之间，其产业同构性较强。

2.3.3 产业空间布局与生产效率

生产效率的提升是产业空间合理布局的最直观体现。传统的空间经济学理论认为空间集聚是经济效益提升的主要来源，集聚对生产率的影响研究也有着丰硕的成果。例如，Shefer（1973）和Sveikauskas（1975）较早对集聚经济开展了经验研究。Baldwin等（2008）认为，在20世纪80年代集聚研究的早期阶段，学者们主要关注城市化经济和地方化经济对城市生产率的作用机制。在Romer（1986）和Lucas（1988）内生经济增长理论的启发下，集聚经济与生产率关系的文献涌现。Ciccone和Hall（1996）首次把集聚对经济效益的影响作为一个专门的领域进行研究，该研究将就业密度作为衡量产业集聚的指标，使用美国各州的数据实证考察了就业活动的集聚水平与劳动生产率之间的关系。该研究发现，地区经济集聚程度可以显著提升劳动生产率水平。范剑勇（2006）利用中国2004年地级城市和副省级城市的数据进行研究发现，就业密度能够显著促进劳动生产率的提升，且产业集聚是导致各地区劳动生产率差异持久存在的重要原因。陈良文等（2008）利用北京2004年微观企业数据，从街道层面研究了经济密度对劳动生产率的影响，发现经济集聚是劳动生产率存在差异的主要原因。范剑勇等（2014）以1998年至2007年通信设备、计算机与其他电子设备企业为样本，考察了县级层面产业集聚的主要形式——专业化和多样化经济对全要素生产率的影响。该研究同样得出专业化经济对“TFP”提升具有显著的正向影响，而多样化经济并不具有这一效果。Broersma和Dijk（2008）在欧洲劳动生产率增长减缓的现实启发下，运用荷兰数据检验了多要素生产率增长的集聚拥挤效应。研究发现，正向的集聚经济效应被交通拥堵导致的拥挤效应所抵消，集聚不经济解释了多要素生产率增长幅度出现的严重减缓。Brülhart和Mathys（2008）对欧洲地区的研究发现，经济集聚在长期和短期对劳动生产率的影响是不同的，这是由于经济集聚在短期产生的拥挤效应占据主导地位，导致生产效率下降，但经济集聚在长期有助于促进劳动生产率提升。

然而，产业空间布局并不是只有空间集聚一种表现形式，其对生产效率的影响也不仅仅来自于集聚效应。通过对目前的文献进行梳理发现，从空间集聚以外的其他维度进行产业空间布局对生产效率的影响研究较少。其中，Park等（2009）从企业数目、企业之间的平均距离和分散度指数三个维度衡量了韩国制造业企业的空间布局特征，并研究了制造业布局特征对制造业生产率造成的影响，研究发现在聚集区相同类型的企业数目越多对企业生产率越有利；在一定的距离范围内，企业间的平均距离对生产效率产生正向影响，而超过一定距离后，对生产效率产生不利影响；分散的企业空间布局与生产效率之间是负向关系。

2.3.4 产业空间布局与绿色发展

改革开放以来，快速的城市化和工业化进程带来了经济繁荣发展，在这一时期，制造业高速发展所累积的巨大能源消耗与污染排放问题暴露无遗，制造业绿色转型升级逐渐引起了政府和学界的重视，同时涌现出大量关于产业空间布局对资源环境影响的研究。例如，杨仁发（2015）利用2004年至2011年中国各个省（市、区）的面板数据研究发现，产业集聚与环境污染之间的关系并非简单的线性关系，产业集聚对环境污染的影响具有显著的门槛特征，在产业集聚水平低于门槛值时，产业集聚将加剧环境污染；而在产业集聚水平高于门槛值时，产业集聚将有利于改善环境污染。而针对专业化集聚与多样化集聚的分类中，多样化集聚对改善环境的作用得到广泛证实，但专业化集聚对环境的影响莫衷一是。例如，胡安军（2018）认为多样化集聚会提升绿色经济效益，减少环境污染，而专业化集聚会抑制绿色经济效益的提升，加重环境污染；但寇冬雪（2021）研究发现，专业化集聚和多样化集聚均有助于改善环境污染。与产业集聚相对的，蔓延的空间结构会提高当地PM2.5浓度，且这一同方向关联会因城市规模的增加而减弱。Bradley 和 Keith（2013），王家庭和赵丽（2013）认为，具有蔓延形态的城镇化会排放更多的细颗粒物，造成环境污染。而陈阳等（2018）认为城市蔓延虽会导致SO_2排放量增加，但当产业结构越过相应的门槛之后，城市蔓延对SO_2的排放增加量会降低。从当前研究来看，大多数文献支持城市蔓延会加剧环境污染，但由于研究对象、思路及方法等的差异，目前并未形成一致结论。

2.4 文献述评

产业空间布局是以资源在空间重新配置的方式对经济发展产生影响，合理有效地利用有限空间资源，促进制造业高质量发展，是未来保持城市经济可持续发展的重要途径。通过对以上文献的梳理，发现当前研究存在以下可拓展的空间：

从研究的空间尺度来看，由于中国国土面积广阔，地区间自然资源多样性以及区域发展的异质性为研究中国问题提供了足够的条件。也正是如此，关于中国产业布局的研究更多地以中国四大区域、省域为研究样本，尽管有少数研究涉及城市产业空间布局，也大多将城市看作无差异的点样本，或者仅仅依赖就业密度、专业化和多样化经济描述城市产业的集聚特征，及进而产生的经济效应。经济地理的相关学者对城市内部产业空间的刻画较为细致，但限于微观数据的可得性以及城市内部行政单元的频繁变动，针对城市内部产业布局的研究更多集中在北京、上海等大城市的案例分析，而缺少一般城市产业空间布局的普适性规律研究。

从研究内容来看，对制造业高质量发展的内涵、测度以及动力机制研究均处于起步阶段，特别是促进制造业高质量发展的动力机制研究仍较多集中于传统的经济学视角，而考虑空间布局因素的研究还较少。在对城市产业空间的研究中，对产业空间的刻画较多集中在产业集聚视角，缺乏对其他维度的空间布局研究。从产业空间布局的理论出发，集聚仅仅是产业空间布局的一种形式，或者说集聚是产业空间布局的微观动因，而空间布局更多是区位形态的表达。同样的，在城市产业空间布局对制造业高质量发展的研究中，更多关注产业集聚对生产效率的促进作用，从空间集聚以外的视角研究产业空间布局对制造业高质量发展的影响较为缺乏。随着当前中国城市制造业离开中心城区，各项产业空间规划政策的不断出台，什么样的空间区位布局更有利于制造业的高质量发展，将是以提质增效为主要目的的城市经济可持续发展的重要议题。

3 高质量发展下城市制造业布局优化的理论机制

长期以来，产业布局一直是经济地理学和城市经济学探讨的重要内容。在中国快速城市化和工业化遭遇经济新常态的时代背景下，中国城市制造业在政府引导和市场推动的双重作用下，空间布局发生了显著的变化。研究如何优化制造业空间布局以促进高质量发展，首先要明确产业空间布局的演变规律、演变逻辑及其对高质量发展的影响路径和作用机理。因此，本章首先从企业区位选择视角探讨产业空间布局的演变规律与内在逻辑，在此基础上，从产业空间布局的经济效应理论分析出发，探讨制造业空间布局促进高质量发展的一般分析框架，并进一步讨论空间布局的多维度特征影响高质量发展的作用机理，从而解析高质量发展导向下城市制造业布局优化的理论机制。

3.1 产业布局的相关理论

3.1.1 产业布局研究的一般范式

3.1.1.1 基于空间异质性的产业布局研究

基于空间异质性的产业布局研究可以具体分为宏观层面和微观层面，宏观层面研究的理论基础主要是基于比较优势理论的技术禀赋差异和资源禀赋差异，而微观层面研究的理论基础主要是基于区位论的距离和运费差异。胡安俊和孙久文（2018）提出了空间异质的主要三种形式，即距离（及运费）差异、技术禀赋差异和资源禀赋差异。

1. 区位论与产业布局

冯·杜能在1826年撰写的《孤立国同农业和国民经济的关系》一书中提出了农业生产的空间结构理论，通常被认为是产业布局理论的雏形。他认为，农作物种植区域并不是完全取决于气候、土壤、光照等自然环境，农业发展过程中也并不是所有区域都适合集约化发展。农业生产布局的决定因素是级差地租，农业发展过程中的农产品生产、流通等环节需要考虑交通及运输成本，越靠近消费市场区的位置运输成本越低，生产者为了降低运输成本，会给出其认为能得到这块土地的最高标价，也就是竞标地租，不同位置的土地通过竞标决定承租人，使得地租随着到市场区距离递减。杜能还指出，对于蔬菜、牛奶等保质期短的农产品生产会付出较高的地租而尽量接近市场区，对于放牧这种不需要集约经营发展的生产则对地租较敏感，通常选择距离市场区较远、地租较低的区域生产。通过空间竞争，从城市中心到城市外围依次布局：蔬菜、小麦和牲畜。尽管杜能没有具体研究除了农业以外其他产业的布局，但他的农业区位理论为后来工业区位理论的出现奠定了基础。

德国经济学家阿尔弗雷德·韦伯1909年在其《工业区位论》一书中首次系统论述了工业区位理论，韦伯也被认为是产业布局理论的奠基人。他认为，工业的最优区位通常应该选择在运费最低点上。在韦伯的区位论中，影响区位的最主要因素是运输成本和生产密度。企业家寻求费用最小的生产区位，除了考虑运输费用和工资成本之外，还需要考虑生产密度（集聚经济）。韦伯放弃了杜能的外生中心市场假设，而以由集聚经济所引起的规模经济代之。企业家选择区位的原则是，对运输费用与从集聚经济中获得的额外收益进行权衡。

威廉·阿隆索1964年出版的著作《区位和土地利用》中，吸收了大量杜能和韦伯的思想，并将杜能的关于孤立国农业土地利用的分析引申到城市，以解释城市内部的用地与地价分布，通过构造厂商的竞价曲线，展现了城市产业布局形态。即便在现代，大都市圈仍然呈现出杜能环的布局特征：东京都区部集聚着注重各种信息交换的核心管理职能（企业总部），从京滨地带到东京都多摩、神奈川县的广阔区域则分布着R&D职能以及相应的中试生产功能，量产部门位于其外侧。

2. 生产率差异与产业功能布局

比较优势理论主要包括李嘉图生产率差异理论和赫克歇尔－俄林（H–O）要素禀赋差异理论。李嘉图模型依据不同国家之间的技术禀赋不同，反映到劳动生产率不同，从而产生了空间分工，即每个区域都专业化生产并输出其具有比较优势的产品，输入其具有比较劣势的产品，从而在空间上表现为不同产业在不同区域的专业化布局。在全球化时代，为了充分挖掘各地的比较优势，跨国公司出现了在全球按照产业链进行功能布局的特征，使得区域空间不仅表现为产业的不同，也表现为功能的差异。

按照技术禀赋比较优势进行产业（和功能）布局，对所有区域有利是有条件的，即贸易伙伴之间是平等的、贸易产品的相对价格是稳定的、市场能够保证公平分配。然而，这样的条件根本不存在。首先，随着收入水平提高，对制成品的需求大于对初级产品需求；其次，制成品价格往往比初级产品价格增长快；最后，由于边缘区域具有静态比较优势的产业往往是有限学习机会的产业。因此，按照比较优势进行的产业分工提高了核心区的增长率，降低了边缘区的增长率。边缘区域要获取比较优势布局的实得利益、实现比较优势的动态爬升，一方面要积极挖掘区域特有的优势，形成特色经济；另一方面要加强职工培训和研发投入，提升学习能力，增强技术能力。

3. 要素禀赋差异与产业布局

20世纪30年代，比较优势理论被进一步具体化为要素禀赋论，该理论认为，一国贸易优势和产业分工取决于要素禀赋。在《地区间贸易和国际贸易》一书中，哈德·贝蒂·俄林（1933）证实，国际贸易理论仅仅是一般布局理论的一部分。根据H–O比较优势理论，不同区域具有不同的资源禀赋，基于成本最小的原则，每个区域都会密集使用相对丰富和廉价的要素进行生产，从而在空间上形成原料指向、能源指向、劳动力指向等产业布局特征。不同于李嘉图模型，俄林放弃了商品流动无运费的假设，讨论了进口税和运费对贸易格局的影响。他将运输成本和可流动的生产要素引入到国际贸易和产业布局理论之中，并在模型中考虑了多种生产要素的作用。

在资源导向型的传统增长模式中，自然禀赋在很大程度上决定了一个地区的经济发展水平。但自20世纪70年代以来这种模式带来了“资源诅咒”，不利于区域长期增长。徐康宁、王剑（2006）从要素转移和制度弱化两大方面对“资源诅咒”的传导机制进行了总结：①资源部门较高的边际生产率使得资本和劳动大规模转向资源部门，减少了制造业和科技教育部门的投入。要素转移影响了资源区域的长期增长；②由于资源产权安排不合理和相关法律不健全，私人通过行贿等途径获取开采权，诱发腐败，破坏经济增长的制度保障。“资源诅咒”要求资源区域除了加强制度管理、核算资源开发总成本、形成内逼机制之外，产业布局中要拉伸资源产业链条，引导多样化产业布局，并加强对科技、教育行业的投入。

3.1.1.2 基于外部性的产业布局研究

马歇尔（1890）是最早用“外部性”现象解释产业集群的经济学家。按照马歇尔的观点，集聚经济产生的根源在于生产过程中企业、机构和基础设施在同一地理区间内互动联系带来的规模经济和范围经济。马歇尔具体将外部经济分解为产业关联、劳动力匹配、知识溢出三大分支。米尔斯和亨德森（1974）将马歇尔外部性引入到城市经济学中，这一外部性对厂商的集群式分布具有重要影响。亨德森模型解释了城市系统中所存在的不同类型的城市以及城市之间进行商品贸易的原因。Abdel-Rahman 和 Fujita（1990）认为，由于中间产品可以被用来作为原料投入到最终产品的生产中，从而提高最终产品的生产率，这就导致城市劳动力规模的扩大与工资率的上升相互促进。Helsey 和 Strange（1990）认为，一个大型城市和市场能在异质工人与企业之间的用工需求和利润最大化的企业之间的匹配上达到很好的均衡（由于搜寻成本更低）。Duranton（1998）认为，一个大型市场可以促进工人变得更加专业化。Duranton 和 Puga（2004）将马歇尔外部性从共享（Sharing）、匹配（Matching）和学习（Learning）三个方面进行了总结，形成了 SML 框架：①产业关联。上下游产业的聚集布局，减少了企业的运输成本和交流成本，给上下游产业都带来便利与收益，形成产业关联效应；②劳动力匹配。产业聚集布局增加了劳动力要素的类型和数量，降低供需双方的搜寻成本，增加劳动力的匹配机会与匹配质量，提高配置效益；③技术溢出。很多知识具有缄默、非编码和局部溢出的特点，只有面对面接触与交流才能促进知识的有效传播。产业聚集布局拉近了企业之间、企业与客户之间的交流距离，降低了交流成本，增加了彼此之间的信任，有利于促进技术交流与示范。

Hu 和 Sun（2014）根据不同制造业和不同城市享受的外部经济类型（地方化经济与城市化经济），建立制造业与城市匹配的理论框架，在此基础上对中国制造业的空间布局进行了经验研究，定量回答了“什么技术特征的制造业，在什么规模城市布局”的问题。Ellison 等（2010）使用美国数据，定量测度了自然禀赋、产业关联、劳动力匹配、技术溢出对于产业布局的贡献份额。

产业聚集也会带来竞争效应，它包括正负两方面的效果，一方面产业聚集带来了竞争压力，促进企业引入新产品、采用新的管理方法，增加生产率；另一方面，当与竞争企业的技术和人力资本差距较大时，容易被挤出市场，从而产生负的竞争效应。

3.1.1.3 基于新经济地理理论的产业布局研究

基于空间异质性和外部性的产业布局研究是在传统的完全竞争框架下展开讨论的，在这一时期，部分经济学家意识到空间距离产生的运输费用是影响生产的重要因素，但空间因素仍被传统的经济学研究遗忘在角落。克鲁格曼（1991）在 Dixit–Stiglitz 框架下，首次革命性地将运输成本纳入主流经济学的一般均衡模型中，开创了新经济地理学（NEG）。随着新经济地理学的发展，从外部经济角度对城市产业布局的研究，逐步被不完全竞争框架下的城市产业布局研究所取代。最初的 NEG 模型以克鲁格曼核心外围（CP）模型为核心，包括自由资本模型、自由企业家模型、全局溢出模型、局部溢出模型、垂直管理模型等，这些模型建立在两区域、两部门、均质空间框架下，主要有两个特点：首先，数量足够多、竞争性足够强的差异化工业品的效用函数保证了零利润条件，即厂商在充分竞争条件下只能按照平均成本定价，而非具有垄断力的边际成本定价，最终达到帕累托有效的资源配置结果，同时产生竞争效应，使得工业品价格指数下降，工人的实际工资提高。其次，具有规模报酬递增的生产函数（即平均成本持续递减的成本函数）使得市场需求更大的地区差异化产品数更多且厂商数量更多，从而加总后获得的行业需求曲线更平缓，与平均成本相切于更大的产量水平，获得规模报酬递增的好处。在克鲁格曼模型中，通过假设所有的产品都是对称的，从而抽象掉了产业间的比较优势，既不考虑地区间不同产业相对生产率的差异，也不考虑地区间生产要素价格的差异。

基于克鲁格曼模型，梅利茨（2003）将异质性企业引入到国际贸易理论中，构建了新新贸易理论（NNTT），对生产率不同的企业的分布进行了研究。Baldwin 和 Okubo（2006）在自由资本模型中考虑企业异质性，发现企业选址受到“选择效应（Selection effect）”和“分类效应（Sorting effect）”的影响，开始注意到生产率差异和要素价格差异对企业动态空间分布的影响。Ottaviano 等（2011）将企业异质性引入新经济地理模型，构建新新经济地理（NNEG）理论，引发新经济地理的第二次革命，推动了第二代模型的发展。第二代模型以异质性为突出特征，主要包括四类模型：第一类是空间异质模型，主要表现为比较优势理论与新经济地理的整合；第二类是运输成本异质模型，主要体现为运输成本内生化和非对称性；第三类是要素异质模型，表现为劳动力技术的异质、偏好异质；第四类是企业异质模型，即企业效率和成本异质模型。

3.1.2 产业空间布局的向心力

产业空间布局实际上反映了生产活动的分布在聚集和分散之间的一种权衡。生产活动的聚集会带来规模经济、生产和消费的多样化等各种形式的正外部性，这些正外部性可以形象地理解为将生产活动聚集在一起的向心力；但生产活动的聚集同样也会带来诸如拥挤、市场竞争加剧、生产成本升高等负外部性，同样地，这些负外部性可以理解为导致生产活动分散的离心力。集聚效应产生的向心力和离心力是产业空间布局的重要驱动来源，其中集聚的向心力来自于集聚产生的外部经济，而离心力主要来源于过度集聚导致的负外部性，即拥挤效应。

3.1.2.1 空间集聚的收益与向心力

从经济学角度来说，集聚（Agglomeration）就是指经济活动在地理空间上的集群。在城市空间中，随着城市化进程的发展，地理位置优越、资源丰富或交通便利的区域依靠着当地的禀赋优势逐渐发展成为核心区。在城市化初期，核心区和边缘区经济发展差异较大，核心区产生较强的向心力，生产要素和各种资源主要向核心区集聚。根据马歇尔的观点，在经济集聚现象的形成过程中，外部性是关键性因素。他认为，与集群形成相关的外部性包括规模生产、专业化投入、建立在人力资本积累和面对面交流基础上的高度专业化劳动力和新思想形成以及现代化基础设施的完善。在外部性解释下，集聚现象是“马太效应”的产物，向心力也在不断地自我强化，不断增加的经济行为人向核心区聚集，以获得来自于更大经济活动多样性和更高专业化程度的利益。

除了集聚外部性对产业空间布局产生的向心力之外，新经济地理理论认为本地市场效应和生活成本效应也是产业空间向心力的重要来源。本地市场效应也称“市场接近效应”，是指垄断企业偏向于选择市场规模较大的区位进行生产，并向规模较小的市场区出售产品的行为。生活成本效应又叫“价格指数效应”，是指企业的集中对当地居民生活成本的影响。在企业比较集中的地区，由于本地生产的产品种类和数量较多，从外地输入的产品数量相对较少，从而降低了外地产品输入的运输成本，这使得该区域商品价格较低，消费者支付较低的生活成本，从而对劳动力更有吸引力。而本地市场效应和生活成本效应再加上劳动力自由流动，就形成了循环累积的因果关系，使得向心力不断地加强。

3.1.2.2 空间临近的“借用规模”与向心力

借用规模（Borrowed size）最早是由 Alonso（1973）提出的一种城市体系概念，他认为，如果一个小城市靠近其他人口集聚区，那么它会表现出一个大城市的某些特征，例如靠近大都市圈的小城市人均收入会比同等规模独立存在的小城市高得多。这是因为它们保留了较小规模的许多优势，如拥挤程度较低，但临近中心城市而享有规模优势和较强的溢出效应。此外，这些小城市的居民不仅有着较低的生活成本，还可以利用临近优势享受优质的公共服务和娱乐生活设施来补充自己的生活，企业可以共享诸如仓储和商业服务等设施，而且有着更加广阔的劳动力市场，更灵活的需求和供应范围。之后，“借用规模”作为一种新的空间经济规划概念，在欧洲国家获得重视。这是由于荷兰等欧洲国家缺乏具有一定规模的大都市，整个国家城市体系由密集分布的中小城市构成，难以享受集聚规模效应驱动的整体经济发展，并承受着城市集中度过低对经济造成的负面影响。于是政策制定者通过“借用规模”的理论，构建中小城市网络体系，以此来缓解城市集中度过低造成的经济效益损失。

西方国家对于借用规模理念更多是讨论针对中小城市集聚不足而采取“抱团取暖”的应对方式。而对于我国，这个问题就显得有些与众不同。一方面，我国城市行政边界是比较明显的，从整体对大、中、小城市进行空间体系的布局显得没那么容易。另一方面，中国地域广大，一省之规模类似于欧洲一国，而相比欧洲国家和地区，中国城市的规模也要大得多，城市整体功能也更完善，地级市的划分普遍存在“强县”搭配“弱县”的原则，而且在近些年土地市场化和政府规划引导下，大部分城市已脱离传统单中心的空间结构，转变为由传统中心和各个新生次中心遥相呼应的多中心空间结构。因此，“借用规模”的理念同样适用于中国城市内部。

本书将“借用规模”的理念引入城市内部空间，考虑离开中心城区的制造业相对市中心的布局和相互之间的空间布局问题。尽管制造业企业迁出中心城区已是普遍现象，但传统中心城区作为消费者聚集地，仍具有一定的市场优势，而且自城市形成初期围绕中心城区打造的公共服务和基础设施较为完善，因此，一定程度上临近中心城区能够借用中心城区的市场规模和基础设施服务。而空间临近的产业特别是相同和相似行业，既能借用彼此的产品市场规模，又能扩大劳动力市场范围，还可以降低彼此间的交流和运输成本。

3.1.2.3 产业政策与向心力

政府政策是影响产业空间布局的另一重要来源，作为一种重要的制度安排，产业政策在一定程度上对产业集聚的形成有着重要影响。产业政策对产业空间布局产生的向心力主要来自于两个方面：第一，公共服务设施的非均等化配置造成产业空间的非均衡布局。产业聚集的区域对公共服务配套设施的规模有一定的要求，而政府作为大多数公共产品的提供者，其产业政策在某一地域的倾斜，能够带来该地区的产业聚集；第二，产业政策通过制定相关产业法规、确定政策边界对产业聚集产生重要影响。政府政策对市场秩序的维护是产业活动区得以顺利运行的重要保障，在产业活动区，时常会出现市场失灵的现象，如恶意竞争、低成本假冒伪劣产品等，这时有效的政府政策可以为正常有序的生产活动提供良好的生存环境，并吸引更多的企业进驻。一般来说，具有先发优势的中心区往往能够享受更多的政策效应，基础设施建设、市场制度环境也更加完善，从而产生了产业空间布局的向心力。

3.1.3 产业空间布局的离心力

3.1.3.1 空间集聚（临近）的成本与离心力

空间经济学理论认为，自由放任政策下市场自发形成的集聚可能是无效的。正如 Fujita 和 Thisse（2002）所说，“无论外部性以何种方式产生作用，价格都不能完全地反映商品和服务的社会价值，因此，市场结果就很可能是无效率的”。部分西方学者认为大多数城市和集聚区的规模过大，许多在工业化国家里饱受争议的区域政策也表明，部分产业出现了过度的空间集中。霍特林（1929）曾指出，“我们的城市变得过大从而不经济，并且城市里的商业区也过于集中”。杜能（1826）最早关注到与拥挤效应相关的理念，他认为过高的生产成本会使得厂商在进行区位选择时做出离开中心区域的决定，表现出区域内出现拥挤后的分散形态。到20世纪50年代，胡佛等经济学家开始意识到产业集聚产生的正外部性不会一直存在，当某个区域产业过度集聚后，该区域的集聚经济效应可能会开始下降。传统的集聚不经济包括若干来源，Alonso（1964）认为随着城市规模扩张，个人实际收入因通勤成本增加而降低。Henderson（1986）通过构建城市规模模型发现城市规模的扩大有利于要素规模报酬的增加，但随着规模继续扩大，生活成本不断上升，拥挤效应会超过集聚效应的作用对经济发展产生负面影响。例如，地租上升和环境恶化会削弱大城市对居民的吸引力。劳动力成本上升则会使企业权衡在大城市获得的集聚经济和在其他城市获得的低劳动力成本，而重新做出区位选址决策。Rappaport（2008）论证了拥挤效应的存在，产业集聚的确会带来规模效应，但这一效应随着城市规模的扩大而逐渐衰弱。新新经济地理（NNEG）理论为拥挤效应的产生给出了另一种解释：考虑异质性企业的自我选择效应，在新经济地理理论框架下会高估集聚效应对生产效率的促进作用，而基于高估的集聚效应给出的政策指导往往过分强调集聚的正面作用，造成过度竞争（Over-competition）、城市拥挤等一系列负面后果。

理论和实证均表明集聚和空间临近不仅产生正向外部性，同样会产生负向外部性，即拥挤效应。离心力主要产生于有限土地空间上资源的稀缺，由于大量的企业集聚导致的“拥挤效应”，包括不可流动生产要素（如土地）拥挤、公共品拥挤、交通拥挤和房地产市场拥挤。生产要素拥挤主要是指有限空间上土地和劳动力的供需严重不平衡造成的生产成本过高，从而导致整体的生产规模不经济；公共品拥挤是指企业集聚带来的人口集聚对本地公共物品造成了稀缺；交通拥挤是由于企业集聚带来的人口集聚，从而造成的通勤成本增加，降低了劳动者的生产积极性；房地产市场拥挤导致了房价过高，挤兑了人们的福利水平。

为阐述方便，可以将拥挤效应的理论机理归纳为以下三个方面：

第一，同行业集聚导致产品市场竞争加剧。同行业企业在地理上的过度集中会加剧产品市场的竞争，为了应对最终产品市场上的竞争，企业可能会采取低价策略。低效率的价格竞争最终会导致企业利润空间缩小，从而使得企业减少在研发以及产品质量升级上的投入预算。Lu（2014）利用中国工业企业数据研究发现，产业集聚显著降低了企业的价格加成率。

第二，生产要素稀缺导致要素市场失衡。产业集聚会提高当地企业对劳动力的需求，在劳动力有限的流动性下，会引起劳动者工资上升；同样地，由于土地的不可流动性，生产集聚区的土地价格明显高于非集聚区，劳动力工资和地租的上升增加了企业的生产成本。生产成本过高会压缩企业的利润空间，企业在利润减少的情况下会降低研发投入，从而不利于产品升级和技术进步。

第三，空间临近产生的路径依赖导致企业创新惰性。随着产业集聚的不断成熟，集聚区内的企业容易产生路径依赖，陷入自我“锁定”而产生“创新惰性”。“创新惰性”主要体现在企业认知距离的锁定和模仿驱逐创新的“柠檬市场”形成。首先，认知距离锁定会抑制企业对新知识和新技术的吸收能力。认知距离代表的是企业从外部环境获得有关知识和资讯的距离，通常而言，这种认知距离越短，企业相互之间就越容易建立信任和协作关系，同时也越容易获得外部的知识和技术溢出。然而，这种空间临近产生的认知锁定同样可能造成区域内企业的故步自封，包括企业屏蔽外界新技术和新思想，失去了接受新技术的能力。其次，产业空间临近降低了区域内企业的创新积极性，当众多企业集聚并产生规模经济效应后，会吸引更多的企业加入，集聚规模的不断扩大，知识和技术的扩散效应就愈加明显，使得企业间模仿成本进一步下降，这一现象有利于带动集聚区内创新能力较弱的企业发展，但会制约整个行业的创新动力。因为一项研究创新成果的出现需要投入大量的成本并承担失败的风险，而且当一项创新成果还未完全给研发企业带来足够的收益甚至不足以抵消研发成本时，会很快被空间临近的同行业企业模仿和利用，因此导致企业为了规避风险而减少科研投入，并逐渐走上了模仿道路，最终形成“柠檬市场”。

3.1.3.2 产业政策与离心力

产业政策不仅可以对产业空间布局产生向心力，同样也可以产生离心力。例如，政府可以通过限制性的产业政策禁止一些产业在某些地区的集聚。其中，最具代表性的离心力产业政策就是大城市中心城区的过剩产能疏解，以及“退二进三”的产业政策。这些产业政策具有一定的强制性，例如“退二进三”政策强调将位于特定规划实施范围内的工业企业，通过采取征收货币补偿、工业用地置换、临时改变房屋用途、改变用地性质等方式，腾出工业用地空间用于发展教育科研、医卫慈善、商务金融、餐饮旅馆、总部经济、现代物流业等第三产业生产活动。对于部分城市特别是中小城市来说，按照集聚经济理论，其中心城区的工业产业可能尚不能达到最优集聚规模，而城市政府可能出于地区平衡发展、环境污染治理等考虑，对集聚区产业进行疏解，这时候工业产业的离心布局主要是产业政策的离心力起作用。

3.1.4 向心力与离心力的权衡与产业空间布局变化特征

企业区位选择往往是对所生存地区向心力和离心力的权衡做出抉择，而在研究不同层面的产业空间布局问题时，通常需要考虑不同的向心力和离心力组合。比如在研究城市问题时，向心力主要来自于集聚和空间临近产生的劳动力市场共享、知识溢出等正外部性，离心力主要来自于拥挤效应和政府规划。而在研究区域产业布局问题时，向心力主要考虑包括市场关联和产业前后向联系等产业组织方面的外部性，区域的地理尺度比较大，所以在离心力方面对于拥挤问题的关注就比较少，而更关注运输成本和要素流动的强弱所带来的离心力。中国地级城市的行政区由于地域范围广、规模大，城市整体功能也更完善，地级市的划分普遍存在“强县”搭配“弱县”的原则，既有城市本身的规律，又有部分区域的特征。因此，作为一种“城市区域”，向心力和离心力对产业空间布局的作用方式需要同时考虑城市和区域的特征。

3.1.4.1 核心－边缘理论对城市产业布局演变特征的描述

约翰·弗里德曼（1966）在其著作《区域发展政策》中提出的核心－边缘理论，描述了在城市区域不同的社会经济发展阶段，经济活动在空间上呈现不同的布局。具体地，他将经济发展在空间上的表现划分为四个阶段：

第一，前工业化阶段。在该阶段，工业生产力水平较低，城市经济结构主要以农业为主，城镇发展速度较慢，各自呈独立的中心状态，城镇体系不完整。

第二，工业化初期阶段。在该阶段，城市开始形成一个完整的整体，工业经济有了一定的发展。随着社会分工的深化、生产的发展和商品交换的日益频繁，地理位置优越、资源丰富或交通便利的区域发展成为核心区，相对于核心区以外的地区为边缘区。核心区和边缘区经济发展差异较大，受核心区规模吸引，生产要素从经济梯度较低的边缘区流向梯度较高的核心区，核心不断向边缘扩展，出现了城市化过程，核心区与边缘区的差异进一步扩大。

第三，工业化成熟阶段。也是快速工业化阶段，工业产值快速增长，特别是核心区更快的发展步伐加剧了核心区与边缘区之间的不平衡关系。这种不平衡关系主要表现在四个方面：其一是权利分配的不平衡。核心区作为城市经济、政治的核心，政府政策的制定往往优先考虑核心区的利益，而后才惠及边缘区；其二是资本单方向流动。受核心区先发市场优势影响，多数资本流动趋向核心区；其三是技术创新不平衡。中国城市大部分的大专院校、科研机构都集中于核心区，所以技术创新产生于核心区，而后再流向边缘区；其四是劳动力由边缘区向核心区的单方向流动。因此，在该阶段，核心区对边缘区有着支配和控制作用，边缘区的发展面临困境。随着核心区和边缘区不平衡发展矛盾的加深，边缘区开始出现新的规模较小的核心，围绕着新的核心，边缘区原本分散的工业产业群开始集聚，并出现核心区资源向边缘区流动的现象。

第四，后工业化阶段。也称大量消费阶段，在该阶段，资金、技术、劳动力等资源由核心区向边缘区流动加强，边缘区产业群集聚产生次中心，次中心规模不断发展成与原来中心相似的规模，整个城市区域发展成为一个形态上分散但功能上相互联系的多核心城镇体系，形成大规模城市化区域，产业空间开始有关联地平衡发展。

弗里德曼的核心－边缘理论认为城市区域的产业空间布局在不同的时期表现出不同的特征，产业空间布局变化的向心力主要来自于核心区地理区位优势对边缘区资源的“虹吸”，以及政府政策向核心区的倾斜；离心力主要来自于核心区与边缘区非平衡发展的矛盾升级以及边缘区自发形成的集聚效应。

3.1.4.2　新经济地理理论对产业布局演变特征的描述

新经济地理理论认为，市场区域内有三种效应共同发挥作用，决定了厂商和居民的区位选择，即代表向心力的本地市场效应、生活成本效应和代表离心力的市场拥挤效应。对于垄断竞争企业，受产业集聚产生的外部经济吸引，趋向于选择市场规模较大的地区（不妨称为A）进行生产，一部分产品满足当地需求，另一部分销往其他市场区（Bi）。随着越来越多的企业在A市场区集聚，进一步促进了A地区的本地市场效应的形成，进而吸引更多的企业进入。此时，产业集聚在各个行业形成了规模经济，降低了企业生产成本，而且较大的市场规模意味着更多的产品种类和数量，也意味着更少的外地产品输入，从而减少了运输成本，降低了当地的物价指数，也就形成了所谓的生活成本效应。受较低物价水平和便利的购物渠道吸引，越来越多的居民进入A市场区，形成了人口的进一步集聚，A市场区逐渐成为城市的中心区。但是，任何市场区的资源都是有限的，随着越来越多的厂商和居民在A市场区集聚，市场拥挤效应开始发挥作用，不但会降低每个垄断竞争企业的市场份额，而且过度拥挤的生活空间与公共服务设施的不匹配开始影响本地居民的生活效用水平，地租上升和环境恶化也会削弱中心城区对厂商和居民的吸引力，因而一部分企业和居民选择退出A市场区而进入其他市场区Bi，如图3-1所示。远离中心市场区向城市外围迁移，地租成本$R(d)$是递减的，即$\partial R/\partial d<0$。但是，由于A市场区仍保持着原有的市场规模优势，对周边地区企业有较明显的技术溢出效应，溢出效应随着远离中心城区而减弱，同样也表现为交通（技术）运输成本的增加。同时，相当部分的居民依赖于较多的工作机会及工资回报仍在A市场区工作，所以对于这些迁出的企业和居民来说，尽管离开中心城区降低了地租成本和其他生活成本，但是却产生了交通（技术）运输成本$T(d)$，交通（技术）运输成本往往随着距离的增加而递增，即$\partial T/\partial d>0$。因此，这部分企业和居民要在远离中心区带来的地租成本递减和交通（技术）运输成本递增之间进行权衡，选择最适合区位进行生产和生活。由于迁出的企业和居民享受重新集聚带来的外部经济，将最终形成次中心集聚Bi。

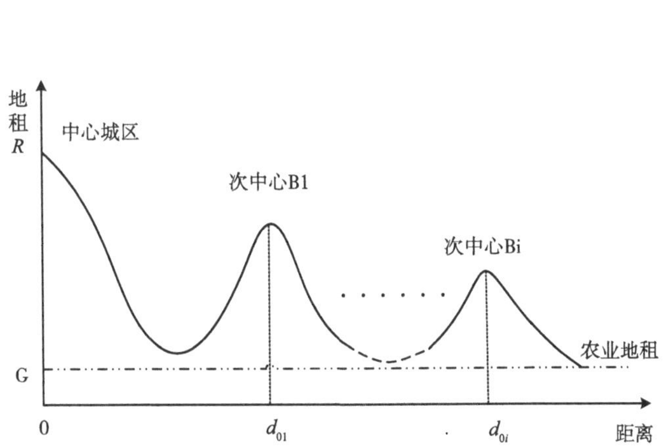

图3-1　城市产业空间布局的演变过程

3.1.4.3 城市经济学理论对产业空间布局演变特征的描述

根据传统的城市经济学理论，城市空间布局可以看作是区位选择这一动态变化的结果。而区位选择理论从传统的区位论、中心地理论等出发，到核心边缘理论以及城市经济学中对城市体系和城市内部空间结构的分区理论等，再延伸到增长极、点轴以及网络化发展等空间发展战略选择问题，其核心都是集聚外部性在不同空间尺度所表现出的形态问题。

城市经济学理论认为，集聚效应是由社会经济活动的空间集中所形成的集聚经济和集聚不经济综合作用的结果。其中，集聚经济一般是指因经济社会活动及相关要素的空间集中而引起的资源利用效率的提高，以及由此而产生的成本节约、收入或效用的增加，集聚经济是产业空间布局向心力的主要来源。而集聚不经济是指经济社会活动及其相关要素空间过度集中所引起的成本增加或收入或效用的损失，集聚不经济是产业布局离心力的主要来源。

从城市的形成过程来看，城市空间布局是针对厂商和居民的不同经济活动对土地等资源进行重新配置的结果。城市形成后，初始形成的经济社会活动分布会影响后来居民和厂商的选址决策，集聚经济带来的市场效应和成本效应会吸引新的居民和厂商集聚。所以，城市空间布局与城市经济运行形成了以前一阶段集聚为基础不断更替演变的过程。从城市的发展过程来看，经济社会要素在城市空间上的布局变化主要来自于两方面：一方面来自于诸如分工利益、规模经济和市场临近等集聚经济广度和深度的增加；另一方面来源于诸如土地成本、拥挤效应、污染等集聚成本的增加。随着城市的不断发展，城市功能结构、集聚要素、主体外部关系发生变化，会进一步引起城市地域分化内容的变化。这种变化又通过两方面途径，进一步对空间布局产生影响：一方面是城市新旧职能的转变以及配套设施的更新。随着城市产业不断升级，高技术产业在城市中的比例逐渐增加，传统产业逐渐退出乃至消失，而高技术产业由于其行业特性更加趋向于在学校、科研机构附近集聚，从而在城市内部形成新的产业集聚区，进而影响城市整体布局；另一方面，随着技术不断进步，部分城市功能的聚集性发生变化。例如现代工业的发展，工业生产和居民生活出于不同的利益追求使得厂商和居民向不同区位集聚，形成不同的空间布局。随着集聚程度的加深，土地价格在空间上表现出更加严重的非均衡性。厂商在面临集聚带来的经济效应以及较高土地成本时，往往首先想到的是提高自身生产效率以抵消成本升高带来的利润损失。其次在无法实现生产效率提升的情况下，只能重新进行区位选择以获得成本的下降来保证利润。实际上，早期集聚经济效益构成中，运输成本在厂商选址决策因素中占很大比重，随着现代交通设施的完善，集聚带来的运输成本所占效益比重下降，风险成本和信息成本所占比重上升，特别是新技术发明的应用与实际生产周期的缩短，企业越发感到市场信息和技术的迫切性。这样，能够方便获得各种信息的区位成为企业新的聚集点，而生产技术日益标准化的制造业，从中心城区的区位上所获得的集聚效应越来越少，从而会进行区位的重新选择。

3.2 城市产业布局演变的微观机制

3.2.1 城市产业布局的演变规律与内在逻辑

城市产业布局是城市经济结构在空间上的表现形式，是城市空间结构的核心内容，它的演变历程是城市成长变迁的历程，其演变机理也折射出城市发展的内在动力。工业化初期，出于对河流水能的需要，工厂倾向于布局在邻近河流的地方，从而集聚越来越多的人口和工业，最终发展形成城市，这是城市化的初始动力。随着科学技术的发展，工业生产不再单纯依赖水能，工厂选址不再受限于河流，加之日益严重的城市问题所带来的负外部性，工厂开始逐渐从内城迁往郊区，从而带动郊区发展。随着信息技术的快速发展，产业发展进入知识经济和网络经济的新时代，生产的组织更加灵活，而研发售后等服务功能却更加集中，这就导致生产功能不断从城市中心外迁，而生产性服务业则不断向城市中心，特别是大城市中心集聚，即生产分散化、服务集中化（图 3-2）。

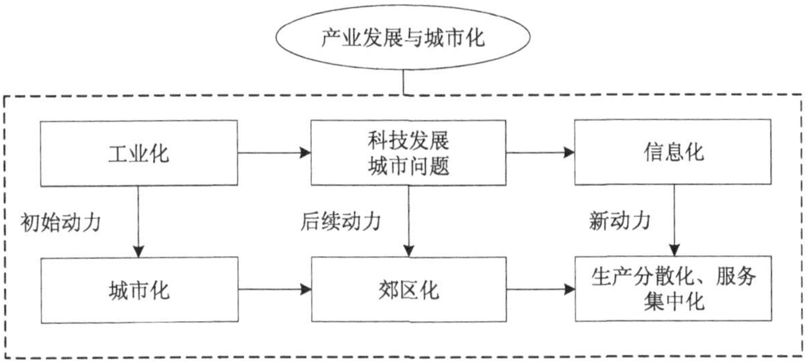

图 3-2 产业发展与城市化的关系

资料来源：许学强 等，2022。

3.2.1.1 产业集聚与城市空间结构演变

城市化的发展需要产业的支持，并与产业的发展互为联动。弗里德曼的核心 - 边缘理论将城市区域的产业空间布局变化划分为四个阶段，即前工业化时期、工业化初期、工业化成熟期、后工业化时期。在前工业化时期，城镇发展速度较慢，各自呈独立的中心状态，城镇体系尚不完整，此时整个城市处于城市化前期。当进入工业化初期以后，城市开始形成一个完整的整体，核心区不断向边缘区扩展，出现城市化过程。在这一阶段，城市内地理位置优越、资源丰富或交通便利的区域逐渐发展成为核心区。受核心区区位优势和先发规模优势吸引，各种生产要素和资源向核心区集中，整个城市呈单核心形态发展。当进入快速工业化阶段，工业产值快速增长，特别是核心区更快的发展步伐加剧了核心区与边缘区之间的不平衡关系。20 世纪中期，以信息技术为代表的世界新技术革命，把工业经济推向了一个崭新的时代，城市的功能性质由生产向服务转变。城市中心由原来的中心商业区变为中心商务区，集

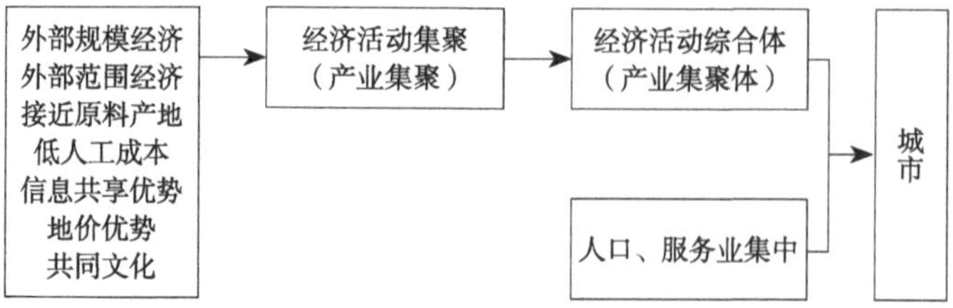

图 3-3 产业集聚与城市化过程

资料来源：章文，2017。

聚了以企业管理部门和生产性服务业为主的办公业。办公机构不直接参加生产活动，其主要职责是处理货物的权属，以及收集、整理和传递各种信息，为企业和社会提供保险、金融、法律、咨询、行政管理等多种服务（图 3-3）。

3.2.1.2 产业扩散与城市空间结构演变

当进入后工业化阶段，资金、技术、劳动力等资源由核心区向边缘区流动加强，边缘区产业群集聚产生次中心，次中心规模不断发展成与原来的中心相似的规模，整个城市区域发展成为一个形态上分散但功能上相互联系的多核心城镇体系，形成大规模城市化区域。特别是进入 20 世纪以来，工业资本有机构成提高，企业规模扩大，采取一体化的生产组织结构，制造业从城市中心区分离出来并在郊区兴起。城市地域因此急剧扩张，城市中心区表现出衰退的迹象，在郊区则兴起大量的工业园区。

所以说，城市化与工业化进程是相伴而生的，不同的工业化阶段催生了不同的城市产业布局形态，不同城市化阶段促进了城市产业结构的变化。产业结构不同，城市集聚利用的资源类别就不同，而不同的产业发展对区位选择的要求存在较大差异，决定了城市的聚集状况和空间分布的不同（图 3-4）。

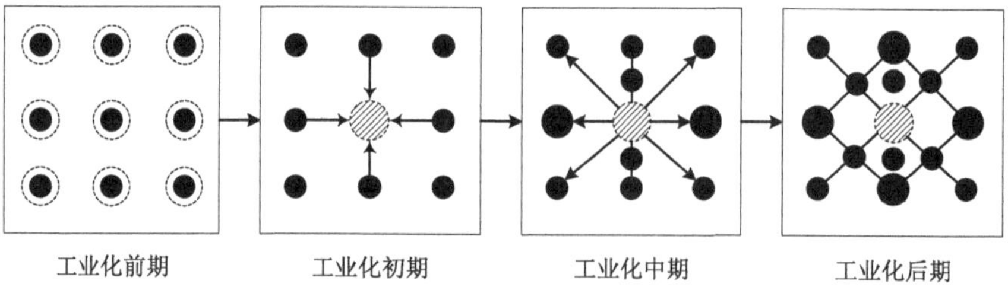

图 3-4 工业化进程与城市空间演变过程

资料来源：陈萍，2016。

基于房地产经济、交通通信技术的发展和行业的内部分化，以及中心商务区办公空间租金的制约，办公业也呈现出由城市中心区向边缘区转移的趋势。一些大公司将一些非决策性、常规性的机构以及分支机构迁往郊区，而把核心业务和高层管理机构保留在城市中心区。同时，郊区制造业、商业和服务业的迅速发展以及电子通信技术的发展也为企业办公机构的郊区化创造了条件。但是大都市传统中心区的吸引力也仍是不可忽视的。电子通信不能完全代替面对面的交流，城市中心区优越的通达性能够极大地降低交易成本，现代企业的管理、控制功能仍有着向城市中心区集聚的趋向。就目前而言，大城市中心区仍是现代服务业和跨国公司总部的结节点，是获取信息和进行交易的主要场所。

3.2.2 基于企业区位选择的城市产业布局均衡

Fujita 和 Ogawa（1982）认为，城市产业布局的形态取决于聚集经济与交通成本的权衡。如果聚集经济大于交通成本，则表现为聚集，否则表现为分散。城市产业布局区位由家庭与企业支付租金最高者决定，从而形成完全的居住区、完全的商业区和混合区三类功能区。本章借鉴 Fujita 等（1997）的理论模型，以城市单中心模型为出发点，考察进入城市化时期后，产业相对于城市中心的区位布局对经济效益的影响。

假定线性城市，并将给定规模的 CBD 看作城市中心的一点，用 x 表示到 CBD 的距离以及相应的位置。假定劳动者都是同质的，即每个劳动者提供一单位均质的生产力，并假设居住在城市的劳动力可以自由流动。在这里我们只考虑单个城市，由于劳动力同质且有相同的偏好，企业的选址行为不会改变工人的基本效用（Reservation utility）$\bar{u}=U(z, s)$，其中，z 表示组合商品，在这里视为一般计价物，s 表示工人消费的土地。因此劳动力当且仅当其在新的区位获得的效用会高于或等于其原有的基本效用时，才会发生流动。

1. 初始劳动力市场均衡

我们将 CBD 中的企业视为在位企业，由于 CBD 中有大量的企业使得劳动力市场是竞争性的，且丰富的工作岗位吸引了大量的工人居住在 CBD 附近。假设工人获得的工资为 W，于是居住在 x 地的工人的均衡条件为：

$$z+tx+R(x)=W \tag{3-1}$$

其中，t 表示工人的单位通勤成本，$R(x)$ 表示 x 地的土地租金，并假定工人只消费 1 单位土地。

城市一开始为单中心城市，因此假设城市以外的土地价值为 0，从而得到在 CBD 工作的工人居住地边界为：$\hat{x}\equiv\frac{w-z}{t}$。

在这种情况下，土地的租金为：

$$R(x, W)=\begin{cases}W-\bar{z}-tx, & x\leqslant\hat{x}(W)\\0, & x>\hat{x}(W)\end{cases} \tag{3-2}$$

其中，$\bar{z}$为工人效用最大化条件下可获得的最大商品组合数。假设城市在空间上是对称的，因此，劳动供给和需求分别为：

$$N^S(W)\equiv2\hat{x}(W)=\frac{2(W-z)}{t} \qquad N^d(W)=\frac{A-W}{\theta} \tag{3-3}$$

其中，A 和 θ 都是正的常数。θ 表示劳动力需求的敏感度，θ 越大，说明劳动数量的一个微小变化都会导致工资的较大变化。劳动力市场出清时，均衡工资为：

$$W^*=\frac{At+2z\theta}{t+2\theta} \tag{3-4}$$

2. 新生企业进入与工资变化

由于在位企业在劳动力市场上已到达了均衡，进入企业需要和 CBD 中的在位企业竞争 CBD 附近有限的劳动力。假定新生企业所需的劳动力总量为$\bar{L}$。劳动力市场再次出清时，存在均衡：$N^d(W)+\bar{L}=N^s(W)$。此时，均衡工资为：

$$W^{**}=W^*+\frac{\bar{L}}{1/\theta+2/t} \tag{3-5}$$

由于 t 和 θ 都是大于 0 的常数，因此 $W^{**}>W^*$，即新进入企业导致 CBD 均衡工资上升。在 Fujita 等（1997）的理论模型中，考虑了单中心市场的不饱和性，即工业化初期，出现情景一：所有企业仍留在 CBD 或邻近 CBD。此时 CBD 新增就业人数为：

$$\Delta N_1\equiv 2[\hat{x}(W^{**})-\hat{x}(W^*)]=\frac{\bar{L}}{1+t/2\theta} \tag{3-6}$$

如上述公式所示，只要劳动力需求并非完全无弹性的（$\theta\neq 0$），新企业的进入将导致就业的增加，而均衡工资的上升使得相应的企业减少劳动力需求，最终就业的增长小于新进入企业的劳动力需求，即 $\Delta N_1<\bar{L}$。就业的增长同时导致地租由 $R(x, W^*)$ 上升到 $R(x, W^{**})$（图 3-5（a））。

该结论对于新进企业选择临近 CBD 生产同样成立，令 CBD 劳动力供给市场的左边界为：$x^-\equiv\hat{x}(W^{**})-\bar{L}$。

考虑当企业选址 $x^e\leqslant x^-$ 时，对于居住在 x^e 右边的工人来说，选择在 x^e 工作与选择在 CBD 工作没有区别，因为相应的工资扣除通勤成本后是相同的。因此，我们假定新进入企业的劳动力池为$[x^e, x^e+\bar{L}]$，在该情况下，临近 CBD 生产的进入企业将工资设定为：

$$W_e^{**}(x_e)=W^{**}-tx_e,\ x_e\leqslant x^- \tag{3-7}$$

这样工人的工资就相当于 CBD 工资减去他们节省的通勤费用。

如果考虑单中心市场已经饱和，均衡工资的上升导致竞争加剧，进而使得地租等企业生产成本上升。此时，由于高效率企业在 CBD 中的竞争优势更明显，留在 CBD 中仍有利可图。而对于低效率企业而言，在与高效率企业竞争劳动力资源时，处于劣势，因此可能面临迁出 CBD 的选择。为简化分析，假定 CBD 对低效率企业为完全挤出，即迁出企业所需的劳动力总量等于新生企业的劳动力总量$\bar{L}$，并将迁出企业看作具有一定市场势力的代表性企业 e，接下来它有以下两种区位选择。

3. 迁出企业的区位选择

情景二：企业选择城区内远离 CBD 的位置（近郊），即迁出企业 e 的选址大于 x^-。迁出企业所需劳动力由来自 CBD 企业和新移民工人构成，企业 e 选择远离 CBD 的区位并吸引新移民进入劳动力市场，缓解了中心城区劳动力市场的竞争，新进入的劳动力被支付低于 CBD 的工资。在这种情形下，城市产业空间布局将发生改变，企业 e 的选址将形成一个就业次中心 SEC（Secondary Employment Centers）。

假设企业选址为 x_e，支付的工资为 W_e，在此情形下，居住在 x 的劳动力获得的净工资为：$W_e(x; x_e, W_e)=W_e-t|x-x_e|$。

在土地市场具有竞争力的假设条件下，x_e 处劳动力供给区域为 $[x_{e-1}, x_{e+1}]$，其中，$x_{e-1}=\frac{W-W_e+tx_e}{2t}$，$x_{e+1}=x_e+\frac{W_e-\bar{z}}{t}$（图 3-5（b））。

此时，CBD 和 SEC 的劳动力市场供需条件分别为：$N^d(W)=\hat{x}(w)+x_{e-1}$ 和 $x_{e+1}-x_{e-1}=\bar{L}$。均衡时，可得 CBD 和企业 e 的工资分别为：

$$W^*(x_e)=W^{**}-A(\theta)t(x_e-x^-) \tag{3-8}$$

$$W_e^*(x_e)=\frac{W^*+2\bar{z}+2t\bar{L}}{3}+\frac{A(\theta)t(N^*+\bar{L})}{6}-\frac{[1+A(\theta)]tx_e}{3} \tag{3-9}$$

其中，$A(\theta)=\frac{1}{2+3t/2\theta}$，$N^*$ 为均衡就业量。此均衡工资在隐含假设下成立，即在劳动供给区域内边界 x_{e-1} 处，存在机会租金（企业 e 的劳动供给区域与 CBD 的劳动供给区域重叠），这一假设当且仅当 $x_e<x^+\equiv\hat{x}(W^*)+\frac{\bar{L}}{2}$ 成立。企业 e 的均衡工资可以重新写为：

$$W_e^*(x_e)=\left(\frac{x^+-x_e}{x^+-x^-}\right)\times(W^{**}-tx^-)+\left(\frac{x_e-x^-}{x^+-x^-}\right)\times\left(\bar{z}+\frac{t\bar{L}}{2}\right),\ x^-<x_e<x^+ \tag{3-10}$$

情景三：假设企业选择远离 CBD 的远郊进行生产（卫星城 Edge city）。此时，企业 e 的劳动力供给边界扩张为 $x_{e-1}=x_e-\frac{W_e-\bar{z}}{t}$ 和 $x_{e+1}=x_e+\frac{W_e-\bar{z}}{t}$，如图 3-5（c）所示，均衡工资为：

$$W_e^*(x_e)=\bar{z}+\frac{t\bar{L}}{2},\ x_e\geqslant x^+ \tag{3-11}$$

由上分析可知，企业 e 由于选址地点的差异，而需要支付不同的工资水平：

$$W_e^*(x_e)=\begin{cases} W^{**}-tx_e,\ x_e\leqslant x^- \\ \left(\frac{x^+-x_e}{x^+-x^-}\right)(W^{**}-tx^-)+\left(\frac{x_e-x^-}{x^+-x^-}\right)\left(\bar{z}+\frac{t\bar{L}}{2}\right),\ x^-<x_e<x^+ \\ \bar{z}+\frac{t\bar{L}}{2},\ x_e\geqslant x^+ \end{cases} \tag{3-12}$$

根据上式，企业 e 的均衡工资可由图 3-5（d）描述，随着企业距离 CBD 越远，企业所需支付的工资水平就越低，企业的生产成本就越小。假设企业 e 的劳动力需求及产出和价格是既定的，分别为 $\bar{L}$，$\bar{Q}$ 和 $\bar{p}$。企业支付的工资为 w_e，选址为 x_e 时企业的利润最大化问题为：

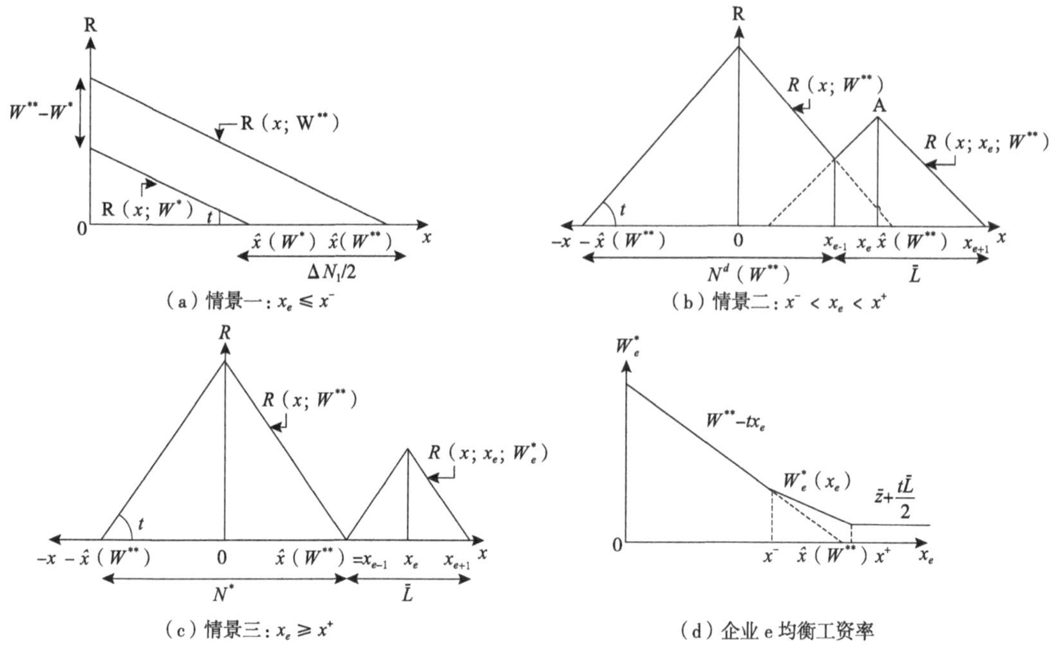

图 3-5　城市产业空间布局与企业均衡工资率

$$\pi_e(x_e) = \bar{p}\bar{Q} - w_e^*(x_e)\bar{L} - (bx_e + c)\bar{Q} \tag{3-13}$$

其中，b 表示企业 e 每单位产出 – 距离的“进入成本”（Accessibility cost），c 表示所有其他投入的边际成本，如能源、资本等。因此，企业 e 的利润构成是 CBD 两种力量均衡的结果。第一种力量是 CBD 的吸引力（Attraction force），由 $bx_e\bar{Q}$项表示，如果 CBD 的外部性越强，b 值则越高，企业 x_e 离 CBD 越远（越大），需要付出的机会成本就越高。第二种力量是 CBD 的排斥力（Repulsion force），取决于劳动力成本，由$w_e^*(x_e)\bar{L}$表示，由图 3-5 可知，离 CBD 越近，劳动力成本就越高，排斥力就越强。

3.3　产业空间布局对高质量发展的影响机理

3.3.1　空间布局影响高质量发展的一般分析框架

传统经济学中，对经济效应或绩效进行专门、系统理论化的构建，主要是产业经济学和产业组织理论的研究范畴。其中 Scherer（1970）在 Bain（1964）“结构 – 绩效”范式的基础上进一步提出了 SCP 分析范式（Structure–Conduct–Performance Paradigm），即“结构 – 行为 – 绩效”范式，该理论指出市场结构、市场行为和市场绩效之间存在因果关系。企业的选址行为本身作为一种市场行为形成了产业空间布局，所以说空间布局是经济社会活动运行的结果，另一方面，空间布局的客观存在也形成了对经济社会活动的约束条件，具有历史性和路径依赖的特性，影响着社会经济活动的效率和结果。

利用柯布道格拉斯生产函数进行灵活变形，是近年来研究经济效应和效益普遍常用的方法。特别地，该生产函数可以将空间因素嵌入其中，用来解释空间结构的经济效应。例如 Ciccone 和 Hall（1996）、Ciccone（2002）、范剑勇（2006）通过利用生产函数的变形得出了经济密度对生产效率的影响。其令 $f_j(L, Q_j, A_j)$ 为区域 j 的单位土地面积上投入 L 要素所得产出（所有空间被认为是均质的），Q_j 为区域 j 的总产出，A_j 为区域 j 的总面积。用 Q_j/A_j 表示产出不平衡分布的密度情况，代表单位面积土地的产出对非农产业在空间上分布的外部性，其来源可以理解为规模经济的三种形式。假定单位面积的产出对该外部性的弹性系数为 $(\lambda-1)/\lambda$，$f_j(L, Q_j, A_j)$ 对单位土地面积上的要素投入 L 的产出弹性系数为 α。因此，基本模型表示为：

$$f_j(L, Q_j, A_j)=l^{\alpha}\left(\frac{Q_j}{A_j}\right)^{(\lambda-1)/\lambda} \tag{3-14}$$

假定地区 j 内部的非农产业是均匀分布的，故有 $Q_j=A_j\times l^{\alpha}\left(\frac{Q_j}{A_j}\right)^{(\lambda-1)/\lambda}$，从而直接得到：

$$f_j(L, Q_j, A_j)=l^{\alpha\lambda} \tag{3-15}$$

上述公式中投入要素 L 上的指数 α 代表了单位土地面积上的产出对其投入的反映系数，取值范围在 0 到 1 之间，如果单位土地面积上投入的资本与劳动力过多，可能会产生负外部效应的拥挤成本；λ 取值一般大于 1，反映了单位土地面积的产出对其区域内整体产出密度的反应。只有当 $\alpha\lambda$ 大于 1 时，该区域才表现为规模报酬递增的地方化，或称净集聚效应为正。尽管该模型将经济密度与生产效率结合起来，但假定研究区域内部产业是均匀分布的，既与现实情况不符，也无法衡量产业空间分布的经济效应。Meijers 和 Burger（2010）、Fallah 等（2011）、秦蒙等（2019）同样采用柯布道格拉斯生产函数作为理论框架起点，将空间结构看作全要素生产率的组成部分，即有

$$Q=AK^{\alpha}L^{\beta}H^{\gamma} \tag{3-16}$$

$$A=g(\text{Spatial}, X) \tag{3-17}$$

Q 为经济产出，K、L、H 分别代表生产过程中投入的资本、劳动力和人力资本要素，A 为一个效率参数或者对测度全要素生产率产生影响的外部参数。传统的经济学理论将全要素生产率解释为技术进步等因素，在该模型中，考虑了空间结构也是影响全要素生产率的重要因素，因此主要由两部分构成。假定市场是完全竞争市场，且规模报酬不变，那么 $g(\text{Spatial}, X)$ 是希克斯中性生产率，空间结构（Spatial）和其他诸如技术进步、管理者才能等不可观测因素（X）通过影响全要素生产率进入函数。基于此，秦蒙等（2019）将全要素生产率设定为如下形式：

$$A=g(\text{Spatial}, X)=\exp[\varphi_0+\varphi_1\text{Spatial}+\textstyle\sum_{k=1}^{n}\gamma_k X_k]+\varepsilon \tag{3-18}$$

到此，空间因素作为一项重要变量进入到生产函数中。但是空间因素如何影响全要素生产率还需要结合空间测度方式进行讨论。

3.3.2 离心性与制造业高质量发展

根据前文的分析，产业空间布局的向心力既可以是市场自发形成的，也受到产业政策的影响。因此，两种作用方式下，离心性对制造业高质量发展的影响机制是不同的。

3.3.2.1 市场自发效应

中国城市的郊区化多数开始于产业郊区化，特别是政策引导下的高能耗、高污染的传统制造业率先郊区化。尽管郊区较低的地租和工资水平降低了企业的生产成本，然而尚不完善的配套生产设施仍是制约郊区企业生产的重要瓶颈。此外，传统的集聚经济理论以及大量的实证研究证实了集聚经济对企业生产效率的促进作用，预示着企业离开中心城区的大市场区将造成发展质量的下降。Combes 和 Gobillon 的研究也发现集聚经济会随着地理距离的增加而减弱。尽管现有针对工业郊区化影响制造业高质量发展的研究仍较为缺乏，但有部分先行者从城市空间结构、空间形态角度对城市生产效率进行了研究，为本研究提供了丰富的研究方法和理论参考。例如，Fallah 等（2011）、秦蒙和刘修岩（2015）从城市蔓延的视角进行研究发现，在城市规模尚未达到最优规模的情况下，城市蔓延会损害城市和企业的生产效率。Harari（2020）从城市形态视角进行研究发现，紧凑的城市形态更有利于提升生产效率。但也有部分研究指出，过度紧凑的空间形态带来的拥挤效应、套利型集聚导致的资源错配，反而不利于生产效率的改善，分散的空间布局能够通过缓解拥挤效应而降低生产成本，进而促进经济效益的提升。Broersma 和 Dijk（2008）在欧洲劳动生产率增长减缓的现实启发下，运用荷兰数据检验了多要素生产率增长的集聚拥挤效应。研究发现，正向的集聚经济效应被交通拥堵导致的拥挤效应所抵消，集聚不经济解释了多要素生产率增长幅度出现的严重减缓。Brülhart 和 Mathys（2008）对欧洲地区的研究发现，经济集聚在长期和短期对劳动生产率的影响是不同的，这是由于经济集聚在短期产生的拥挤效应占据主导地位，导致生产效率下降，但经济集聚在长期有助于促进劳动生产率提升。刘修岩等（2017）利用夜间灯光数据发现，在城市内部层面上，单中心程度对经济效益的影响呈倒“U”型，即在经济发展初期，单中心的空间结构有利于提高经济效益，而在发展后期由于过度拥挤，单中心的空间结构对生产效率带来负面影响。根据弗里德曼核心－边缘理论，城市工业化的不同阶段会对应着不同的城市化程度，从而表现出不同的产业空间布局规律，进而对制造业发展质量产生不同的影响。

3.3.2.2 产业政策效应

上述分析讨论了市场自发效应下离心性对制造业高质量发展的影响机理。然而，中国城市制造业产业郊区化的总体布局离不开政府产业政策的引导，因此，在讨论城市制造业离心性布局的经济效应时不能忽略政府产业政策的影响。其中，关于疏解中心城区过剩产能的“退二进三”产业政策对城市制造业相对城市中心的布局产生较为直接的影响。一方面，该项政策主要通过推动对利用效率较低的工业用地进行置换而发展商服产业，可以提高土地整体利用效率，疏解大城市工业企业在中心城区造成的拥挤，降低地租成本，起到提高制造业发展质量的作用。另一方面，尽管政府政策在应对市场失灵时有着良好的效果，但部分城市政府脱离现实情况而实施“同一化”的产业政策，可能会破坏市场原本良好的运行规律，造成效率损失。例如对工业产业正处于快速发展时期的中小城市实施产能疏解，可能会破坏集聚的正向效应，导致产业集聚不足，无法达到最优集聚规模。在产能向外疏解过程中集聚不足还可能会造成产业空间的蔓延，从而降低单位土地的利用率，对空间内有限的资源造成浪费，进而降低制造业发展质量。

基于以上分析，本书提出如下假设：

假设 1：在一定的距离范围内，CBD 高成本引发的排斥力（离心力）占主导地位，制造业高质量发展水平随着到 CBD 的距离扩大而提升，超过一定距离范围后，由于空间衰变效应以及通勤成本的上升，产业空间布局进一步扩散将不利于制造业高质量发展。

离心性的空间布局要考虑城市化前期和城市化时期两种情况，城市化前期的独立而分散的空间布局不利于制造业发展质量的提升。而进入城市化时期，离心性布局对制造业高质量发展的影响主要由两类效应决定，其一为空间溢出效应，即 CBD 长期以来积累的资源、市场环境优势对企业的吸引力；其二为拥挤效应，即 CBD 有限的空间上集聚着越来越多的企业，造成的高地租、交通拥挤、环境污染等生产要素成本的上升，对企业产生排斥力。在这种情况下，企业的选择效应和自我分类效应发挥作用，企业面临两种选择，首先，想方设法提高生产效率，以提高在 CBD 的生存能力，其次，对于没有能力实现生产效率提高的低效率企业，只能通过迁出中心城区寻求更低的生产成本而求得生存。然而，迁出企业的区位选择不仅要考虑 CBD 的排斥力，同时要考虑空间衰变效应（Spatial decay effects）的存在，溢出效应随着距离的增加而递减，过度分散的产业空间布局也不利于制造业高质量发展水平的提升。

因此，本书提出假设 2：处于不同发展阶段的城市，离心性布局对制造业高质量发展的影响将表现出不同的结果，即处于城市化初期的城市，离心性布局对制造业发展质量产生不利影响，而处于城市化后期的城市，离心性布局对制造业发展质量的作用方式取决于集聚规模效应与拥挤效应之间的此消彼长，影响方向不再明确。

3.3.3　聚集性与制造业高质量发展

3.3.3.1　市场自发效应

城市的出现源自于集聚经济，集聚经济理论为解释城市内部要素空间布局对经济绩效的影响提供了一个重要的理论基础。传统的集聚经济理论认为集聚经济主要来源于马歇尔外部性和雅各布斯外部性，前者认为行业内集聚促进经济发展，而后者强调城市经济的发展来源于城市内产业的多样化。以罗默（1986）为代表的古典经济学家将技术外部性视为经济增长的引擎。Duranton 和 Puga（2004）将城市集聚对经济绩效的作用机制解释为共享、匹配和学习，即公共基础设施的共享或市场风险分担、劳动力市场的匹配以及企业或劳动力之间

"面对面"的交流学习。因此，传统的集聚经济理论认为，集聚与增长总是相伴而生的，要素在城市层面的集聚有利于城市经济的发展。部分实证研究也验证了这一观点。此外，部分研究将集聚分类为行业内集聚（专业化集聚）和行业间集聚（多样化集聚），并发现不同的集聚方式对经济效益的影响不尽相同。例如，Rizov 等（2012）的研究指出了集聚正向作用于生产率的三种方式，其中高密度经济区域的专业化溢出有利于生产率增进。范剑勇等（2014）考察了县级层面产业集聚的主要形式——专业化和多样化经济对全要素生产率的影响，结果发现专业化经济对 TFP 提升具有显著促进作用，而多样化经济不具有这一功效。

然而，集聚效应不仅包括集聚经济，还包括集聚不经济，即集聚产生的拥挤效应。根据动态集聚经济理论，集聚经济并不能无限发挥作用。经济活动在空间上的过度集聚会对经济效益或效益产生不利影响，届时，集聚经济与集聚不经济共同决定了城市制造业的发展质量。经过大量实证研究发现，城市经济效益与内部空间集聚之间呈现先增后减的倒"U"型变化。Henderson（1986）对美国和巴西的数据进行研究发现，产业集聚带来的规模经济效应会随着城市规模的扩大而逐渐减小。产业集聚带来的拥挤效应会导致生产率水平的下降。Brülhart 和 Mathys（2008）基于欧洲地区的研究发现经济集聚在长期和短期对劳动生产率的影响是不同的，这是由于经济集聚在短期以拥挤效应占据主导地位，使得生产效率下降，但经济集聚在长期有助于提高劳动生产率。孙浦阳等（2013）运用中国城市的面板数据同样发现产业集聚带来的拥挤效应和集聚效应在不同时期处于不同均衡状态，但从长期来看，集聚对于劳动生产率的提升是促进作用的。Broersma 和 Oosterhaven（2009）基于荷兰的数据研究发现，在集聚经济和拥挤效应的双重作用下，尽管集聚有助于劳动生产率水平的提升，但是集聚对劳动生产率增长率的影响是负向的。周圣强和朱卫平（2013）基于 1999–2006 年中国 60 个主要工业城市建立面板数据的研究发现，在 2003 年以前，产业集聚的规模效应占主导地位，但在 2003 年以后，拥挤效应占主导地位，在整个样本期间，产业集聚和全要素生产率之间呈显著的倒"U"型关系。张万里和魏玮（2018）利用 2003–2013 年中国工业企业微观数据同样发现，过度集聚导致集聚效应转变为拥挤效应，在经济集聚初期导致了企业生产率的下降。

3.3.3.2 产业政策效应

在产业聚集影响制造业高质量发展的因素中很容易发现政府政策的影子。例如，开发区等区域型产业政策能够通过税收减免等优惠措施促进企业在特定区域的集聚，产生规模效应促进全要素生产率的提升；然而，政策实施的强制性有时会破坏市场发展规律，对制造业发展质量造成损失。例如，对于部分城市特别是中小城市来说，按照集聚经济理论，其中心城区的工业产业可能尚不能达到最优集聚规模，这时候如果生搬大城市疏解中心城区产能的政策就可能破坏原有的集聚规模经济而造成生产率损失。另外，新新经济地理（NNEG）理论考虑异质性企业的自我选择效应后，认为在新经济地理理论框架下会高估集聚效应对生产效率的促进作用，而基于高估的集聚效应给出的政策指导往往过分强调集聚的正面作用，造成过度竞争（Over-competition）、城市拥挤等一系列负面后果。

综合以上理论和文献分析，产业空间的聚集性对制造业高质量发展的影响，取决于集聚效应和拥挤效应的强弱以及产业政策导向的合理性，当产业过度集聚时，产业集聚带来的拥挤效应占据主导地位，将对制造业高质量发展水平的提升产生阻碍作用。在集聚效应和拥挤效应共同作用下，聚集性的净效应对制造业高质量发展的影响是非线性的。本书提出以下假设：

假设 3：产业集聚对制造业高质量发展的促进作用主要发生在行业内集聚，即同行业的聚集性空间布局可能有利于行业发展质量的提升，但不同行业由于面临不同的正反两种作用力，表现出对行业发展质量的影响也不尽相同。鉴于已有研究结果，研究期内集聚与制造业高质量发展之间的关系可能处在倒“U”型曲线的右端，即聚集性对制造业高质量发展的影响为负向。

3.3.4 空间分离度与制造业高质量发展

3.3.4.1 市场自发效应

正如前文概念界定中说明的，尽管聚集性和空间分离度在空间描述上有相似之处，但空间分离度和聚集性并不是同一纬度的两个不同方向，相同的集聚状态下可能表现出不同的相对分离程度，聚集性更多考虑的是产业在整体空间上的均匀分布程度，而空间分离度更多考虑的是距离的概念，极端情况下可以是城市内不同市场之间的相对距离。因此对于空间分离度的经济效应，更多地需要从空间临近产生的外部性出发。

1. 空间临近与共享机制

产业在空间上临近可以实现物质资源的共享，特别是共享不可分割的城市基础设施，且这些基础设施的使用具备一定的竞争性和排他性，不完全属于公共产品，而形成这些不可分割的设施往往需要大量的固定成本，从而减少了企业分布在各个地区的分散投资，因此可以在一定程度上减少其固定成本投入，有更多的资金投入到研发与创新，对制造业高质量发展产生促进作用。然而，有限空间上的物质资源是有限的，越多的产业临近将造成公共基础设施和公共服务的稀缺，导致企业的隐性成本增加，进而对制造业发展质量产生不利影响。

2. 空间临近与产品市场

空间临近往往是由于上下游关联企业趋于相似的中间产品需要，而在同一地区的集中。在这样的环境里，更有利于企业获取其生产所需，这就在一定程度上减少了其寻找中间投入品的人力和运输成本，从而促进制造业发展质量的提升。另一方面，同行业集聚导致产品市场竞争加剧，企业应对竞争采取低价的无效率措施，从而产生了利润损失，进而导致制造业发展质量的下降。

3. 空间临近与要素市场

马歇尔外部性中的劳动力池效应可以使得空间临近的产业减少搜寻劳动力的成本，增加空闲就业岗位和有工作需求劳动力的匹配速度，提高劳动者的生产积极性，促进企业生产效率的提升。但是空间临近同样增加了当地要素市场对有限资源（如土地）和有限流动性资源（如劳动力）的需求，供不应求的土地市场和劳动力市场，推高了企业生产所必需的生产要素价格，增加了生产成本，不利于制造业发展质量的提升。

4. 空间临近与最优认知距离

根据溢出效应随距离衰减特征，空间临近有助于分享彼此间的技术外溢，从而降低信息收集、传播成本，使企业便捷地从空间中获得先进观念、经验和技术等，通过“集体学习”提升企业效率。但是由于企业间的合作和协调存在风险和不确定性，需要一定的认知邻近性来降低互动学习中的这种不确定性，尽管空间临近可以通过这种方式促进企业创新，但很大程度上取决于交流双方的认知临近程度。认知距离过大难以发生知识溢出，而认知距离过小增加了非自愿溢出的风险，当认知距离过小时，同行业企业之间的技术和知识具有较高的相似性，而互补性较小，溢出的效益并不大，反而容易产生相互模仿，降低了企业的创新动力，反而不利于制造业高质量发展水平的提升。

3.3.4.2 产业政策效应

政府产业政策同样影响空间分离度与制造业高质量发展之间的关系，例如，目前各城市政府大量兴建产业园区和新城的政策便增加了城市产业整体布局的分离程度。新兴产业园区的建立一方面是为了带动当地就业、促进城市各区域协调发展；另一方面是促进城市内部空间职住平衡，降低单中心城市工人的通勤成本，类似于霍华德的“田园城市”思想介绍的，当城市发展超过一定规模以后，会在其附近形成新城，在新城内部公共服务设施配备齐全的情况下，能够吸引附近劳动力临近就业，提高通勤效率和产出效率。然而，部分城市大量的“园区”建设不仅没有带动当地就业增长，反而造成了原有工人通勤成本的增加。例如，孟繁瑜和房文斌（2007）通过实地调研北京市就业和居住空间分布情况，发现北京市内存在双重的城市空间失配现象，即城市郊区居民的主要工作岗位集中于市区内部和城市市区居民的工作岗位郊区化。类似于第二次世界大战后的英国城市，新城建设并没有解决当地的就业，反而许多新城变成了“卧城”，加剧了职住空间分离程度以及人们的通勤距离，造成了新城和原有中心城市之间的交通拥堵，进而降低了产出效率。这意味着理想模式下多中心职住空间的完全匹配是难以达到的，过度追求分离的产业空间布局可能会降低生产效率，进而不利于制造业的高质量发展。

基于以上分析，我们提出以下假设：

假设 4：相对分离的产业空间布局对制造业高质量发展的影响同样是非线性的，这取决于不同行业的产品类似程度、对生产要素的价格弹性和对认知距离的敏感程度。

3.4 本章小结

城市的出现源于集聚经济，对城市产业空间布局的讨论更离不开集聚效应。本章从集聚效应出发，首先介绍了集聚产生两种效应，即集聚规模效应（外部经济）和拥挤效应，两种效应分别产生相反的两种作用力，即向心力和离心力。集聚的外部性机制主要来自于共享、匹配和学习，而拥挤效应主要表现为产品市场竞争、要素市场失衡和企业创新惰性。此外，将“借用规模”的思想引入到城市内部空间，更加形象地描绘了企业空间区位选择偏好对产业空间布局的影响。在集聚外部经济和拥挤效应以及空间临近产生的“借用规模”效应下，分别从核心 - 边缘理论、新经济地理理论和城市经济学理论阐述了城市内部产业空间的演变规律。

其次，从空间布局产生的经济效应一般分析框架出发，分别从离心性、聚集性和空间分离度三个角度，推演了制造业不同的空间布局变化对制造业高质量发展的影响机理。制造业空间布局的不断变化，集聚规模效应和拥挤效应以及空间临近的“借用规模”效应和拥挤效应处在“此消彼长”的动态变化过程，因此对于发展质量的影响也是动态的，根据理论分析，文章分别得出了四个假设：

4 中国城市制造业布局演变特征及高质量发展的现状

本章分别测度制造业空间布局与高质量发展水平，并进行特征分析。首先，利用中国工业企业数据库中2004—2013年的数据，以中国地级及以上城市为样本，根据前文的概念界定，从三个空间维度建立城市内部制造业空间布局指数，测算各个城市制造业空间布局；并以二位行业代码分类，分别计算了30个制造业子行业的空间布局指数，从时间和空间两个维度对中国城市制造业布局演变进行时空分析。其次，根据前文对高质量发展的多层次定义，从城市、行业以及微观企业三个层面，构建指标测度制造业高质量发展水平。在城市层面通过建立多维指标体系，利用熵权法综合测算各个城市制造业发展质量；在企业层面，通过构建企业－年份非平衡面板数据，利用Olley和Pakes（1996）的方法，分别以全样本和分行业样本计算了制造业微观企业的全要素生产率，作为衡量企业高质量发展水平的指标；在行业层面，将微观企业全要素生产率加权到行业层面进行测度，作为行业层面高质量发展水平的指标。

4.1 城市制造业布局的测度与特征分析

4.1.1 数据说明与空间尺度选取

4.1.1.1 数据说明

1. 数据来源

本章使用的制造业数据主要来源于中国工业企业微观数据库，该数据库自1998年由国家统计局建立，其样本范围为全部国有工业企业及其规模以上非国有企业，该数据库目前仅更新到2013年。本章使用的研究区间为2004—2013年，之所以不选择2004年之前的数据基于以下两方面原因：第一，本书通过城市内部空间单元（区县）来刻画城市产业空间布局，中国的区县级区划单元每年都进行大量的调整，如更名、合并、拆分等，越往前的年份，行政区划越不精确；第二，2004年以前的数据库中所统计的样本数量远小于2004年及以后年份，2004年进行第一次全国经济普查以后，统计口径、标准趋于一致。因此，将研究区间确定为2004—2013年。数据库中统计的是全部国有企业和规模以上非国有工业企业，2011年以前规模以上企业是指每年主营业务收入为500万元及以上的企业，2011年以后这一标准上调至2000万元及以上，所以并不是全部的工业企业样本。但有研究指出，工业企业数据库中统计的规模以上企业工业总产值占全部工业企业工业总产值的95%左右，因此选择该数据库的样本能较好地代表中国的工业企业情况，本章从工业企业数据库中筛选出制造业企业进行研究。

2. 异常值处理

针对该数据库存在的指标异常值问题，综合借鉴Cai and Liu（2009）、谢千里等（2008）、聂辉华等（2012），以及鲁晓东和连玉君（2012）的方法，剔除异常指标。具体做法如下：首先，剔除了关键指标（如总资产、从业人员、固定资产净值、固定资产总值）的缺失值；其次，剔除了主营业务收入低于500万元（2011年以前）和2000万元（2011年以后）的样本，职工人数少于8人、实收资本小于或等于0的观测值；最后，剔除了总资产小于流动资产、总资产小于固定资产净值，或者累计折旧小于当期折旧的异常观测值。

针对2012年和2013年出现的大量行政区划代码缺失问题，2012年约500个样本，2013年约6000个样本，根据2011年的邮政编码进行匹配补齐区县代码。而针对2009年企业法人代码严重缺失问题，本书先后利用2008年和2010年数据库中企业名称和行政区划代码进行匹配，最终补齐缺失的企业法人代码111681家，仍有4069家企业法人代码无法获取，但仅占该年份数据库总样本的1.27%，且在区县层面进行合并后，对结果的影响甚微。

3. 行政区划调整

为了消除十年间区县级行政区划变更造成的测算误差，本书根据民政局发布的2012年中华人民共和国行政区划代码，对2004—2013年工业企业数据库进行调整，其中较多的调整涉及合并与更名，例如天津市2010年及以前的塘沽区、汉沽区和大港区在2010年合并为滨海新区，唐山市2012年及以前的唐海县在2012年更名为曹妃甸区等，本书均进行了相应调整处理。

4. 城市中心商务区（CBD）的确定

由于中国目前尚未有一致的标准划定城市CBD，因此，根据前文CBD的概念定义——CBD是城市所有企业集中的区域，也是通勤工人的工作地，且城市CBD在短时间内不会发生改变。因此，本书将城市内部就业密度最高的区划定为CBD。其中，就业数据来自于中国第二次全国经济普查微观数据库，这次经济普查的对象是中国境内从事第二产业和第三产业的全部法人单位、产业活动单位和个体经营户，较全面地统计了非农行业的生产活动情况。针对该数据库存在的部分数据信息缺失和异常问题，本书参照陈艳莹和鲍宗客（2013）的处理方法，对数据进行了如下处理：①删除统计逻辑上明显错误的样本，如企业总营业收入、主营业务收入、从业人数为负的样本；②删除折旧为负的样本以及折旧大于固定资产原价的样本；③删除非正常营业状态的样本。城市内部各区县面积来自于《中华人民共和国行政区划简册》。

4.1.1.2　空间尺度选取

本书空间尺度的确定包括两个层面：

第一，要确定在什么尺度上研究产业的空间布局。根据前文的文献梳理，可以将研究的空间尺度分为宏观和微观，国外已有较多的研究聚焦在微观层面，也就是将大都市区（MSA）或城市（Cities）作为研究对象；而当前国内关于制造业空间布局的研究更多地集中在宏观层面，研究整个国家或省、城市群的产业布局，或将城市看作点状样本，研究城市以上尺度整体的产业布局。本书将城市看作空间平面，研究视角聚焦在城市内部的制造业空间布局。

在城市范围的界定上，常常有三种地域概念，即行政地域、实体地域和功能地域。所谓城市的行政地域，指的是国家按照一定的标准或程序，在行政上分别设置市、镇、乡、村等建制，并确定它们的行政管理边界。划定市、镇的行政管理范围即城镇的行政地域，主要目的是管理，中国城镇的行政地域范围一般都远远大于城镇的实体地域。而城市的实体地域是根据城镇的本质特征来划分的，城镇的本质特征是相对城市的实体地域即城市建成区而言的，划分城市的实体地域主要是为了区分城乡空间和城乡人口。当前国内学术界对于城市的研究范围主要有两种方式，其一是将城市市辖区的连片区域认定为“城市的实体地域”，其二即将城市的行政区域认定为城市范围。两种方式在不同的研究视角下各有利弊。所谓“城市的实体地域”是按照城市的特征形态来界定的一个城乡空间边界，它是城市发展的实际范围。因此，在研究就业密度的相关文献中常采用市辖区面积来衡量单位土地面积上的就业岗位，这种方法可以克服部分中西部地区地广人稀对指标测算造成的误差。但是，在具体的研究中，一方面，城市实体地域的边界易于变动，取得各年份的资料比较困难，更重要的是随着城市发展中的离心扩散过程，以一日为周期的就业、商业、教育、娱乐、医疗等城市功能所波及的范围已经超出城市建成区或城市化地区。城市社会越发达，城市与周围地域之间的社会经济联系就越频繁，城乡之间的分界也越模糊。另一方面，近年来，许多企业特别是制造业企业在城市范围内的选址已不再是集中在城市核心的市辖区地带，而是出现了部分企业向各个城市的郊县地区分布的现象，尤其是房地产行业的大幅兴起导致城市中心地区土地价格上涨，许多制造业企业为了降低成本开始在城市的郊县地区建厂，因此按市辖区范围统计城市制造业的空间布局情况，可能忽略掉大量在郊县地区建厂的企业。此外，目前各个城市特别是东部地区城市的交通基础设施日臻完善，便利的交通逐渐将市辖区和郊县地区连接成一个网络整体，城市各个区域产业分布可以作为一个城市整体的空间布局来研究。因此，结合本书的研究主体以及现实情况，最终采用第二种界定方式，即以城市的行政区域作为本书的城市研究范围。为了避免个别地广人稀的城市对测算结果的影响，本书参照孙浦阳等（2013）的做法，剔除了就业密度在 3 人每平方千米以下的城市，包括通辽、鄂尔多斯、呼伦贝尔、巴彦淖尔、黑河、思茅、武威、张掖、酒泉、中卫 10 座城市。

第二，要确定利用何种尺度的城市内部子单元来刻画城市整体的产业空间布局。现有文献主要采取两种方法：一种是直接利用行政区划分类的城市次级行政单元（如区县、街道）进行产业空间布局的刻画；另一种是通过各种参数或非参数的方法识别出城市内部的中心或次中心，以此刻画空间布局。前者的优点是数据可得性较强，可直接利用政府按行政区划统计的年鉴或普查数据，更适合大样本的研究对象，但精确性不如后者；后者尽管精确性更高，但数据较难获取，且工作量较大，适合进行个案研究。本书为了研究中国城市的普遍规律，采用全部城市的大样本研究，因此选取第一种方式，即以城市次一级行政单元（区县）为子单元刻画产业空间布局。

4.1.2 城市制造业空间布局的测度方法

国内外学者一直广泛关注产业空间布局的研究，并在不同角度利用不同方法进行了度量。除了传统的区位商、变异系数、基尼系数、区位指数和泰尔指数等方法外，近几十年针对不同维度又涌现出大量新方法。其中，Ellison 和 Glaeser（1997）提出的度量方法（后被称为 E-G 指数）影响突出，该方法用行业机构 H 调整集中系数 G，并分别度量各个行业的集中度和一组行业的共同集聚程度。Dumais 等（2002）将其中的 G 值变化分解为初始差别和随机变动，发展了动态方法。Guimaraes 等（2007）则利用 Ellison 的框架进一步发展了地方化指数。然而，正如前文中提到的，E-G 指数及相关延伸尽管可以很好地测度不同行业的集聚程度，但仍无法刻画空间上的区位关系。Midelfart-Knarvik 等（2002）提出了空间分离（SP）指数，将空间距离引入非均衡度量，从集中与分散视角测度了产业在空间上的分布。Bertaud 和 Malpezzi（1999）、Galster 等（2001）和 Garcia-Lópe 等（2018）构建了离心性指数，测度了经济活动到 CBD 的距离。这些研究开始重视城市内部经济活动的区位问题。

关于城市空间结构的理论研究开始于传统的单中心模型，后期的发展也是在该模型的基础上进行扩展和延伸。因此，城市空间布局的研究就绕不开相对于城市中心的布局这一维度。已有的研究表明，中国城市内部的制造业已出现了空间分散现象，特别是很多城市制造业开始退出中心城区，并向城市外围扩散，因此仅仅采用以往的空间集聚指标无法准确地测度制造业在城市内部空间上的分布。基于此，本书一方面借鉴离心性指数和空间分离 SP 指数测度制造业在城市内部空间的区位布局，另一方面采用传统的区位指数测度制造业在空间上的均匀分布程度。具体指标构建过程如下：

4.1.2.1 离心性指数

借鉴 Galster 等（2001）和 Garcia-Lópe 等（2018）构建的离心性指数来对城市产业的离心性布局进行刻画，该指数通过引入空间距离矩阵，测算城市内部产业空间分布与 CBD 之间的距离关系。具体公式如下：

$$\mathrm{ADC}^{I}=\frac{\sum_{i}\mathrm{s}_{i}^{I}\times D_{i}}{\sqrt{\mathrm{area}/\pi}} \tag{4-1}$$

其中，分子测度了产业分布到 CBD 的加权平均距离，权重 s_i^I 为空间单元 i 中 I 行业工业总产值占该城市 I 行业工业总产值的比重，D_i 为空间单元 i 距离城市 CBD 的距离。从表达式来看，越多的产业分布（份额 s_i^I 衡量）在距离 CBD 越远（距离 D_i 衡量）的空间单元，该指标数值越大。但是，不同城市的占地空间各异，占地广阔的城市空间距离较大，从而导致指数计算结果越大，进而使得计算出的产业空间分布距离无法在不同城市之间进行比较。因此，该部分将计算出来的实际数值除以分母中该城市半径长度进行标准化处理。最终得到的指数数值越大，说明城市内部产业分布越远离 CBD，离心性越强；指数数值越小，说明城市内部产业分布越临近 CBD，向心性越强，在极端情况下，如果城市内所有的产业集中在 CBD，那么 ADC 结果为 0。

4.1.2.2 空间分离度

借鉴 Midelfart-Knarvik 等（2002）构建的空间分离指数（SP）测度城市内部空间单元之间的产业相对分布情况。该指数最早用来测度欧洲国家间的产业分布特征，由于中国地级城市占地面积广阔，形态复杂各异，该指数同样适用。该指数将空间距离引入非均衡度量，与 ADC 指数不同的是，其测度了各个空间单元产业活动的相对分布距离，而不仅仅是各个空间单元相对于 CBD 的分布情况。指标构成如下：

$$SP^{I}=\frac{\sum_{i}\sum_{j}\left(s_i^I s_j^I D_{ij}\right)}{\sqrt{area/\pi}} \tag{4-2}$$

其中，D_{ij} 衡量了空间单元 i 和 j 之间的距离，权重 s_i^I 与上文一致，表示空间单元 i 中 I 行业工业总产值占城市 I 行业工业总产值的比重。该指数的最小值为 0，当行业 I 所有的产业集中在某个空间单元时获得。同样，由于不同城市占地大小的不同使得该指数不存在统计上的最大值。因此，本书对该指数进行了同样的标准化处理，即将计算出来的实际指数除以该城市的距离半径，得到的指数数值越大，表示产业布局分离度越高；数值越小，说明产业布局越集中。

4.1.2.3 聚集性

此外，本书根据 Florence（1948）的区位指数（Location Efficient，LC）测算城市内部工业产业的非均匀分布程度，指标构建如下：

$$LC^{I}=\frac{1}{2}\sum_{1}^{n}\left|s_i^I-\frac{1}{n}\right| \tag{4-3}$$

式中，n 为城市内部空间单位数目，s_i^I 为空间单元 i 中 I 行业工业总产值占城市 I 行业工业总产值的比重。LC 在 0 到 $1-\frac{1}{n}$ 之间取值，当 LC 趋向于 0 时，产业分布分散，即均匀分布在各空间单元；当 LC 接近于 $1-\frac{1}{n}$ 时，产业集中在城市内部某单个或某几个空间单元集聚。

需要说明的是，指标中行业 I 使用的是 2 位码行业。尽管行业选择越细，越能正确地度量该行业技术外部性，也越容易控制行业特征，进而准确估计产业布局对生产率的影响。但在分行业计算城市制造业空间布局时，尝试使用 3 位码行业甚至是 4 位码行业的过程中，由于行业划分过细，导致出现大量 0 值，甚至部分城市没有某些 4 位码行业的制造业，因此，最终选择了 2 位码行业作为面板数据的一个维度。

4.1.3 城市制造业空间分布特征

4.1.3.1 城市制造业空间分布的整体规律

为衡量制造业企业在城市内部空间的分布规律，该部分首先以城市 CBD 为参考点，考察制造业生产活动相对于城市中心的布局情况。建立经典的负指数密度函数，使用非参数方法拟合制造业就业密度相对于城市中心的布局情况，拟合曲线的函数形式为：

$$\ln EmpD(x) = \ln EmpD_0 + \beta \ln x \tag{4-4}$$

其中，$EmpD(x)$ 为到市中心距离为 x 处的制造业就业密度，$EmpD_0$ 是市中心就业密度估计值。回归方法借鉴 Cleveland 和 Grosse（1991）提出并发展的 Lowess 局部加权回归方法。该方法的优点在于不需要预先设定全局函数形式来拟合数据，可以在很大程度上减少模型设定误差，并且与传统的模型相比，Lowess 的方法在曲线拟合上具有更多的灵活性，所拟合的曲线可以较好地描述变量之间的细微关系变化。根据 Lowess 方法拟合的就业密度空间布局如图 4-1 所示，就业密度随着到市中心的距离增加而降低。从时间维度来看（比较图中三条拟合线），城市中心城区范围内（图中垂直参考线以左），就业密度在 2004 年至 2012 年间呈下降趋势，而城市外围地区（图中垂直参考线以右），就业密度增长较为明显，从而为制造业企业向外围地区转移提供了佐证。从三年的拟合曲线来看，2004 年的拟合曲线最为陡峭，制造业就业密度在随着到市中心距离增加而递减的幅度比较明显，说明 2004 年制造业就业仍比较集中在城市中心。随着时间的推移，2008 年和 2012 年的拟合曲线逐渐平缓，说明制造业在城市中的布局趋于均匀。

根据式 4-1、式 4-2 和式 4-3 计算得出中国城市 2004 年至 2013 年制造业空间布局指数。图 4-2 显示了中国城市制造业空间布局指数均值的变化趋势，实线使用的是工业总产值计算得出的结果，为确保结果的稳健性，该部分还使用就业人数和企业数进行了测算，分别如图中短划线和圆点线表示。从图中可以明显看到，无论使用何种数据计算，离心性指标 ADC 和空间分离度指标 SP 在 2004 年至 2013 年的十年间均呈现上升趋势，即从全国城市制造业空间分布的平均值来看，ADC 指数数值变大说明城市制造业空间分布在整体上呈现出距离城市中心越来越远的趋势，SP 指数数值增大说明制造业在城市内部空间呈现逐渐分离的分布状态。而 LC 指数整体上表现出下降趋势，说明了制造业在城市中的空间布局由集聚趋向分散。

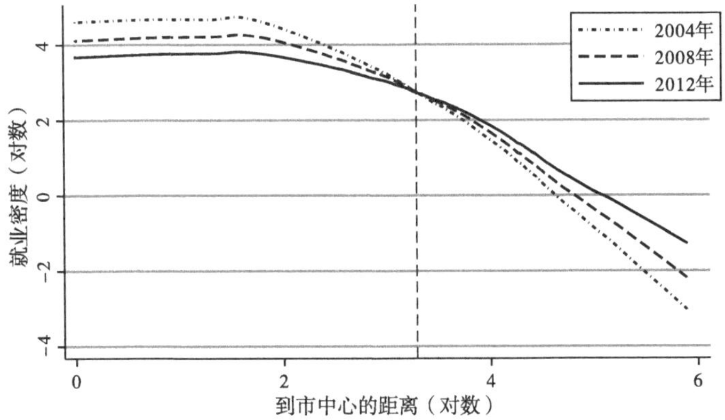

图 4-1　中国城市制造业企业就业密度 Lowess 曲线

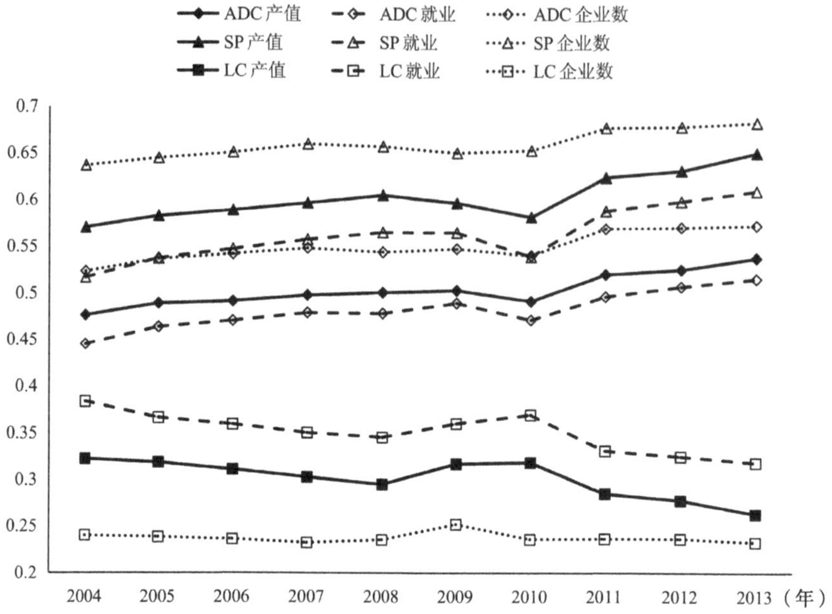

图 4-2 2004 年至 2013 年中国城市制造业空间布局指数均值的变化趋势

通过横向比较工业总产值、就业人数和企业数来看，以企业数目计算得到的离心性指数 ADC 数值大于以工业总产值计算得出的数值，以就业人数计算得出的数值最小，这一点可以说明，制造业企业退出中心城区在企业数目、就业人数和产值上步调并不一致，企业数目离心程度大于产值份额，就业分布相对更靠近中心城区。造成这种现象可能的原因在于，大量规模较小、产出效率较低的企业离开中心城区向城市远郊迁移，而产值、就业规模大的企业仍临近中心城区，从而使得企业数目的测度结果大于产值和就业人数。类似地，空间分离指数 SP 表现出同样的特征。而从聚集性指标 LC 来看，就业人数的空间集聚程度最高，产值次之，企业数目衡量的空间集聚程度最低。

4.1.3.2 不同城市化阶段制造业空间布局特征

根据弗里德曼核心 – 边缘理论，城市工业化的不同阶段出现了不同的城市化程度，从而表现出不同的产业空间布局规律。因此，该部分根据城市化的发展阶段对制造业的空间布局演变特征进行讨论。根据城市化的定义，按照常住人口城镇化率对研究样本城市的城市化阶段进行划分。根据城市化率对城市化阶段的划分起源于美国地理学家诺瑟姆在 1979 年的研究，他通过对各国城市化进程经历进行规律研究得出了城市化进程为一条稍被拉平的 S 形曲线，如图 4-3 所示，根据 30%、70% 的两个拐点，将城市化分为三个阶段，即城市化初期（城市化率 <30%）、城市化中期（30% ≤城市化率≤ 70%）、城市化后期（城市化率 >70%）。

本书利用中国第六次人口普查微观数据，计算了各个城市的常住人口城市化率，并根据以上划分标准，将各个城市划分为三类，即处于城市化初期的城市、城市化中期的城市和

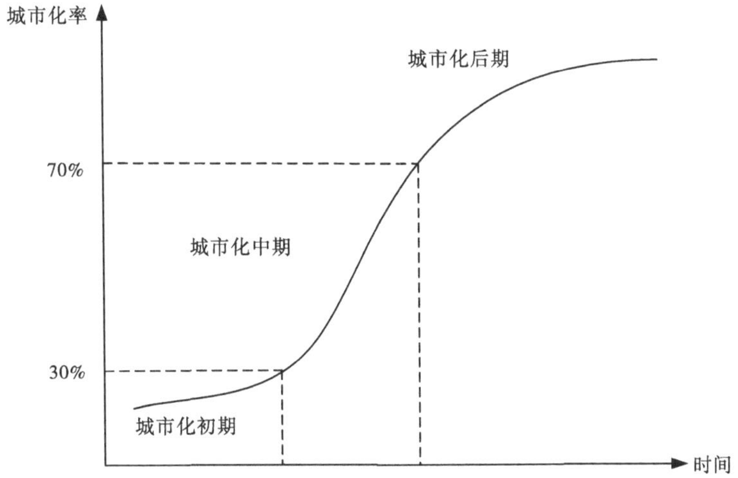

图 4-3 城市化进程示意图

城市化后期的城市，研究不同城市化阶段城市制造业空间布局的变化特征，结果如图 4-4 所示。图 4-4（a）中报告了离心性指数的变化规律，通过纵向比较三个时期离心性指数 ADC 数值看到，处于城市化初期的城市 ADC 指数远远高于其他两个时期，说明在城市化初期，城镇体系还未完善，各个城镇以自身为中心独立发展，此时，制造业产业分布在各个距离城市中心较远的城镇，离心性程度较强；当进入城市化中期，ADC 指数明显变小，制造业离心性程度降低，这是由于在该时期城市化进程和工业化进程快速增长，特别是城市核心区产业发展更快，核心区与边缘区之间存在不平衡关系，受核心区市场规模优势吸引，各种资源流向核心区，进一步加剧了核心区的优势以及对周边地区的辐射强度；当进入城市化后期，ADC 指数数值相比于城市化中期变化不大，说明该阶段核心区制造业规模处于饱和状态，核心区的优势逐渐减弱。而从横轴具体时间变化角度看，处于城市化初期的城市制造业离心性程度在研究期内的变化不大，而城市化中、后期 ADC 指数数值呈明显的上升趋势，说明进入城市化中期以后，制造业相对于城市中心的平均距离逐渐增加，离心程度增强。这是由于进入城市化快速发展阶段，城市核心区的制造业不断聚集并逐渐达到一定规模，边缘区产业集聚出现新的核心，部分企业退出核心区流向边缘区，从而造成了离心程度逐渐上升。图 4-4（b）中报告的空间分离度指数变化情况表现出类似的规律，即从图中纵向来看，随着城市化进程的发展，制造业空间分离程度逐渐减弱；但随着城市化范围的不断扩大，从横向时间来看，制造业空间分离程度是不断增加的。图 4-4（c）中报告的聚集性指数显示，处于城市化后期的城市聚集性指数最大，聚集程度最高，其次是处于城市化初期和中期的城市。各个阶段的城市聚集性程度在研究期内均出现不同程度的下降，说明城市整体的制造业聚集性程度减弱。

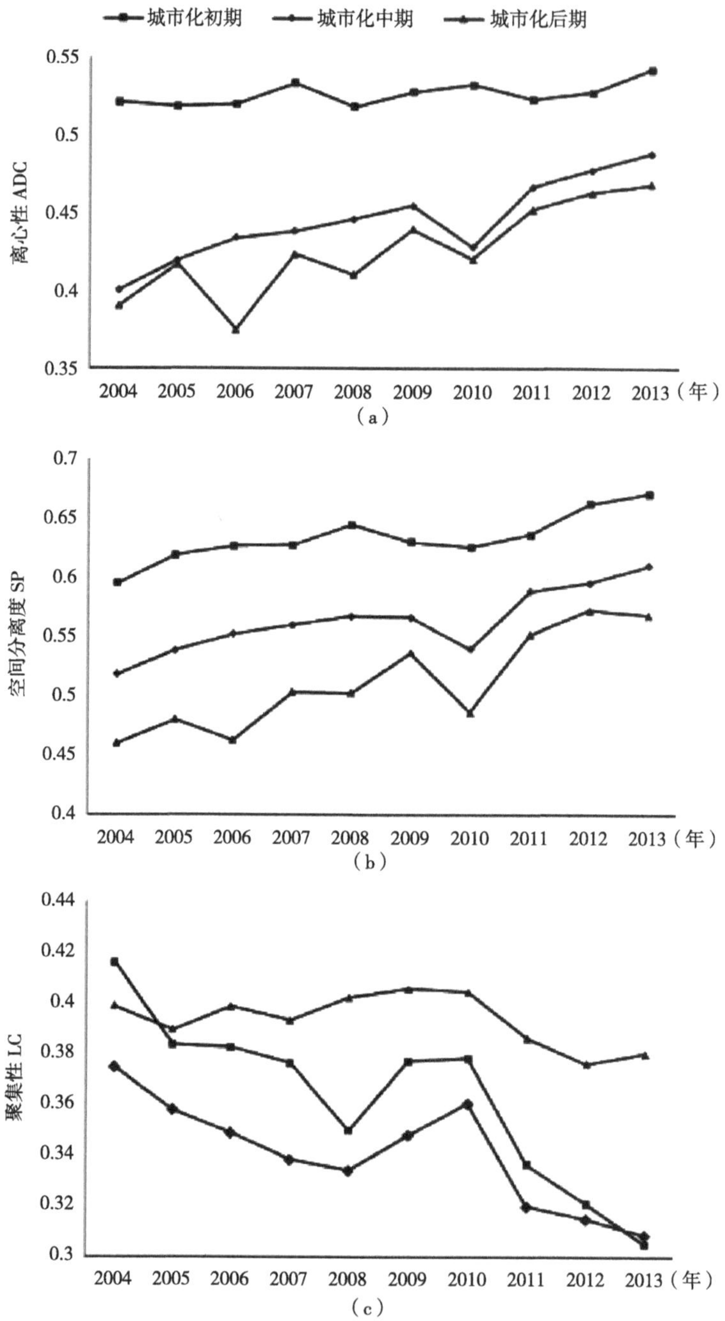

图 4-4　不同城市化阶段制造业空间布局分析

4.1.3.3　不同类型行业的空间分布特征

1. 不同要素密集度行业空间分布特征

根据张万里和魏玮（2018）按照不同要素密集度对制造业行业进行分类，并利用式 4-1、式 4-2 和式 4-3 计算出不同类型行业在城市内部的空间分布指数，比较四种类型制造业行业的空间布局演变特征，如图 4–5 所示：图（a）中描述了四类制造业行业距离中心城区的加权距离，其中，技术密集型行业的 ADC 指数始终最小，说明相比于其他三类行业，技术密集型行业更加靠近中心城区布局。其次为资本密集型行业，劳动密集型行业和资源密集型行业的 ADC 数值始终较大，说明这两类行业相对在距离中心城区较远的区位布局，在 2004 年资源密集型行业是距离中心城区最远布局的行业，而到了 2012 年①，劳动密集型行业逐渐迁出到离中心城区最远的区位。通过比较不同类型制造业在城市内部的空间布局，从侧面佐证了前文的猜想，即迁出距离远的行业多是规模小、数目多、产出效率低的劳动密集型行业和资源密集型行业，而产出效率较高、规模较为庞大的资本密集型和技术密集型行业相对离中心城区更近。图（b）描述了四类制造业行业在城市内部空间的相对分离情况，其中资源密集型行业在城市内部空间的空间分离度最大，这点可以解释为资源密集型行业的空间布局更多地受自然资源区位的影响，而不同的自然资源在空间上的分布是无规律的，从而使得资源密集型行业在空间布局上较为分散。其次为劳动密集型行业，资本密集型行业和技术密集型行业空间分离度指数相对较小，这是由于资本密集型行业和技术密集型行业对中间产品投入和技术溢出需求较大，从而在空间上表现出紧凑的布局。图（c）描述了不同类型行业在城市内部空间的均匀分布情况，资本密集型行业的聚集性指数较大，说明资本密集型行业在城市内部空间的分布较不均匀，资源密集型行业的空间分布较为均匀，这可能与资源密集型行业生产所依赖的自然资源在空间上的无规律分布有关。劳动密集型行业和技术密集型行业的空间分布均匀程度较为相似，技术密集型行业略高于劳动密集型行业。

总之，技术密集型行业在城市内部空间分布上表现出更为向心，资本密集型行业空间布局更加集聚，劳动密集型行业和资源密集型行业在空间上的布局更加分散且均匀。

2. 不同生产技术水平行业空间分布特征

制造业由劳动、资本、技术等不同要素密集度的产业构成，本章上一部分分析了不同要素密集度行业的空间布局特征，在该部分，我们抛开劳动和资本密集程度的差别，重点考察不同技术密集程度行业在城市内部的分布特征。借鉴郭克莎（2005）、傅元海等（2014）依据经济合作与发展组织（OECD）基于产业研究与开发（R&D）经费的投入强度界定制造业行业分类标准，将工业企业微观数据库中 4 位码行业按照 ISIC Rec.3 分类标准进行划分，结合我国工业统计和发展的实际情况，将制造业划分为低技术制造业、中低技术制造业、中高技术制造业、高技术制造业，并根据式 4–1、式 4–2、式 4–3 分别计算四类行业在城市内部的空间布局指数，研究期内的变化趋势如图 4–6 所示。其中，图（a）中制造业离心性指数变化趋势显示，随着技术密集程度的上升，行业的空间离心性越弱，即高技术密集度产业在距离中

① 由于国家统计局发布的国民经济行业分类代码在 2011 年发生了较大的变更，而工业企业微观数据库针对这一代码变更，在 2013 年的统计中进行了调整。因此，为避免行业代码调整导致的统计口径不一致，本书在涉及行业层面的研究中，只到 2012 年。下同。

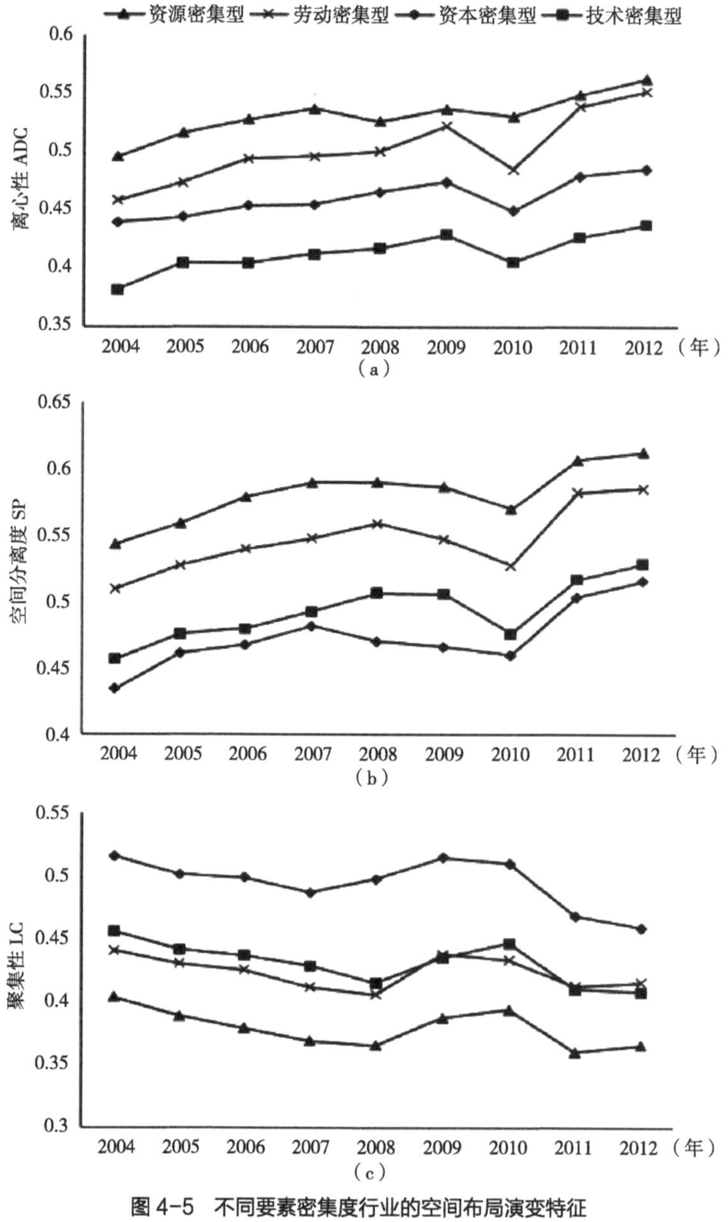

图 4-5　不同要素密集度行业的空间布局演变特征

心城区最近的区位，随后依次是中高、中低密集度行业，低技术密集度行业在距离中心城区最远的区位布局。这是由于技术密集度产业的相对资本密集度、相对劳动生产率和相对资产利润率均明显高于制造业的平均水平，从而更能负担得起临近中心城区高昂的地租等生产成本，而低技术密集度产业由于较低的产出效率和利润率，只能向更外围的区位迁移。图（b）中空间分离度指数也显示出类似的变化趋势，说明高技术密集度行业更偏好于紧凑的空间布局模式，以更好地享有相互间的知识技术溢出，随着技术密集度的下降，相比于更低的生产成本，对于空间临近的需要显得不再那么重要。图（c）中聚集性指数显示了相反的行业特

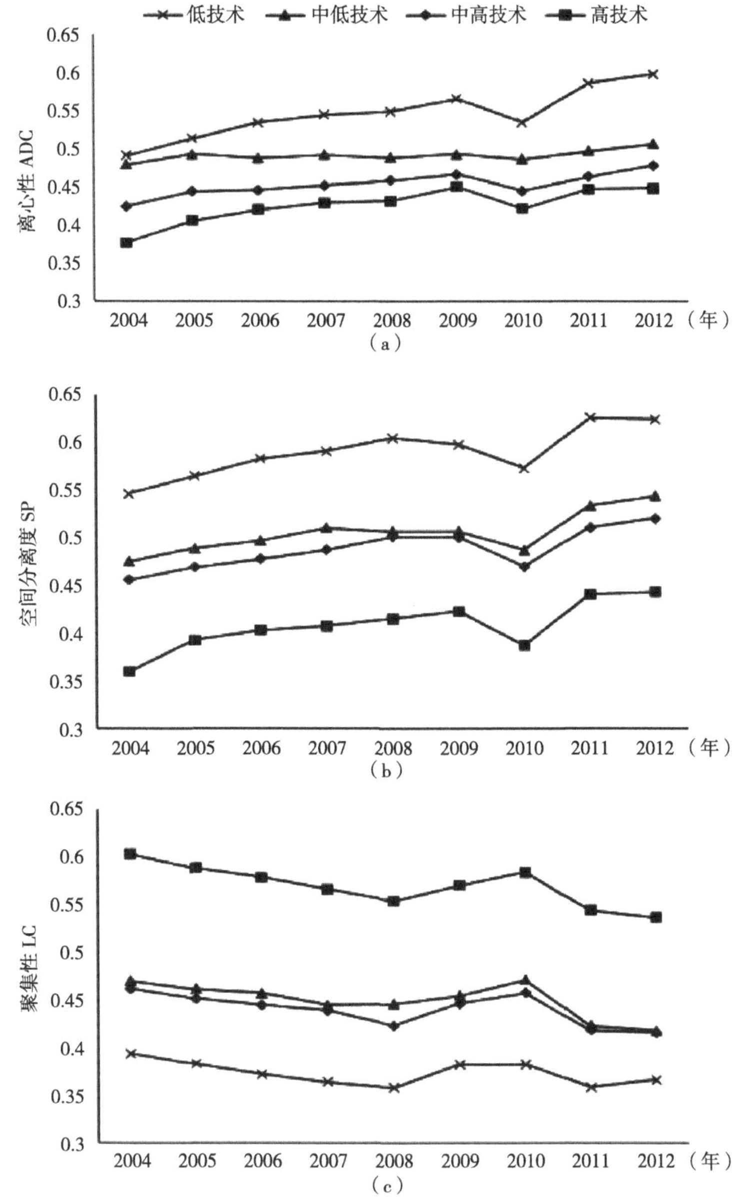

图 4-6　不同技术密集度行业的空间布局演变特征

征，即低技术密集度行业分布在城市内部空间，而高技术密集度行业集中分布在城市内部某几个区位。

4.1.4　中国大城市制造业空间结构演变分析——以北京、天津、上海为例

该部分结合上文的指标和分析方法，以北京、天津、上海三个直辖市为例，进行中国城市制造业空间布局特征的案例分析。

4.1.4.1 数据说明

该部分所使用的制造业企业数据同样来源于2004—2013年中国工业企业调查数据库，并针对该数据库存在的指标异常值问题进行了处理，在此不再赘述，鉴于2010年街道层面的制造业企业加总结果存在较大异常值问题，该部分剔除了2010年的样本进行研究。剔除异常值后，2004年至2013年，三个超大城市规模以上制造业企业总数量呈波动下降趋势，说明从总量上来看，制造业企业在超大城市的总体数量出现下降。

目前，关于城市内部空间结构的测度多集中在区县单元，其数据可得性和连续性较强，但基本地域单元空间范围较大，尤其对于近郊区和都市区外缘，区县内部差异往往大于区县之间。因此，不同于本书主体部分利用区县为空间单元测度城市内部制造业空间布局，在该部分案例分析中，为更细致地刻画城市内部空间结构，采用更低一级的乡、镇、街道作为最小研究单元，为方便描述，该部分将乡、镇、街道统称为街道。对于街道层面的区划，每年都面临着大量的行政调整，因此，该部分首先统一调整了2004年至2013年的行政区划，以排除行政区划调整对城市产业空间结构测度产生的偏误。其次，对工业企业数据库中企业的统计指标按街道九位代码进行加总，并通过ArcGIS软件将工业数据与城市街道底图进行空间关联，为后文测算产业空间结构提供空间信息支持。需要说明的是，之所以在本书主体部分使用区县层级数据而不是街道层级，一方面，当前对于全国层面的城市街道级区划地理底图获取难度较大，另一方面，正如上文所述，每年街道层面都面临大量的行政区划调整，全国4万多个街道，研究期10年间行政区划调整数量巨大，在街道区划对应上将是庞大工作量。因此，本书仅选取少数几个城市进行案例研究。

4.1.4.2 研究区域

北京市2013年共有14个市辖区和2个县，其中中心城区即城六区包括东城区、西城区、朝阳区、海淀区、丰台区和石景山区，总面积约1378平方公里[①]。其余区县包括门头沟区、房山区、通州区、顺义区、昌平区、大兴区、怀柔区、平谷区和密云县、延庆县（现均已改区），包括331个街道单元。天津市2013年共有13个市辖区和3个县，其中和平区、河西区、河东区、南开区、红桥区和河北区为中心城区[②]，总面积约173平方公里。其余包括西青区、津南区、武清区、宝坻区、东丽区、北辰区、滨海新区和宁河县、静海县和蓟县（现均已改区），共306个街道单元。上海市2013年共有16个市辖区和1个县，其中中心城区包括黄浦区、静安区、徐汇区、长宁区、杨浦区、虹口区、普陀区，总面积约为290平方公里。其余包括闸北区、闵行区、宝山区、嘉定区、浦东新区、金山区、松江区、青浦区、奉贤区和崇明县（现已改区），共230个街道级单元。由于研究期内涉及街道的合并、拆分等调整，该部分最终以2010年的街道地图为基准，对2004—2013年的街道级行政区划进行统一校准（包

① 资料来源：《北京城市总体规划（2016年—2035年）》。
② 资料来源：《天津市城市总体规划（2015年—2030年）》。

括更名、撤销、合并、拆分等)，最终得到北京 315 个街道、天津 243 个街道、上海 223 个街道为研究样本。

4.1.4.3 制造业企业退出大城市中心城区的现实证据

1. 不同层级空间单元的分析

（1）整体层面

中国大城市制造业是否真的迁出中心城区，该部分利用北京、天津、上海三个城市为案例，分别计算了2004—2013年中心城区和外围区县的制造业就业密度变化情况①，如图4-7所示，主坐标轴和三条实线分别描述了三个城市中心城区制造业就业密度的变化趋势，副坐标轴和三条虚线分别描述了三个城市外围区县制造业的就业密度变化趋势。从图中可以明显看到，三个城市中心城区（实线）的制造业就业密度整体上呈下降趋势，而外围区县（虚线）的制造业就业密度呈上升趋势。其中，北京市的制造业就业密度明显小于天津市和上海市，这与近几年北京市立足于首都功能区定位，向外疏解非首都功能的政策规划不无关系。天津市和上海市中心城区制造业就业密度的退出现象较为明显，由 2004 年的 1500 人 /km^2 下降到 2013 年的 800 人 /km^2，降幅接近 50%；天津市中心城区的制造业就业密度在 2011 年和 2012 年一度降到 500 人 /km^2 以下。与此同时，天津和上海外围区县的制造业就业密度在研究期内快速上升，其中，天津市外围区县的制造业就业密度由 2004 年约 80 人 /km^2 上升到 2013 年约 183 人 /km^2，增长了 2 倍有余；上海市外围区县的制造业就业密度则由 2004 年约 411 人 /km^2 上升到 2013 年约 721 人 /km^2。

为进一步验证三个城市整体层面制造业空间结构的变迁规律，计算了三个城市中心城区制造业总产值占城市制造业总产值的比重，如图 4-8 所示，三个城市中心城区的制造业总产值比重均呈下降趋势。此外，相比天津和上海，北京市中心城区的制造业总产值占比较高，尽管研究期内呈下降趋势，但仍在 40% 以上，而天津和上海两个城市中心城区制造业的总产值占比较低，研究期后半段甚至低于 10%。造成这种差距的原因在于，北京市尽管在疏解非首都功能，但整体结构上仍为单中心形态，而天津和上海则逐渐发展为双中心甚至多中心城市，次中心的形成很好地承接了中心城区迁出的产业，如天津的滨海新区、上海的浦东新区，从而使得两个城市中心城区制造业已基本完成迁出。

（2）街道层面

通过具体分析三个城市各街道就业数值，发现 2004 年北京街道就业密度最高的为西城区牛街街道（约 11952 人 / 平方公里），到 2009 年就业密度最高的街道仍为牛街街道（约 10841 人 / 平方公里），到 2013 年就业密度最高的地区为亦庄地区（约 5682 人 / 平方公里），而牛街街道的就业密度仅为 290 人 / 平方公里；2004 年上海制造业就业密度最高的街道为外滩街道

① 数据来源：《中国城市统计年鉴》。

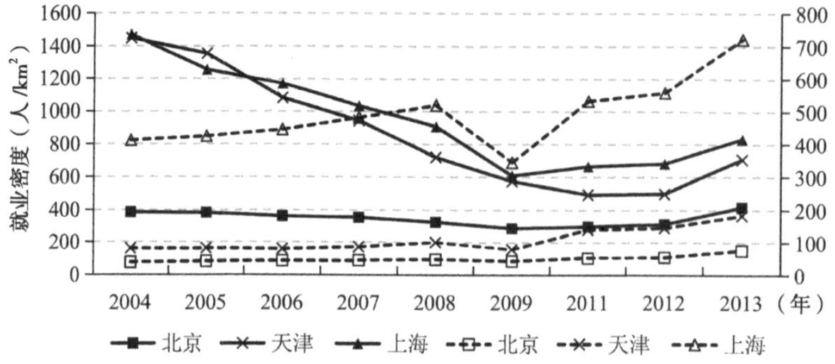

图 4-7　北京、天津、上海规模以上制造业就业密度的空间演变（2004—2013 年）

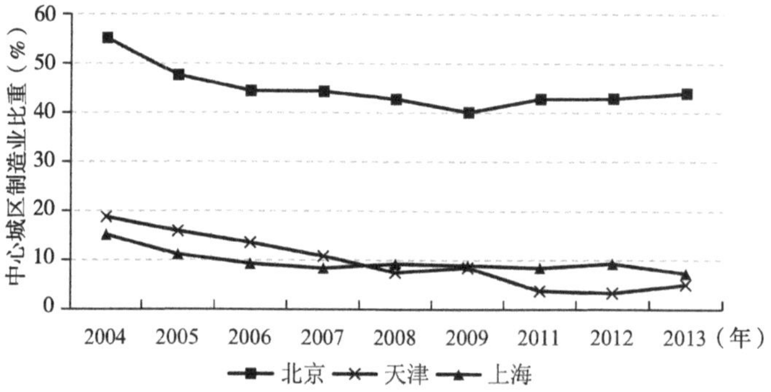

图 4-8　中心城区规模以上制造业产值比重（2004—2013 年）

（约 24441 人 / 平方公里），到 2009 年就业密度最高的街道变为松江工业区（约 17714 人 / 平方公里），到 2013 年就业密度最高的街道仍为松江工业区（约 29747 人 / 平方公里）；2004 年天津制造业就业密度最高的街道为和平区体育馆街道（约 14156 人 / 平方公里），到 2009 年为河北区光复街街道（约 4325 人 / 平方公里），到 2013 年为东丽开发区（约 8892 人 / 平方公里）。显然，从街道层面来看，三个城市的制造业也表现出由中心城区向外迁出的趋势，而且三个城市制造业在空间上的分布在研究期内逐渐趋于平衡。

为了进一步详细描述三个城市内部制造业布局情况，该部分参照前文建立指标，并进行指标的测度与分析。

首先，通过构建离心性指标来测度三个城市制造业空间结构的演变情况，具体公式如下：

$$\mathrm{ADC}=\sum_i S_i \times D_i \tag{4-5}$$

其中，S_i 为街道 i 制造业产值（企业数目）占城市制造业总产值（企业数目）的比重，D_i 为街道 i 距离城市中心的距离。经计算，三个城市的 ADC 数值如表 4-1 所示。无论是以产值还是以企业数目计算结果，2004—2013 年，三个城市的制造业相对 CBD 的空间加权距离均呈现扩大趋势，进一步证实了制造业由中心城区向外扩散的事实。

北京、天津、上海制造业离心性指数变动趋势　　表 4-1

城市＼年份	2004 年	2005 年	2006 年	2007 年	2008 年	2009 年	2011 年	2012 年	2013 年
产值分布情况									
北京	5.954	6.066	5.995	6.241	6.229	6.238	6.039	5.996	6.328
天津	6.237	6.258	5.977	5.974	6.125	6.122	6.191	6.233	6.417
上海	6.586	6.682	6.800	6.851	6.859	6.983	6.872	6.784	6.763
企业数目分布情况									
北京	5.917	5.858	5.838	5.925	5.958	6.011	6.079	6.104	6.050
天津	6.388	6.431	6.411	6.381	6.507	6.569	6.479	6.491	6.484
上海	5.944	5.928	5.887	5.870	5.902	5.959	6.003	6.008	6.004

其次，建立空间区位指数来衡量三个城市的就业分布情况：

$$LC=\frac{1}{2}\sum_{1}^{n}\left|S_i-\frac{1}{n}\right| \tag{4-6}$$

式中，n 为城市内部空间单位（街道）数目，S_i 为街道 i 的就业人数（产值）占城市总就业人数（产值）的份额。与其他传统的测度空间集聚指数一样，LC 没有考虑产业空间结构的距离因素和空间形态，仅仅刻画了产业的集中程度，因而无法在空间维度上解释产业分布的不均衡程度。因此，具有相同 LC 数值的城市产业空间特征可能完全不同。

因此，该部分引入考虑距离因素的空间分离指数来测度产业空间结构，即：

$$V=S'\times D\times S \tag{4-7}$$

$$PI=\frac{V}{V_{max}} \tag{4-8}$$

式 4-7 中，$S'=(s_1, s_2, \ldots, s_n)$ 为 n 维列向量，D 为各个空间单元之间的距离矩阵。当所有生产活动集中于一个空间单元时（与这个空间单元的位置无关），V 得到最小值 0。这个指数的最大值与城市形态有关，因此无法在不同城市之间进行比较。基于此，Pereira 等（2013）将其标准化为式 4-8 中的 PI 形式。其中，V_{max} 表示这个指数所能达到的理想最大值，假定当生产活动均匀地分布于城市边缘时取得①。PI 理论上介于 0 到 1 之间，当 PI 值接近于 0 时，在份额分配向量一定的情况下，经济活动区之间的距离 D 越接近于 0，产业集中于一个单中心（这个经济中心不一定与区域的几何中心重合）；相反，PI 值越接近于 1，说明产业分布越接近于 V_{max} 形式的边缘区分散分布。

① 通过 ArcGIS 软件在地图中选取质心点距离城市边界 8 公里的乡镇街道作为边缘区域单元，以此来模拟 V_{max} 的数值。此外，为进一步考虑城市形态的影响，在模拟 V_{max} 的数值时，将制造业产值按照城市边缘各乡镇街道的面积占总面积之比进行分配。

经计算，空间集聚指数与空间分离指数变化情况如表 4-2 和图 4-9 所示。可以看出，无论是就业数据还是产值数据，北京和天津两座城市的 LC 指数和 PI 指数在 2004—2013 年期间均出现了上升，这与前文主体部分的测度结果有所差异。这是因为，对于北京和天津两座人口和产业密度比较高的大城市来说，一方面，正如上文得出的结论，制造业已经有了较大比重的迁出，然而，对于这两个城市化和工业化程度比较高的城市，迁出中心城区的制造业企业已经在城市外围区域实现了再集聚，也就是多中心的布局形态，从而出现了代表均匀分布程度的 LC 指数和代表空间分离程度的 PI 指数均上升的情况。

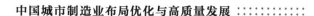

北京、天津 LC 指数与 PI 指数的变化趋势　　表 4-2

指标	城市	测度单位	2004 年	2005 年	2006 年	2007 年	2008 年	2009 年	2011 年	2012 年	2013 年
LC	北京	就业	0.482	0.492	0.493	0.498	0.507	0.531	0.548	0.543	0.538
		产值	0.661	0.671	0.678	0.680	0.678	0.702	0.677	0.676	0.700
	天津	就业	0.517	0.496	0.536	0.554	0.575	0.563	0.595	0.588	0.564
		产值	0.666	0.670	0.703	0.715	0.702	0.693	0.724	0.716	0.703
PI	北京	就业	0.422	0.429	0.426	0.425	0.429	0.428	0.433	0.436	0.438
		产值	0.339	0.352	0.338	0.333	0.345	0.348	0.349	0.353	0.349
	天津	就业	0.521	0.556	0.525	0.538	0.531	0.541	0.561	0.560	0.563
		产值	0.453	0.462	0.434	0.451	0.460	0.463	0.481	0.486	0.492

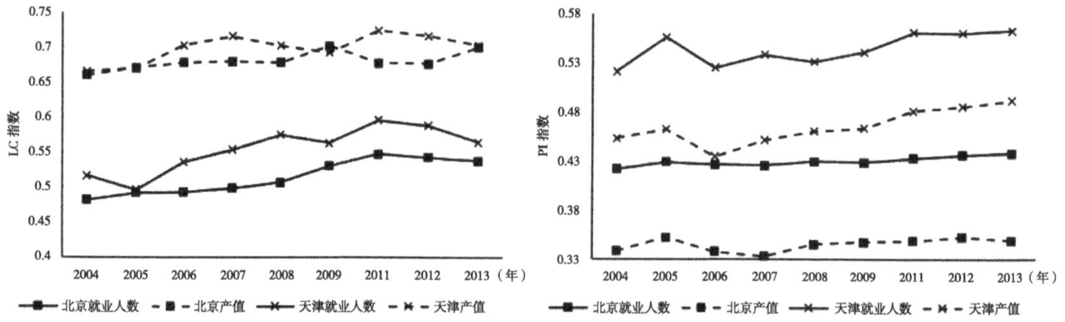

图 4-9　空间集聚与空间分离指数

2. 不同行业的异质性分析

大城市中心城区制造业的退出是否表现出行业差异？究竟是制造业整体行业退出，还是有选择地退出？该部分按照国家统计局发布的《国民经济行业分类》GB/T 4754—2002 按二位代码将制造业分为 30 个大类，从就业人数和产值上研究大城市中心城区各个行业的变化情况，具体如表 4-3 所示：

北京市中心城区2004年就业人数最高的三个行业依次为通信设备、计算机及其他电子设备制造业（40）、黑色金属冶炼及压延加工业（32）和交通运输设备制造业（37），到2012年就业人数最高的三个行业依次为通信设备、计算机及其他电子设备制造业（40）、电气机械及器材制造业（39）和交通运输设备制造业（37），属于资本密集型行业的黑色金属冶炼及压延加工业（32）被电气机械及器材制造业（39）取代。因此，2012年北京中心城区就业人数排前三位的行业均为技术密集型行业；2004年就业人数最少的三个行业依次为化学纤维制造业（28）、废弃资源和废旧材料回收加工业（43）和烟草制品业（16），到2012年依次为化学纤维制造业（28）、烟草制品业（16）、橡胶制品业（29），均为资本或资源密集型行业，其中化学纤维制造业（28）和烟草制品业（16）完全退出了中心城区。全部30个制造业行业中，总产值自2004年到2012年增长的行业，按增长额排前三位的依次是电气机械及器材制造业（39）、专用设备制造业（36）和医药制造业（27），三者均为技术密集型行业，其中电气机械及器材制造业（39）总产值增长了1825亿元，增长幅度近两倍。

天津市中心城区2004年就业人数最高的三个行业依次为黑色金属冶炼及压延加工业（32）、纺织业（17）和通信设备、计算机及其他电子设备制造业（40），到2012年变为黑色金属冶炼及压延加工业（32），通信设备、计算机及其他电子设备制造业（40）和医药制造业（27），其中劳动密集型行业纺织业（17）退出前三位，由技术密集型行业医药制造业（27）替代。2004年就业人数最少的三个行业依次为废弃资源和废旧材料回收加工业（43）、家具制造业（21）和化学纤维制造业（28），均为资本或资源密集型行业，到2012年这三个行业均完全退出中心城区，除此之外，属于资源密集型行业的木材加工及木、竹、藤、棕、草制品业（20）也完全退出中心城区。天津全部30个制造业行业中，总产值自2004年到2012年增长的行业仅有4个，依次为黑色金属冶炼及压延加工业（32）、工艺品及其他制造业（42）、橡胶制造业（29）和交通运输设备制造业（37），其余行业均出现不同程度的产值下降。

上海市中心城区2004年就业人数最高的三个行业依次为交通运输设备制造业（37）、通信设备、计算机及其他电子设备制造业（40）和通用设备制造业（35），三者均为技术密集型行业，说明上海市中心城区较早地完成了制造业产业升级。到2012年，就业人数最高的仍为这三个行业；2004年就业人数最少的三个行业依次为废弃资源和废旧材料回收加工业（43）、石油加工、炼焦及核燃料加工业（25）和化学纤维制造业（28），均为资本或资源密集型行业。到2012年废弃资源和废旧材料回收加工业（43）和化学纤维制造业（28）完全退出上海市中心城区，完全退出的行业还包括木材加工及木、竹、藤、棕、草制品业（20）。

通过以上分析，我们发现，到2012年，北京和上海市中心城区的制造业行业中，从业人员最多的三个行业均为技术密集型行业，特别是上海市，早在2004年技术密集型行业就占据了较大比重，占比约为55%，到2012年中心城区从事技术密集型行业的人数占比增长到57%；北京市在资本或资源密集型行业退出中心城区后，制造业产业结构进行了明显的升级，其中，技术密集型行业从业人员占比由2004年的49%上升到2012年的70%；天津市中心城区的制造业产业升级相对缓慢，2004年技术密集型行业占比为44%，到2012年增长到46%。但总体来看，三个城市中心城区的技术密集型行业占比均有所提升，且逐渐成为中心城区的主导型行业。

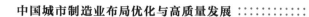

制造业各行业在中心城区的变化情况 表4-3

行业代码	北京			天津			上海		
	就业 2004年	就业 2012年	产值增长	就业 2004年	就业 2012年	产值增长	就业 2004年	就业 2012年	产值增长
13	10318	11064	2040212	1735	1026	-33933	3889	2920	911697
14	13230	5044	-2699632	2461	1497	-204053	15409	11509	-947934
15	2050	1582	-294194	2695	955	-808665	2539	1492	-199107
16	810	0	-1582813	0	0	0	3980	32	55535412
17	14384	6602	504616	23695	1440	-1996045	21624	5530	-3991521
18	14005	8237	140578	9148	1831	-1065318	18820	5039	-1567166
19	1325	1157	-62346	2133	1257	-142112	2683	1228	-224160
20	2160	1289	-289383	730	0	-201541	2159	0	-665332
21	6147	3249	-121005	248	0	-36770	2663	722	-472745
22	3237	835	-1441298	2923	308	-414536	3544	2004	189760
23	26172	12536	23299	5112	2215	-570717	10744	6851	559502
24	3905	471	-579107	1578	639	-257428	4790	2438	-520312
25	5527	1269	2756239	0	0	0	111	61	-12835
26	22061	17317	-1705292	6090	4531	-155727	20987	9756	-940950
27	15921	21296	7437739	15640	8470	-1247866	16616	8378	-1355005
28	82	0	-44953	249	0	-41150	948	0	-298213
29	3812	446	-339780	3082	2212	284351	8724	4111	1217805
30	6210	5047	-53467	3589	477	-1138262	5236	4056	4179780
31	26511	28386	6135843	3420	289	-1457468	11927	8291	-990559
32	59950	3824	-3.8E+07	44357	29992	21874419	4155	527	-2879380
33	2584	2678	1756342	1165	291	-926580	3628	427	-1528286
34	13487	11380	1565128	8330	2579	-1137320	10554	3787	-523333
35	31038	16328	866317	18589	3922	-6842854	30322	13499	-3187534
36	26355	30915	8977149	16599	5439	-2734837	28110	11000	-6289974
37	51707	31628	-1273089	11767	6635	195204	37831	19065	-3046063
39	23207	32128	18246328	12025	4100	-2756176	22644	8385	-2320226

续表

行业代码	北京			天津			上海		
	就业 2004 年	就业 2012 年	产值增长	就业 2004 年	就业 2012 年	产值增长	就业 2004 年	就业 2012 年	产值增长
40	65130	69911	536558	22313	10282	-3466382	37717	24441	-2.2E+07
41	21841	22752	2608842	11244	3643	-3207401	17658	7698	-1865547
42	6030	5380	6175477	912	1074	457031	4406	1997	16948037
43	300	523	138089	20	0	-8612	38	0	-7608

数据来源：中国工业企业数据库，作者整理行业分类参照国家统计局《国民经济行业分类》GB/T 4754—2002 代码，其中二位码 13-43 为制造业，该分类标准中没有对 38 进行编码，故共 30 个制造业细分行业。

3. 无序蔓延还是形成次中心

我们已经通过案例验证了三个超大城市制造业退出中心城区的事实，那么制造业退出中心城区后是呈无序蔓延的形态还是次中心的形态分布，该部分运用 ArcGIS10.2 软件，通过对北京、天津、上海三个城市街道层面的制造业就业密度进行空间插值，描述三个城市制造业就业的空间分布，结果发现，北京、天津、上海三个城市制造业迁出中心城区后，在外围区县均表现出重新集聚，以就业次中心的形态分布。与前文整体层面的分析一致，北京市制造业仍有相当一部分留在中心城区，而天津、上海的制造业大部分已迁出中心城区，在郊区重新集聚。北京市外围的制造业就业次中心主要为亦庄地区、昌平区城南街道、密云镇、兴谷街道、顺义区胜利街道、门头沟大峪街道；天津市外围的制造业就业次中心主要为东丽开发区、西青中北镇、塘沽向阳街道、静海大邱庄镇；上海市城市外围的制造业次中心主要为松江工业区、金桥镇、莘庄镇、香花桥街道。

利用 McMillen（2001）提出的局部加权回归（Local Weighted Regression，LWR）方法，以到 CBD 以东和以北两个方向的距离为解释变量，以 50% 的窗宽采纳邻接地理单元估计平滑值，具体的估计密度方程如下：

$$\begin{aligned}\hat{y}&=\ln(\text{Density})\\&=\beta_0+\beta_1\times(\text{Distance east of CBD})+\beta_2\times(\text{Distance west of CBD})\end{aligned}\tag{4-9}$$

其中，Density 为每平方公里的就业密度，距离的单位同样为公里，估计得到的密度$\hat{y}$与真实的就业密度 y 进行比较，若 y 在 5% 的显著性水平下大于 $\hat{y}$，即 $(y_i-\hat{y})/\hat{\sigma}_i>1.96$，则将该地理单元识别为一个次中心。为避免大量残差显著的地理单元聚集在一起均被识别为次中心，将半径 40 公里以内就业密度最高的地理单元识别为唯一的次中心。经计算，三个城市 2004—2013 年制造业中心个数如表 4-4 所示。三个城市中，北京市的制造业就业次中心个数整体上表现出先增加后减少的过程，其中朝阳区酒仙桥街道、门头沟大峪街道、大城子镇在 2004—2013 年均被识别为次中心。天津市和上海市的次中心个数整体上呈现减少趋势，经过对比，减少的多为中心城区的制造业中心，例如天津市的和平区体育馆街道、河西区陈塘庄街道、河北区光复街街道等均已不再是制造业中心，上海市的外滩街道、虹梅路街道、大宁路街道、江湾镇街道等传统的制造业中心也已向城市外围转移。另外，尽管制造业逐渐退出中心城区，但从次中心个数变化趋势来看，整体空间结构趋于紧凑。

北京、天津、上海制造业就业中心个数 表4-4

年份	北京	天津	上海
2004	8	12	11
2005	9	11	11
2006	10	11	9
2007	10	8	7
2008	8	9	5
2009	9	10	6
2011	10	9	8
2012	10	9	8
2013	8	8	7

4.2 制造业高质量发展的测度与现状分析

4.2.1 制造业高质量发展的指标测度与特征分析：宏观城市层面

4.2.1.1 指标体系构建

根据前文的概念界定，本章从技术创新、集约高效、绿色低碳、结构高级和包容开放五个方面构建评价制造业高质量发展的指标体系，通过熵权法计算得到各个城市的制造业高质量发展水平。具体选用的指标如表4–5所示。其中，城市制造业发明专利申请数和授权数均来自中国创新企业数据库，将制造业企业三种专利申请数和授权数加总到城市层面，以此衡量技术创新维度；用土地利用效率和劳动生产率衡量集约高效维度，工业用地面积数据来源于中国土地市场网土地交易数据，按用地用途筛选出工业用地，并加总到城市层面；用城市单位废水排放量、单位废气排放量、单位工业增加值能耗、工业固废综合利用率衡量绿色低碳维度，工业“三废”排放量、工业增加值、工业固废综合利用率数据均来自中国工业企业数据库；用高技术制造业比重衡量结构高级化程度；用外商资本占比和制造业出口比重衡量包容开放维度。单位废水排放量、单位废气排放量、单位工业增加值能耗均为负向指标，其余指标为正向指标。

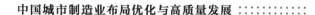

城市制造业高质量发展评价指标体系　　表 4–5

一级指标	二级指标	指标解释	属性
技术创新	技术创新产出水平	城市制造业发明专利申请数	正向
		城市制造业发明专利授权数	正向
集约高效	土地利用效率	工业总产值 / 工业用地面积	正向
	劳动生产率	制造业总产值 / 制造业从业人数	正向
绿色低碳	单位废水排放量	工业废水排放量 / 工业增加值	负向
	单位废气排放量	（工业二氧化硫排放量 + 工业氮氧化物排放量 + 工业粉尘排放量 + 工业颗粒物排放量）/ 工业增加值	负向
	单位工业增加值能耗	工业用电量 / 工业增加值	负向
	工业固废综合利用率	工业固体废物综合利用量 / 工业固体废物产生量	正向
结构高级	高技术制造业占比	高技术制造业主营业务收入 / 规模以上制造业主营业务收入	正向
包容开放	外商资本占比	城市制造业企业外商资本 / 实收资本	正向
	制造业出口比重	城市制造业出口交货值 / 销售产值	正向

4.2.1.2 评价方法

当一个评价体系存在多个指标时，通常会存在因量纲和数量级不同而难以整合的问题。因此，在进行数据分析之前首先需要对原始数据进行无量纲化或标准化处理。在标准化处理后，为综合评价各个城市的制造业发展质量，需要对各个指标进行赋权。相比于专家打分法、层次分析法等主观赋权方法，熵值法是一种客观赋权方法，既能克服主观因素对最终评价结果的影响，又能避免主成分分析法所导致的信息缺失。在具体使用过程中，熵值法根据各指标的变异程度，利用信息熵计算出各指标的熵权，再通过熵权对各指标的权重进行修正，从而得出较为客观的指标权重。此法相对主观赋值法，精度较高、客观性更强，能够更好地解释所得到的结果。如果某个指标的熵值越小，说明其指标值的变异程度越大，提供的信息量越多，在综合评价中该指标起的作用越大，其权重应该越大。在具体应用时，可根据各指标值的变异程度，利用熵来计算各指标的熵权，利用各指标的熵权对所有的指标进行加权，从而得出较为客观的评价结果。该部分采用熵权法测算城市制造业高质量发展水平，具体步骤如下：

1. 原始数据标准化处理

将原始数据转化为 0 到 1 之间的无量纲可比较数据，实现各个指标之间比较的趋同性。设某城市某参评指标为 x_{ij}，其标准化值为 y_{ij}，若 x_{ij} 为正向指标，则

$$y_{ij}=\frac{x_{ij}-\min(x_{ij})}{\max(x_{ij})-\min(x_{ij})},\ i=1,2,\cdots,m,\ j=1,2,\cdots,n \quad (4\text{-}10)$$

若 x_{ij} 为负向指标，则

$$y_{ij}=\frac{\max(x_{ij})-x_{ij}}{\max(x_{ij})-\min(x_{ij})},\ i=1,2,\cdots,m,\ j=1,2,\cdots,n \tag{4-11}$$

2. 熵值法确定指标权重

计算第 j 项指标下第 i 个评价对象评价指标的比重 p_{ij} 为：

$$p_{ij}=\frac{x_{ij}}{\sum_{i=1}^{m}x_{ij}} \tag{4-12}$$

计算第 j 个评价指标的熵值 E_j 为：

$$E_j=-\frac{1}{\ln m}\sum_{i=1}^{m}p_{ij}\ln(p_{ij}) \tag{4-13}$$

计算第 j 个评价指标的权重 ω_j 为：

$$\omega_j=\frac{1-E_j}{\sum_{j=1}^{n}(1-E_j)} \tag{4-14}$$

3. 计算城市得分

$$Z_i=\sum_{j=1}^{n}w_jy_{ij} \tag{4-15}$$

该公式计算出的分数在 0 到 1 之间。需要指出的是，如果某指标值刚好等于最大值或最小值，其标准化后的值为 1 或者 0。

4.2.1.3 测度结果分析

根据前文建立的指标体系，并代入对应指标数值，采用熵权法计算得出该部分 288 个地级及以上城市的制造业高质量发展指数，按年份取均值后，如图 4-10 所示，中国城市制造业高质量发展指数在 2004—2012 年期间，呈现稳定上升趋势，说明中国城市制造业的发展质量稳步提升。

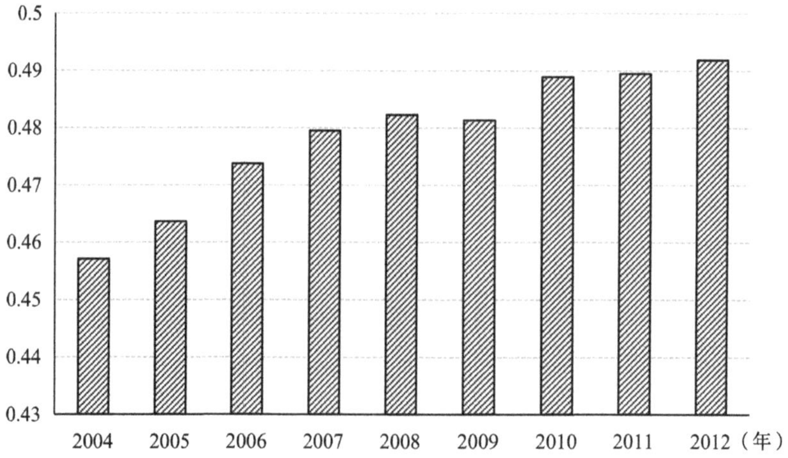

图 4-10　中国城市制造业高质量发展指数（2004—2012 年）

进一步地，按照国家统计局统计标准，将样本城市按照地域划分为东、中、西部，取城市高质量发展指数的平均值进行对比分析，如图 4-11 所示，东、中、西部地区城市制造业高质量发展水平依次递减，东部城市的制造业发展质量最高，中部城市次之，西部城市制造业发展质量相对落后，但区域间差距在研究期内不断缩小，特别是中部地区城市制造业发展质量提升迅速，在 2012 年逐渐赶上东部地区。

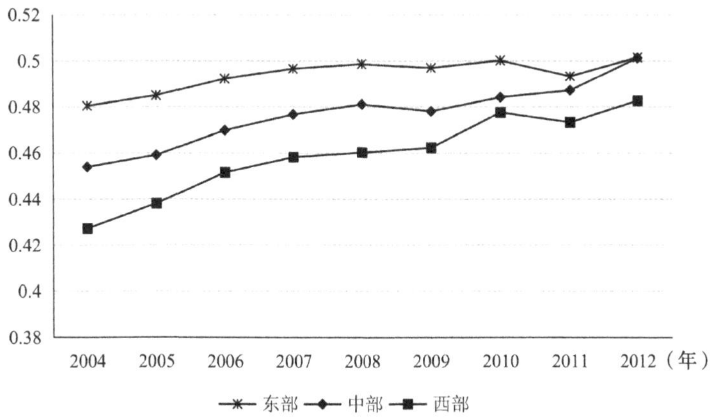

图 4-11　东、中、西部地区城市制造业高质量发展水平对比分析

尽管从东、中、西部的平均发展情况来看，城市制造业发展质量的差距在不断缩小，但是从计算结果来看（表 4-6），制造业发展质量前 10 位的城市中，仅成都市一个西部城市，其余均为东部城市，前 15 位城市中也仅增加了西安市，其余 13 个城市均为东部城市。此外，城市制造业高质量发展水平呈现“强强联合”的地域聚集特征，前 15 位城市大多位于京津冀、长三角、粤港澳大湾区城市群，且以长三角和粤港澳大湾区城市群为主，前 5 位的城市均位于这两个城市群。而北京意外地排在了前 10 位之外，主要原因可能在于北京市以疏解非首都功能为主的城市战略定位，大多数制造业已迁出，从而使得制造业高质量发展指数数值下降。

制造业高质量发展前 15 位城市　　表 4-6

位序	城市	制造业高质量发展指数	位序	城市	制造业高质量发展指数
1	深圳市	0.647	9	南京市	0.539
2	珠海市	0.585	10	成都市	0.537
3	汕尾市	0.581	11	北京市	0.534
4	苏州市	0.567	12	西安市	0.528
5	上海市	0.566	13	无锡市	0.527
6	厦门市	0.563	14	杭州市	0.526
7	天津市	0.551	15	青岛市	0.526
8	福州市	0.548			

4.2.2 制造业高质量发展的指标测度与特征分析：微观企业与行业层面

根据前文对于制造业高质量发展的内涵界定，在企业微观层面，本书用全要素生产率测度制造业企业高质量发展水平，之后，以分行业样本得到的微观企业全要素生产率为基础，以各个企业工业增加值占所在城市所属行业的比重为权重，进行加权得到行业层面的平均生产率，以此衡量行业层面高质量发展水平。关于全要素生产率的测度方法如下。

4.2.2.1 全要素生产率的测度

对全要素生产率的经典测算是从估计生产函数开始的，因此估计全要素生产率之前，需要构建企业 - 年份的面板数据进行模型估计。利用一个多年份企业数据构建企业 ID 和年份的二维面板数据通常较为简便，但对于中国工业企业数据库来说将面临较大困难，这是因为在该数据库中，很难找到一个可以识别每一个样本企业的唯一特征变量来进行编码。现有文献常见的做法是根据企业代码、企业名称、法人姓名、地址、邮编、电话、行业代码等基本信息，来识别不同的样本点是否来自于同一家企业。但是由于这些基本信息在申报时并没有统一格式，在缺乏有效的智能模糊匹配手段的情况下，精确匹配的可操作性不强。因此，该部分借鉴 Brandt 等（2012）的做法，先根据相同的法人代码识别同一家企业，然后再根据相同的企业名称进行识别。用这样的识别次序的原因是企业法人代码的准确性要高于企业名称，法人代码是国家统一标识代码，是由政府职能部门给每一个企业单位颁发的在全国范围内使用的、唯一的、始终不变的法定代码，但是在该数据库中，不但存在同一企业更改企业代码的情况（例如发生改制或者重组），更重要的是，还存在不同的企业共享企业代码的情况（例如统计错误）。企业名称这一变量也存在类似问题。很多企业在改制、重组或者扩张时更改了企业名称，有时企业名称中的地理位置也略有差异，例如从“XX 市机电厂”变成“XX 机电厂”。如果按照企业名称进行精确匹配会错误地识别出“过多”的企业。因此，本章通过先法人代码后企业名称的次序进行模糊匹配，经过企业法人代码和企业名称的两轮匹配后，最终在 2004 年至 2013 年间的数据库中匹配得到 573022 家企业，总共构成 2588272 个非平衡面板数据样本。其中，仅存在一年的企业有 5621 家，连续存在两年的企业有 156932 家，十年间均存在的企业有 61596 家。各年所匹配企业数目情况如表 4-7 所示。

2004—2013 年制造业企业非平衡面板数据构成　　表 4-7

年份	企业数目	百分比	累计百分比
2004	182332	7.04	7.04
2005	210683	8.14	15.18
2006	220262	8.51	23.69
2007	251989	9.74	33.43

续表

年份	企业数目	百分比	累计百分比
2008	259019	10.01	43.44
2009	263040	10.16	53.6
2010	278042	10.74	64.34
2011	286956	11.09	75.43
2012	297452	11.49	86.92
2013	338497	13.08	100
总计	2588272	100	/

注：作者根据工业企业数据库的匹配结果整理。

基于生产函数估计方法的差异，对全要素生产率的估计也存在多种方法，包括前沿分析和非前沿分析、确定性方法和计量模型估计方法，计量方法又进一步细分参数法和半参数法。根据测算对象的不同，又可以分为宏观和微观两个维度，宏观层面的测算更关注国家、地区层面的总量生产率，而微观层面的测算主要针对企业个体。微观层面上估算企业全要素生产率常用的方法有最小二乘法、固定效应方法、OP 法和 LP 法等参数和半参数方法。Olley 和 Pakes（1996）、Levinsohn 和 Petrin（2003）、聂辉华等（2011）、鲁晓东和连玉君（2012）等研究指出，OLS 法测算全要素生产率存在两类问题，即同时性偏差和样本选择偏差问题，OP 法和 LP 法均能够有效解决 OLS 法计算过程中出现的同时性偏差问题，且 OP 法通过引入企业退出的虚拟变量解决了样本选择偏差，但 LP 法未能有效解决样本选择问题，且 2008 年以后的工业企业数据统计缺失 LP 法所需的关键变量——企业中间投入，因此本书选择 OP 法测算企业全要素生产率。按照 Olley 和 Pakes（1996）的基本思路，同时借鉴 Loecker（2007）、鲁晓东和连玉君（2012）将企业出口行为决策引入到 OP 框架的具体做法，该部分利用以下计量模型估计 TFP：

$$\begin{aligned}\ln Y_{it}=&\beta_0+\beta_k\ln K_{it}+\beta_l\ln L_{it}+\beta_a Age_{it}+\beta_s State_{it}+\beta_e EX_{it}\\&+\sum\nolimits_m\delta_m Year_m+\sum\nolimits_n\lambda_n Reg_n+\sum\nolimits_k\zeta_k Ind_k+\varepsilon_{it}\end{aligned} \tag{4-16}$$

其中，Y_{it} 表示企业 i 在 t 年的工业增加值，K 和 L 分别为企业固定资产和从业人员规模，*Age* 表示企业的年龄，*State* 表示企业是否为国有企业，*EX* 代表企业是否参与出口活动（以出口交货值是否大于 0 判断），*Year*、*Reg* 和 *Ind* 分别代表年份、地区和行业的虚拟变量，ε_{it} 表示生产函数中无法观测的随机干扰以及测量误差等因素。在 OP 半参数三步估计过程中，状态变量（*State*）为 ln*K* 和 *Age*；控制变量（*Cvars*）为 *State* 和 *EX*；代理变量（*Proxy*）为企业的投资（ln*I*）；自由变量（*Free*）为 *Year*、*Reg* 和 *Ind*；退出变量（*Exit*）为 *Exit*，根据企业的生存经营情况生成。最终模型得到资本和劳动的弹性系数，进而获得全要素生产率 TFP_op。

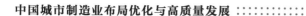

此外，考虑到每家企业面临的约束条件进而采用的生产技术都有差异，很难用统一的生产函数来刻画企业的生产行为，因此，借鉴杨汝岱（2015）的做法，在同行业企业的生产模式较为相近的假设下，以两位数行业代码进行分类，分行业估算生产函数中资本和劳动的弹性系数，进而得到不同行业企业的全要素生产率水平 TFP_I①。制造业 30 个行业的资本和劳动的弹性系数如表 4-8 所示。

30 个制造业行业资本和劳动弹性 表 4-8

行业代码	资本弹性	劳动弹性	OP 法估计样本	总样本
13	0.3225***	0.3960***	64321	140723
14	0.3428***	0.4153***	23497	50684
15	0.3352***	0.4334***	15137	33832
16	0.1204**	0.2796***	627	1172
17	0.3214***	0.3881***	97096	204413
18	0.2828***	0.4592***	48389	104516
19	0.2276***	0.4545***	25428	54559
20	0.3436***	0.3988***	24361	56491
21	0.3010***	0.4613***	14637	31037
22	0.3320***	0.4195***	29845	62110
23	0.3232***	0.4325***	17343	36951
24	0.2545***	0.4674***	13845	28841
25	0.2926***	0.3108***	7347	15621
26	0.3548***	0.3545***	82528	169513
27	0.3736***	0.4395***	21623	44084
28	0.3521***	0.3765***	5982	12785
29	0.3524***	0.3963***	13707	28603
30	0.3590***	0.4013***	54439	113855
31	0.3709***	0.3593***	84320	188226
32	0.3580***	0.4441***	26066	54421
33	0.3064***	0.2893***	20134	41972

① 鉴于制造业行业之间的差异性较大，本书使用分行业样本估算的全要素生产率作为实证研究的基准，全样本估算的 TFP_op 用于稳健性检验。无特殊说明，书中报告的结果默认为分行业样本估算的 TFP_I。

续表

行业代码	资本弹性	劳动弹性	OP 法估计样本	总样本
34	0.3060***	0.4152***	64447	133584
35	0.3495***	0.4363***	99966	203157
36	0.3592***	0.4211***	48927	102046
37	0.3422***	0.4480***	54680	109421
39	0.3336***	0.4516***	74991	150214
40	0.3499***	0.4770***	41346	82043
41	0.2708***	0.4744***	15396	31572
42	0.3073***	0.4264***	20390	44461
43	0.3988***	0.4386***	2179	5376

注：作者根据回归结果整理；*** 表示 1% 的置信区间。行业分类参照国家统计局《国民经济行业分类》GB/T 4754—2002 代码，其中二位码 13-43 为制造业，该分类标准中没有对 38 进行编码，故共 30 个制造业细分行业。

在对研究期间中国工业企业调查数据库存在的指标异常问题进行处理之后，为客观反映资本和劳动对于经济增长的贡献，样本中所有名义变量都以研究起始前一年 2003 年为基期进行平减，其中工业增加值使用企业所在地区工业品出厂价格指数平减，实际资本（固定资本存量）使用各地区固定资产投资价格指数平减。其中，固定资本存量使用数据库中提供的固定资产合计衡量，该指标相对较为准确地刻画了企业的资本情况。由于数据库中没有 OP 法计算 TFP 所需的固定资产投资这一指标，本书参照了宏观资本存量的核算方法——永续盘存法，根据固定资本存量反向计算企业的当期投资。在缺失工业总产值和工业增加值的年份（如 2004 年），采用刘小玄和李双杰（2008）的做法，根据会计准则估算工业增加值：工业增加值 = 产品销售额 - 期初存货 + 期末存货 - 工业中间投入 + 增值税。对于 2008 年之后的数据库缺失工业增加值这一关键变量，且未提供上述可以用于计算工业增加值的相关变量，因此，借鉴陈诗一和陈登科（2017）、王贵东（2017、2018）的处理方法，认为工业增加值占工业总产值的比例十分稳定，可以使用这一比重的中位数测算未知年份的增加值，但较之于企业，城市 - 行业层面的这一比值稳定性更好，因此用其中位数测算缺失年份的工业增加值，进而进行全要素生产率的估计。

4.2.2.2 制造业企业 TFP 整体变化情况

通过 OP 法从整体样本和分行业样本分别计算得到的 TFP_op 和 TFP_I 基本情况如表 4-9 所示。在整体上，无论是全样本估计还是分样本估计得到的全要素生产率，2004—2012 年 TFP 的均值呈现上升趋势。通过图 4-12 中 2004 年和 2012 年制造业企业 TFP 的核密度分布图比较，也可以发现，2012 年全要素生产率的概率密度分布相较于 2004 年出现了明显的右移。

OP 法计算所得 TFP 基本特征描述 表 4-9

年份	变量	样本数	均值	标准差	最小值	最大值
2004	TFP_op	172814	3.9022	0.9768	–5.1739	11.7424
	TFP_I	172814	3.8809	1.0177	–5.4148	12.5145
2005	TFP_op	216916	3.9973	0.9346	–7.4071	10.8099
	TFP_I	216916	3.9766	0.9788	–8.1392	12.4853
2006	TFP_op	259726	4.0940	0.9457	–4.3805	9.9070
	TFP_I	259726	4.0741	0.9907	–4.7182	12.6684
2007	TFP_op	293877	4.2172	0.9556	–5.7802	9.3221
	TFP_I	293877	4.1950	0.9996	–5.9088	12.9022
2008	TFP_op	332226	4.2414	0.8953	–4.0633	9.7133
	TFP_I	332226	4.2112	0.9350	–4.1923	13.0097
2009	TFP_op	281551	4.3937	0.9079	–7.8559	9.5247
	TFP_I	281551	4.3579	0.9407	–7.9939	13.2307
2010	TFP_op	208596	3.7095	1.0710	–5.3246	9.5896
	TFP_I	208596	3.6776	1.1074	–5.4540	12.5218
2011	TFP_op	233700	4.6422	0.8852	–5.9093	11.1894
	TFP_I	233700	4.6041	0.9395	–5.9015	14.9829
2012	TFP_op	258002	4.6846	0.9141	–6.3399	11.3173
	TFP_I	258002	4.6448	0.9675	–6.3235	15.0999
总计	TFP_op	2257408	4.2338	0.9835	–7.8559	11.7424
	TFP_I	2257408	4.2047	1.0234	–8.1392	15.0999

数据来源：作者计算整理。

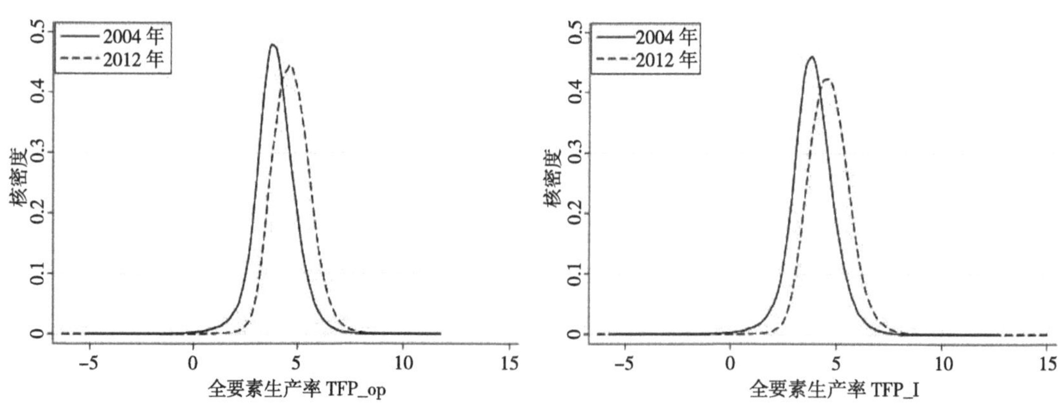

图 4–12 制造业企业全要素生产率核密度图

4.2.2.3 全要素生产率的城市规模异质性分析

从不同规模城市①的全要素生产率和密度来看，如图4-13所示，左图描绘了2004年不同规模城市制造业企业全要素生产率的概率密度分布，大城市制造业企业的全要素生产率水平最高，中、小城市的分布区间差别不大，但中等城市的峰值更高，说明企业全要素生产率的分布区间更加集中；右图描述了2012年大、中、小三类城市制造业企业全要素生产率的概率密度分布情况，整体上看，大、中、小三类城市企业的全要素生产率分布区间均有一定程度的右移，但与2004年明显不同的是，大城市企业的全要素生产率概率密度曲线到了最左侧，中、小城市企业全要素生产率概率密度曲线右移幅度较大。进一步地，我们对2004年和2012年三类城市企业全要素生产率的基本变化情况进行了统计描述，如表4-10所示。与图4-13描绘的现象较为一致，即在2004年，大、中、小三类城市企业全要素生产率均值水平是依次减小的，到了2012年，尽管这三类城市的企业全要素生产率水平均得到了提升，但大城市的企业全要素生产率均值水平反而低于中、小城市。这与人们一贯的认识产生了冲突，也与发达国家已经证实的大城市生产率优势不符。造成这一现象的原因可能有三方面：首先，我国多数大城市已进入工业化后期，"退二进三"的产业转型升级进程较为成熟，大量制造业企业退出大城市向中、小城市转移。从表中企业数目变化情况可以看出，中、小城市的企业数目增长幅度明显大于大城市，2004年大、中、小城市制造业企业数目的占比分别是0.62、0.28、0.10；到2012年，这一占比变成了0.54、0.31、0.15，中、小城市从大城市分得了一定份额的制造业企业。其次，已有理论证实了集聚效应、选择效应是大城市生产效率优势的主要来源，而近期研究发现，高效率企业的群分效应也是影响大城市生产效率的重要因素，Forslid和Okubo（2015）发现中等效率的企业更愿意选择大城市以减轻运输成本的制约，而高效率企业对运输成本并不敏感，反而会选择在外围小城市生产。最后，高效率的企业可能更倾向于在成本较低的区位建设新厂，Fukao等（2011）利用日本的制造业数据证实了这一猜想。从表格中最大值的分布来看，企业全要素生产率水平的最大值始终在大城市，这说明更高效率的高端制造业或者企业的研发、设计等部门仍留在大城市。

4.2.2.4 城市内部制造业企业全要素生产率的空间演变特征

在前文中我们从离心性的角度测度了城市内部制造业企业相对于城市中心的空间分布，因此，该部分同样考察城市内部制造业企业全要素生产率相对于城市中心的空间分布。采用Lowess的非参数方法，平滑拟合各个区县TFP与到所在城市CBD距离的关系。所用到的区县层面TFP是借鉴Brandt等（2012）、鲁晓东和连玉君（2012）的方法，以微观企业TFP的工

① 本书根据2014年国务院印发的《关于调整城市规模划分标准的通知》将中国城市归为三类：城区常住人口50万以下为小城市，50万~100万的城市为中等城市，100万以上的城市为大城市（包括特大城市、超大城市，鉴于样本数目较少，将其归为大城市）。城区常住人口=城区人口+城区暂住人口，数据来源于《中国城市建设统计年鉴（2014）》。

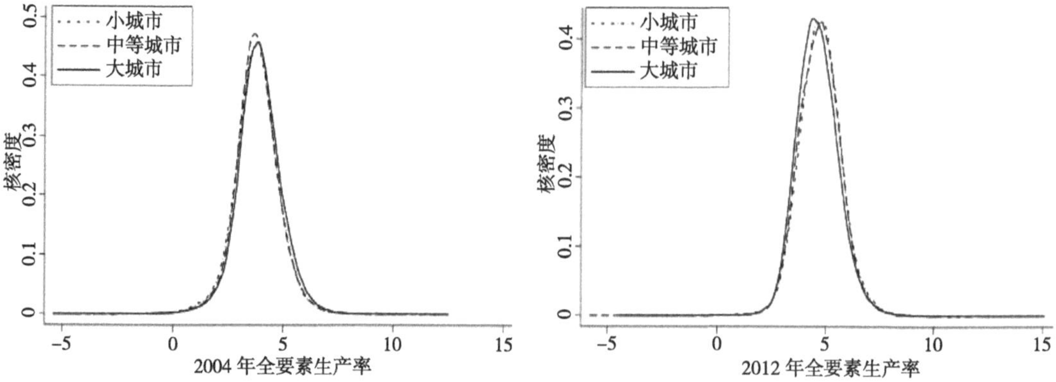

图 4-13　不同规模城市 TFP 的变化情况

不同规模城市 TFP 的变化特征　　表 4-10

年份	城市规模	企业数目	规模占比	均值	标准差	最小值	最大值
2004	小城市	16997	0.10	3.798	1.039	−3.639	12.213
	中等城市	46131	0.28	3.816	0.986	−3.943	10.658
	大城市	102117	0.62	3.927	1.020	−5.415	12.514
2012	小城市	37292	0.15	4.730	0.977	−3.671	13.057
	中等城市	76169	0.31	4.692	0.965	−5.803	11.180
	大城市	134099	0.54	4.594	0.963	−4.411	15.100

数据来源：作者计算整理。

业增加值为权数，加权得到区县层面的全要素生产率。Lowess 非参数回归拟合的结果如图 4-14 所示。从图中整体来看，各区县全要素生产率水平随着到 CBD 的距离增加呈现下降趋势。值得注意的是，尽管中心地区制造业产业的 TFP 均值在整个城市空间中处于最高水平，但从图中时间纵向来看，随着时间的推移，中心城区的全要素生产率出现了明显的下降趋势，2008 年中心城区的 TFP 低于 2004 年水平，到 2012 年进一步下降。

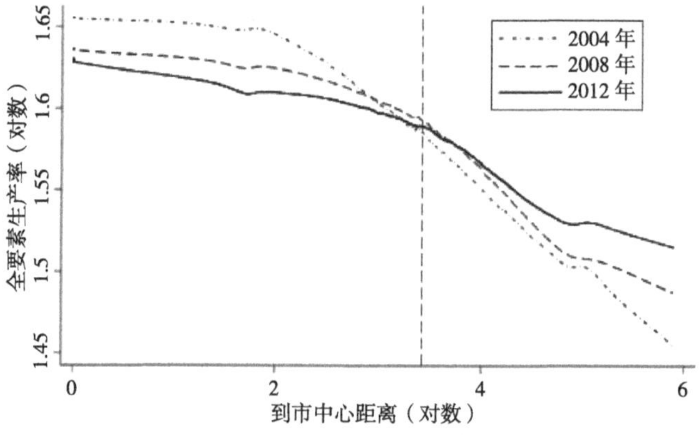

图 4-14　2004—2012 年城市制造业 TFP 分布的 Lowess 曲线

4.3 本章小结

本章综合城市全局和局部两个视角，构建了测度城市制造业空间布局的衡量指标，并利用中国工业企业微观调查数据库，对中国城市制造业空间布局特征、动态演变进行了详细刻画。另外，根据制造业高质量发展的内涵界定，构建指标体系，测算了各个城市制造业高质量发展水平；同时，借鉴 OP 法分别利用全样本和分行业样本计算了制造业企业的全要素生产率，以此作为行业层面和企业层面高质量发展水平的指标，从城市内部考察了制造业高质量发展水平的时空演变特征。此外，利用微观企业数据进行加权，分别对制造业空间布局、高质量发展时空演变的城市和行业异质性进行分析。具体地，本章的分析主要得到以下结论：

第一，制造业在城市内部的空间布局整体上表现出离心的趋势，即制造业出现离开中心城区，向城市外围地区蔓延的现象。主要表现为：中心城区的就业密度下降和城市外围地区的就业密度上升；制造业生产活动的离心性和空间分离度在研究期内呈增长趋势，聚集性呈下降趋势。处于城市化前期的城市制造业空间布局较为分散，相反，城市化后期的城市制造业生产活动则表现出更好的紧凑性，即空间分布更加向心，聚集性更强。资本密集型行业和技术密集型行业在城市内部空间分布上表现出更为向心且紧凑，劳动密集型行业和资源密集型行业在空间上的布局更加分散且均匀。随着技术密集程度的下降，行业的空间离心性增强，即高技术密集度产业在距离中心城区最近的区位。同时，高技术制造业表现出更紧凑的空间布局，聚集性程度也更高。

第二，根据城市制造业高质量发展的概念界定，通过构建指标体系，采用熵权法计算得出 288 个地级及以上城市的制造业高质量发展指数，在 2004—2012 年期间，指数呈现稳定上升趋势，说明中国城市制造业的发展质量稳步提升。东、中、西部城市的制造业高质量发展水平依次递减，东部城市的制造业发展质量最高，中部城市次之，西部城市制造业发展质量相对落后，但区域间差距在研究期内不断缩小，特别是中部地区城市制造业发展质量提升迅速，在 2012 年逐渐赶上东部地区。制造业发展质量排名靠前的城市大多为东部城市，且集中于京津冀、长三角、粤港澳大湾区城市群。

第三，中国城市的制造业全要素生产率在研究期间出现了明显的上升。大城市制造业企业的平均生产率被中、小城市赶超，但处于全要素生产率顶端部分的企业仍留在大城市。城市内部制造业企业全要素生产率的空间布局表现出随着到市中心的距离增加而下降的趋势，但从时间维度来看，中心城区的全要素生产率出现了下降。

5　制造业布局影响高质量发展的经验研究：城市层面

新常态对中国经济的可持续发展提出了新挑战，在面临人口红利消失和资源出现短缺的双重压力下，如何有效地提质增效成为中国打造制造业强国所必须考虑的问题。在城市内部这一限定的区域内，空间上合理布局规划逐渐成为提升制造业发展质量的有效手段。为了验证制造业空间布局对制造业高质量发展的作用方式，本章从城市层面，建立计量模型，实证检验空间布局对制造业高质量发展的影响。

5.1 模型构建与基准结果分析

5.1.1 数据说明

本章采用的主要数据来源于中国工业企业数据库，由于多个变量涉及行业层面的计算，因此为了保证统计标准的一致性，将研究时间区间设定为2004—2012年。对城市样本的选择为中国地级及以上城市，以2004年至2012年《中国城市统计年鉴》的城市目录为基准，删除毕节、铜仁两个在2011年由地区改市的城市；2007年及以前，拉萨市各指标数据统计缺失严重，因此也不予考虑；核心解释变量城市内部产业空间布局的相关指标计算是基于城市内部各区县的数据统计，因此，不再考虑东莞、中山、三亚和嘉峪关四个不设区县的城市。

5.1.2 计量模型构建与变量说明

为构建合适的计量分析模型，该部分首先画出城市制造业布局指数与高质量发展关系的散点图以及代表二者关系的拟合线，如图5-1所示，城市离心性指数（ADC）与高质量发展指数之间呈现明显的倒“U”型非线性关系，也就是说，在一定距离范围内，离心性布局与制造业高质量发展呈同方向变化，而超过一定距离后，随着离心性指数数值的增大，制造业高质量发展指数数值变小。这一关系同样出现在空间分离指数（SP）与高质量发展指数之间，但城市制造业整体聚集性指数（LC）与高质量发展指数间的非线性关系不明显，但呈显著的负相关关系。基于此，本章在计量模型中加入制造业布局指数的二次项，构建城市制造业布局与高质量发展的非线性模型，进一步验证二者之间的关系，如式5-1所示。

该部分建立的计量模型如下：

$$H_{c,t}=\alpha+\beta_0\text{spa}_{c,t}+\beta_1(\text{spa}_{c,t})^2+\theta_0X_{c,t}+\tau_c+\sigma_t+\varepsilon_{c,t} \quad (5\text{-}1)$$

其中$H_{c,t}$表示位于城市c在t年的制造业高质量发展指数，$\text{spa}_{c,t}$表示城市c在第t年的制造业空间布局，τ_c和σ_t分别表示城市固定效应和时间固定效应。$\varepsilon_{c,t}$为服从标准正态分布的随机误差项。$X_{c,t}$表示城市层面的其他控制变量，用来消除其他因素对结果的干扰。

通过对已有文献的梳理以及结合现实情况，城市层面的控制变量包括城市经济发展水平、政府科教支出比重、产业结构、人力资本情况等：

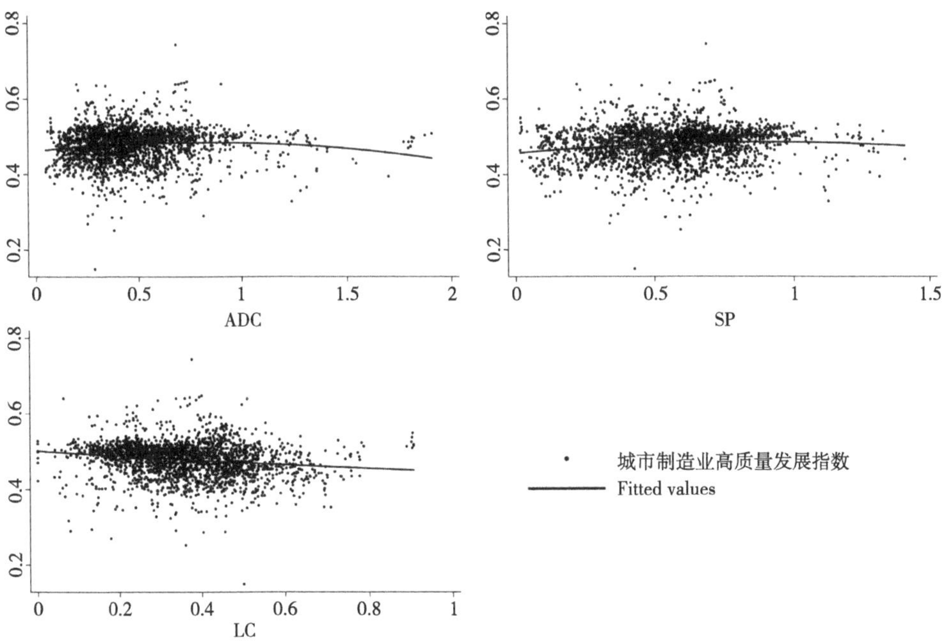

图 5-1 城市制造业布局与高质量发展散点图

（1）城市经济发展水平（lnGDP）。通常情况下，经济发展水平较高的城市具备吸引优质劳动力、资本和技术等生产要素的优势，对于城市制造业生产效率具有正向作用。因此，该部分以 2003 年为基期，根据城市所在地区人均 GDP 平减指数进行平减的实际人均 GDP 的对数作为衡量城市经济发展水平的指标，并预期符号为正。

（2）政府科教支出比重（ESP）。技术进步是实现制造业高质量发展的重要路径，而一个城市政府对其科教事业的支持力度能够直接影响当地科技水平。因此，该部分用每个城市政府在科技和教育上的支出占政府支出的比重来衡量，并认为该比重越大，城市制造业发展质量水平越高，即预期符号为正。

（3）产业结构（ThP）。用城市第三产业的比重衡量。一般而言，城市第三产业所占比重能够反映城市产业结构的高级化程度，而且制造业与生产性服务业的发展是相辅相成的，制造业的发展离不开生产性服务业的支持，因此，我们预期城市第三产业的规模可能对提升制造业发展质量水平起正向作用。

（4）人力资本（lnHR）。人力资本是经济发展到一定程度以后对发展质量起决定作用的因素，同样劳动数量的产出差异可以是巨大的，因此，各个城市也越来越重视人力资本的投入。由于城市层面的相关统计中没有直接的人力资本衡量指标，该部分借鉴范剑勇（2006）、孙浦阳等（2013）的研究，用各级学校中每万名学生的专任教师数来衡量，各个级别学校的专任教师数越多，培养的含人力资本高的劳动力数量也越多，相应地该地区人力资本含量就越高。但并不是所有城市都设有高等学校，因此，为了避免样本选择问题，该部分主要利用中小学的专职教师数来代表各个城市的人力资本水平。预期符号为正。

（5）行政审批大厅设立情况（APP）。行政审批大厅的设立情况来自于毕青苗等（2018）的研究。行政审批中心旨在将原本独立分散的各个审批部门集中在同一个办事大厅协同工作，不仅可以减少企业奔波于各个职能部门的时间、提高办事效率，而且提高了行政审批的透明度和审批效率。因此，理论上，行政审批中心的设立能够优化地方制度环境，减少企业耗费在生产活动之外的其他时间，降低企业的管理和交易成本，促进城市制造业高质量发展。

变量的描述性统计如表 5-1 所示。

变量的描述性统计　　表 5-1

变量类型	变量符号	样本量	均值	标准差	最小值	最大值
因变量	H	2529	0.479	0.045	0.149	0.745
核心解释变量	ADC	2507	0.478	0.236	0.050	1.907
	SP	2516	0.558	0.223	0.017	1.408
	LC	2516	0.355	0.138	0	0.906
控制变量	lnGDP	2527	9.892	0.750	4.595	12.12
	ESP	2526	0.199	0.048	0.016	0.497
	ThP	2526	0.375	0.102	0.086	0.880
	lnHR	2525	6.398	0.203	5.148	7.375
	APP	2529	0.824	0.381	0	1

5.1.3　基准回归结果分析

将数据代入计量模型的回归结果如表 5-2 所示，无论是 OLS 模型还是双重固定效应模型，回归结果均与预期一致：模型（1）-（2）中离心性指数 ADC 的系数显著为正，二次项系数显著为负，即离心性布局与城市制造业高质量发展呈倒“U”型关系。说明在一定距离范围内，制造业离开城市 CBD 有利于高质量发展水平提升，但超过一定距离后，由于脱离了与传统 CBD 的空间联系，借用规模下降使得制造业发展质量开始下降。这一结果同样表现在空间分离的布局对制造业高质量发展的影响上，模型（3）-（4）中空间分离指数 SP 的系数显著为正，二次项系数显著为负，说明适度分散的制造业布局可以有效降低拥挤效应，有利于高质量发展水平提升，但过于分散的空间分布使得集聚产生的规模效应消失，降低了制造业发展质量。模型（5）-（6）的结果显示，聚集性指数 LC 的系数显著为负，进一步证实了当前中国城市制造业布局过于集聚，阻碍了高质量发展水平的提升。二次项系数为正，但不显著，说明制造业集聚在短期以拥挤效应占据主导地位，使得制造业发展质量下降，但经济集聚在长期有助于提高制造业高质量发展水平。

其他控制变量中，城市人均 GDP 和第三产业占比的系数显著为正，与理论预期一致，经济更发达的城市往往有更高质量的制造业发展水平，第三产业占比越高的城市，能够显著促进当地制造业升级。科教投入占财政支出比重和人力资本投入显著为负，以及行政大厅审批变量不显著，与预期不符，可能是由于模型中存在的内生性导致，下文将进一步解决模型的内生性问题。

基准回归结果 **表 5-2**

变量	（1）	（2）	（3）	（4）	（5）	（6）
	H	H	H	H	H	H
ADC	0.064***	0.029*				
	（0.010）	（0.016）				
ADCsq	-0.037***	-0.036***				
	（0.007）	（0.012）				
SP			0.071***	0.034*		
			（0.013）	（0.020）		
SPsq			-0.035***	-0.034**		
			（0.011）	（0.016）		
LC					-0.057**	-0.063***
					（0.023）	（0.023）
LCsq					0.014	0.021
					（0.029）	（0.029）
lnGDP	0.026***	0.020***	0.027***	0.019***	0.025***	0.024***
	（0.001）	（0.003）	（0.001）	（0.003）	（0.001）	（0.001）
ESP	-0.554***	-0.830***	-0.533***	-0.833***	-0.498***	-0.455**
	（0.116）	（0.120）	（0.115）	（0.120）	（0.116）	（0.198）
ThP	0.056***	0.010	0.057***	0.010	0.056***	0.074***
	（0.008）	（0.008）	（0.008）	（0.007）	（0.008）	（0.009）
lnHR	-0.056***	0.003	-0.058***	0.004	-0.051***	-0.052***
	（0.005）	（0.006）	（0.004）	（0.006）	（0.005）	（0.005）
APP	-0.002	-0.003	-0.002	-0.003	-0.002	-0.003
	（0.002）	（0.002）	（0.002）	（0.002）	（0.002）	（0.002）
Constant	0.544***	0.262***	0.540***	0.257***	0.558***	0.571***
	（0.026）	（0.049）	（0.026）	（0.049）	（0.026）	（0.027）
城市固定效应	否	是	否	是	否	是

续表

变量	(1)	(2)	(3)	(4)	(5)	(6)
	H	H	H	H	H	H
年份固定效应	否	是	否	是	否	是
Observations	2，502	2，502	2，511	2，511	2，511	2，511
R-squared	0.210	0.786	0.222	0.785	0.215	0.225

注：***、** 和 * 分别代表显著性水平为 1%、5% 和 10%，小括号内数值为标准差。

5.2 稳健性检验

5.2.1 内生性处理

本章中计量模型可能存在较强的互为因果内生性问题。一方面被解释变量城市制造业高质量发展与核心解释变量制造业布局之间可能由于互为因果导致内生性问题；另一方面，在计算城市制造业高质量发展指数时采用了大量城市层面的指标，同样可能与城市层面的控制变量互为因果导致内生性问题，因此，为了尽量避免模型的内生性，在该部分采用广义矩估计（GMM）的方法进行模型估计，同时将滞后一期的被解释变量加入解释变量中，进一步降低互为因果导致的内生性概率。GMM 估计结果如表 5-3 所示，系统 GMM 结果 AR（2）检验 P 值大于 0.1，系统地拒绝二阶自相关，满足序列相关的检验要求，Hansen 检验 P 值大于 0.1，拒绝了弱工具变量假设，满足过度识别检验的要求。所有模型估计的自回归系数 t-1 期的高质量发展指数在 1% 的置信水平下显著为正，说明上一期的高质量发展水平非常稳健地促进了当期制造业高质量发展水平的提升。GMM 估计得到的制造业布局系数符号与基准回归模型基本一致，且更加显著，政府科教投入（ESP）和人力资本投入（lnHR）系数由显著为负变为显著为正，进行内生性处理后的结果更加符合理论预期。

GMM 估计结果　　表 5-3

变量	(1)	(2)	(3)
	H	H	H
L.H	0.537***	0.499***	0.514***
	(0.019)	(0.020)	(0.026)
ADC	0.073***		
	(0.009)		
ADCsq	-0.046***		
	(0.006)		

续表

变量	（1）	（2）	（3）
	H	H	H
SP		0.043***	
		（0.013）	
SPsq		−0.029***	
		（0.010）	
LC			−0.068***
			（0.021）
LCsq			0.051*
			（0.027）
lnGDP	0.005***	0.004***	0.005***
	（0.001）	（0.001）	（0.001）
ESP	1.681***	2.080***	2.268***
	（0.322）	（0.349）	（0.389）
lnHR	0.022	0.029**	0.037**
	（0.014）	（0.013）	（0.014）
ThP	0.006*	0.007**	0.006*
	（0.003）	（0.003）	（0.004）
APP	−0.000	0.001	−0.001
	（0.001）	（0.002）	（0.002）
Constant	0.151***	0.175***	0.193***
	（0.011）	（0.014）	（0.013）
AR（1）P值	0.000	0.000	0.000
AR（2）P值	0.276	0.261	0.227
Hansentest	0.306	0.272	0.496
Observations	2，224	2，232	2，232

注：***、** 和 * 分别代表显著性水平为 1%、5% 和 10%，小括号内数值为标准差。

5.2.2 替换变量的稳健性检验

除了考虑到内生性可能对模型稳健性产生的干扰，该部分还分别通过替换核心解释变量以及被解释变量的方式，检验回归结果的稳健性。

（1）替换核心解释变量。除了工业总产值能够反映制造业生产活动分布以外，制造业从业人员数的分布情况也能较好地反映制造业的空间布局。因此，该部分用制造业从业人数重新计算制造业的空间布局指数，并进行了模型估计，结果如表 5-4 前三列所示，从业人员数计算得到的制造业空间布局指数对高质量发展水平的影响与前文中的基准回归结果基本一致。

（2）替换被解释变量。根据前文介绍，测度高质量发展水平除了通过建立指标体系之外，还有大量研究采用生产率等单指标进行衡量，该部分借鉴陈诗一和陈登科（2018）的方法，采用城市制造业的劳动生产率作为城市制造业高质量发展的替代变量，进行稳健性检验。劳动生产率由城市制造业总产值与制造业从业人员数的比值取对数求得，替换被解释变量的回归结果如表 5-4 中第（4）-（6）列所示，三个空间布局指标的系数与基准回归结果基本一致，仅在数值大小上存在细微差别。综上所述，替换变量的稳健性检验进一步证实了模型较稳健。

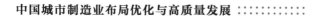

替换变量的稳健性回归结果　　表 5-4

变量	替换核心解释变量			替换被解释变量		
	（1）	（2）	（3）	（4）	（5）	（6）
	H	H	H	lnp	lnp	lnp
L.H	0.528***	0.589***	0.628***	0.397***	0.430***	0.419***
	（0.017）	（0.015）	（0.012）	（0.019）	（0.015）	（0.050）
ADC2	0.043***					
	（0.012）					
ADC2sq	-0.030***					
	（0.007）					
SP2		0.043***				
		（0.014）				
SP2sq		-0.027***				
		（0.010）				
LC2			-0.028***			
			（0.011）			
LC2sq			-0.010			
			（0.016）			
ADC				0.875***		
				（0.312）		
ADCsq				-0.518***		
				（0.168）		
SP					3.752***	
					（0.305）	
SPsq					-2.576***	
					（0.180）	

续表

变量	替换核心解释变量			替换被解释变量		
	（1）	（2）	（3）	（4）	（5）	（6）
	H	H	H	lnp	lnp	lnp
LC						−3.128**
						（1.552）
LCsq						1.440
						（2.028）
lnGDP	0.002***	0.002***	0.002***	0.210***	0.180***	0.180**
	（0.001）	（0.000）	（0.000）	（0.033）	（0.015）	（0.091）
ESP	2.608***	2.225***	2.348***	67.097***	32.405***	54.208***
	（0.359）	（0.240）	（0.211）	（9.974）	（8.600）	（20.363）
lnHR	0.015	0.034***	0.021**	2.657***	1.026***	0.145
	（0.014）	（0.009）	（0.008）	（0.330）	（0.267）	（0.960）
ThP	0.008***	0.007***	0.005**	0.817***	0.740***	0.740***
	（0.003）	（0.002）	（0.002）	（0.127）	（0.102）	（0.244）
APP	0.001	0.001	−0.000	0.053	0.126***	−0.021
	（0.001）	（0.001）	（0.001）	（0.061）	（0.043）	（0.110）
Constant	0.185***	0.150***	0.166***	−1.551***	−2.023***	0.357
	（0.012）	（0.008）	（0.007）	（0.324）	（0.185）	（0.834）
AR（1）P 值	0.000	0.000	0.000	0.000	0.000	0.000
AR（2）P 值	0.210	0.174	0.162	0.684	0.622	0.793
Hansentest	0.409	0.317	0.305	0.434	0.417	0.532
N	2，211	2，219	2，219	1，867	1，867	1，867

注：***、** 和 * 分别代表显著性水平为 1%、5% 和 10%，小括号内数值为标准差。

5.2.3 剔除城市等级的稳健性检验

中国传统的财政体系分为中央 – 省 – 市 – 县 – 乡五个层级，每个层级的财政都由中央向下层层拨款，每级政府都会优先考虑本级政府的财力需求，结果导致下级政府的财源往往被上级政府“剥夺”。尽管中央已经进行大量财政改革，尽力避免上级政府截留下级财政，但研究中国城市发展仍不能忽视中国行政等级体系下的城市级别。而且，除了中国特有的政治制度和行政体系，从现实情况来看，城市行政级别可能关乎一个城市基础设施建设、人才吸引力度、创业环境、教育环境等对制造业高质量发展起到重要作用的因素。一个城市可以仅凭借更高的行政级别而获得更多的资源，从而促进发展质量的提升。因此，该部分删除直辖市、副省级城市和省会城市，仅保留普通地级市样本，重新对模型进行回归，结果如表5-5所示。表中前三列为仅剔除北京、天津、上海、重庆四大直辖市的回归结果，后三列为进一步剔除省会城市和副省级城市的样本回归结果，核心解释变量的结果与基准回归基本一致，所以剔除城市等级的稳健性检验进一步证实了模型的稳健性。值得注意的是，在逐步剔除城市等级影响的过程中，聚集性指数的二次项系数显著为正，且显著性不断增强。这是因为过度集聚的制造业布局在大城市较为严重，而我国直辖市、省会城市以及副省级城市的工业发展大多进入工业化后期，过度集聚造成的拥挤效应对城市制造业高质量发展的负面影响更加明显，因此，在逐步剔除城市等级后，聚集性指数对制造业高质量发展的负向作用出现了拐点，即对于一般地级城市来说，疏散制造业的策略需要谨慎，应遵循当地城市化和工业化规律，循序渐进地疏解过度拥挤的制造业产业，过于分散的布局可能不利于制造业发展质量。

剔除城市等级的回归结果 表5-5

变量	剔除四大直辖市			剔除省会和副省级城市		
	（1）	（2）	（3）	（4）	（5）	（6）
	H	H	H	H	H	H
L.H	0.533***	0.494***	0.512***	0.555***	0.525***	0.522***
	（0.019）	（0.020）	（0.026）	（0.019）	（0.020）	（0.024）
ADC	0.075***			0.101***		
	（0.009）			（0.009）		
ADCsq	−0.046***			−0.059***		
	（0.006）			（0.005）		
SP		0.041***			0.073***	
		（0.013）			（0.013）	
SPsq		−0.028***			−0.048***	
		（0.010）			（0.009）	
LC			−0.068***			−0.078***
			（0.021）			（0.020）
LCsq			0.051*			0.063**
			（0.027）			（0.025）
lnGDP	0.005***	0.005***	0.005***	0.004***	0.005***	0.003***
	（0.001）	（0.001）	（0.001）	（0.001）	（0.001）	（0.001）
ESP	1.446***	1.934***	2.117***	1.443***	1.764***	2.455***
	（0.393）	（0.423）	（0.440）	（0.310）	（0.295）	（0.336）

续表

变量	剔除四大直辖市			剔除省会和副省级城市		
	（1）	（2）	（3）	（4）	（5）	（6）
	H	H	H	H	H	H
lnHR	0.026*	0.033**	0.039***	0.023*	0.030**	0.049***
	（0.015）	（0.014）	（0.014）	（0.012）	（0.012）	（0.013）
ThP	0.006**	0.008**	0.006	0.000	0.003	0.002
	（0.003）	（0.003）	（0.004）	（0.003）	（0.003）	（0.003）
APP	0.000	0.001	-0.001	0.001	0.003*	0.002
	（0.001）	（0.002）	（0.002）	（0.002）	（0.002）	（0.002）
Constant	0.148***	0.173***	0.194***	0.135***	0.148***	0.203***
	（0.012）	（0.014）	（0.013）	（0.010）	（0.012）	（0.012）
AR（1）P 值	0.000	0.000	0.000	0.000	0.000	0.000
AR（2）P 值	0.282	0.266	0.230	0.727	0.666	0.486
Hansentest	0.395	0.268	0.626	0.450	0.559	0.383
N	2，192	2，200	2，200	1，978	1，986	1，986

注：***、** 和 * 分别代表显著性水平为 1%、5% 和 10%，小括号内数值为标准差。

5.3 城市规模异质性分析

不同规模企业在不同规模的城市中有着不同的集聚效应，从而表现出不同的空间布局特征。该部分将重点分析不同规模城市制造业布局对高质量发展的异质性影响。具体地，通过构建城市制造业布局指数与城市规模的交叉项（ADC × size、SP × size、LC × size）加入模型进行回归分析，考察城市规模的异质性影响。根据 2014 年国务院印发的《关于调整城市规模划分标准的通知》，城市规模划分标准以城区常住人口为统计口径，因此，该部分用城区常住人口来衡量城市规模，城区常住人口数量来自于《中国城市建设统计年鉴》。城市规模异质性回归结果如表 5-6 所示，加入城市制造业布局指数与城市规模交叉项后，原结论保持不变，三个交叉项均在 1% 的置信水平下显著为正，说明随着城市规模的增加，离心性布局对于制造业高质量发展的促进作用越大，空间分离布局对制造业高质量发展的促进作用同样越明显。而聚集性指数的系数本身为负值，正向的交叉项结果说明规模越大的城市，能够缓解过度集聚造成的制造业发展质量水平下降。这是因为，规模越大的城市往往有更多的工业用地供给，从而以多中心集聚的形式促进制造业高质量发展。而规模较小的城市往往是单中心集聚，所以过度集聚造成的拥挤效应更明显。

城市规模异质性回归结果　表 5-6

变量	(1)	(2)	(3)
	H	H	H
L.H	0.554***	0.495***	0.462***
	(0.016)	(0.017)	(0.028)
ADC	0.064***		
	(0.008)		
ADCsq	−0.040***		
	(0.005)		
ADC × size	0.013***		
	(0.003)		
SP		0.053***	
		(0.012)	
SPsq		−0.036***	
		(0.009)	
SP × size		0.024***	
		(0.004)	
LC			−0.060**
			(0.026)
LCsq			0.006
			(0.032)
LC × size			0.027***
			(0.009)
lnGDP	0.005***	0.005***	0.005***
	(0.001)	(0.001)	(0.001)
ESP	1.564***	1.672***	2.398***
	(0.242)	(0.238)	(0.282)
lnHR	0.024**	0.032***	0.038***
	(0.011)	(0.011)	(0.013)
ThP	0.005	0.006*	0.002
	(0.003)	(0.003)	(0.004)
APP	−0.001	0.001	−0.001
	(0.001)	(0.001)	(0.002)
Constant	0.145***	0.165***	0.222***
	(0.010)	(0.011)	(0.014)

续表

变量	（1）	（2）	（3）
	H	H	H
AR（1）P 值	0.000	0.000	0.000
AR（2）P 值	0.256	0.275	0.251
Hansentest	0.574	0.350	0.448
N	2，224	2，232	2，232

注：***、** 和 * 分别代表显著性水平为 1%、5% 和 10%，小括号内数值为标准差。

5.4 本章小结

本章构建了城市层面的计量回归模型，实证检验了制造业布局对高质量发展的影响。基准回归结果显示，离心性布局与城市制造业高质量发展呈倒“U”型关系。说明在一定距离范围内，制造业离开城市 CBD 有利于高质量发展水平提升，但超过一定距离后，由于脱离了与传统 CBD 的空间联系，使得发展质量开始下降。这一结果同样表现在空间分离布局对制造业高质量发展的影响上，适度分散的制造业布局可以有效降低拥挤效应，有利于高质量发展水平提升，但过于分散的空间分布使得集聚产生的规模效应消失，降低了制造业发展质量。聚集性指数的系数显著为负，进一步证实了当前中国城市制造业布局过于集聚，阻碍了高质量发展水平的提升。采用系统 GMM 的动态面板模型进行内生性处理后，结果与基准回归一致，且控制变量在内生性处理后更加符合预期。在经过替换核心解释变量和被解释变量以及剔除城市等级差异后，模型依然保持稳健。

进一步通过城市规模异质性分析发现，随着城市规模的增加，离心性布局对于制造业高质量发展的促进作用越大，空间分离布局对制造业高质量发展的促进作用同样越明显。而聚集性指数的系数本身为负值，正向的交叉项结果说明规模越大的城市，能够缓解过度集聚造成的制造业发展质量水平下降。

6　制造业布局影响高质量发展的经验研究：行业层面

前文的分析发现，不同行业的空间布局特征和企业面临的约束条件，甚至采用的生产技术都有明显差异，因此，本章将制造业空间布局指数具体到每个二位码行业，重点探究制造业同行业空间布局的经济效应，试图考察制造业行业内的空间布局变化对所处行业高质量发展的影响。综合考虑城市制造业的演变特征，以及当前数据的可得性，本章利用 2004—2012 年中国地级及以上城市制造业数据，结合前文得到的制造业空间布局指数和行业全要素生产率水平，通过建立“城市—行业—时间”三维面板模型验证制造业空间布局对城市制造业行业高质量发展的影响，并发现不同行业的规律特征，以期为我国城市制造业不同行业的合理布局进而提升发展质量提供科学依据。

6.1 制造业布局对行业高质量发展的影响

6.1.1 变量说明

1. 因变量

该实证部分的因变量为行业高质量发展水平，采用城市—行业层面的全要素生产率为衡量指标，与前文的计算方法类似，在基准回归中，我们以分行业样本得到的微观企业全要素生产率为基础，以各个企业工业增加值占所在城市所属行业的比重为权重，进行加权得到城市—行业层面的平均生产率，以此衡量制造业各行业的高质量发展水平。

2. 核心解释变量

该部分的核心解释变量为城市各个制造业行业的空间布局指数，包括离心性指数（ADC）、空间分离度（SP）、聚集性（LC）。由于中国工业企业数据库统计的是全部国有企业和规模以上非国有企业，而这些企业的工业总产值占全部工业企业的 95% 以上，而且工业总产值的空间分布也较能说明制造业生产活动的空间布局，因此，指标的计算主要利用城市内部各个制造业行业的工业总产值数据。具体计算过程已在前文进行了详细说明，本部分不再赘述。

3. 控制变量

通过对已有文献的梳理并结合现实情况，模型中除了第四章计算得到的城市制造业布局指数等核心解释变量以外，还包括以下两方面的控制变量，用来最大限度消除其他因素对结果的干扰。

第一，城市层面的控制变量。与前文一致，具体包括城市经济发展水平、政府科教支出比重、产业结构、人力资本情况等，本部分不再赘述。

第二，城市—行业层面的控制变量。包括城市某行业的规模、政府补贴情况、行业内国有企业比重等。

（1）行业规模。根据马歇尔外部性，城市内某行业本身的规模经济可能促进行业整体生产率的提升，即某行业产品大规模的生产能够提升该行业或相关行业的生产效率。该部分用城市制造业某行业从业人员占城市全部制造业从业人员的比重表示，并预期符号为正。

（2）政府补贴情况。该变量往往反映城市政府对某行业的支持力度，从而可能影响该行业的发展质量，往往政府补贴越高，行业越有更多的资金投入到研发中，从而促进高质量发展水平的提升。该部分用行业内企业补贴收入总额占行业主营业务收入比重衡量政府补贴情况，并预期符号为正。

（3）国有企业比重。国有企业大而全的经营策略往往不利于发展质量的提升，而且过多的行政干预往往会降低部门之间的执行效率，一般认为，国有企业收益率和生产效率低于非国有企业。因此，预测国有企业占比高的行业不利于制造业发展质量的提升。

4. 调节变量

市场环境。拥挤效应发挥作用的方式之一是产品市场的竞争，特别是同行业企业在地理上的过度集中会加剧产品市场的竞争。因此，该部分借鉴张莉等（2019）的研究方法，利用城市行业的赫芬达尔指数（HHI）表征城市市场竞争的强弱，竞争越激烈的市场，制造业离心且相对分离的空间布局更有利于提升行业的高质量发展水平。赫芬达尔指数的计算公式如下：

$$\mathrm{HHI}_{c,\ t}=\sum \omega_{c,\ I,\ t}\left(\frac{X_{c,\ i,\ t}}{\sum_{f=1}^{N_I} X_{c,\ i,\ t}}\right)^2 \tag{6-1}$$

其中，$X_{c,\ i,\ t}$ 表示位于城市 c 的企业 i 在 t 年的主营业务收入，$\sum_{f=1}^{N_I} X_{c,\ i,\ t}$ 表示城市 c 的企业 i 所在行业 I 的主营业务收入总和，$\omega_{c,\ I,\ t}$ 为城市 c 的行业 I 在 t 年主营业务收入占城市总体主营业务收入的比重。当 HHI 越大，说明城市市场竞争程度越低，反之，则市场竞争程度越高。

该部分所用到变量的描述性统计如表 6-1 所示。其中，人均 GDP、科教支出占比、三产占比和人力资本测度数据来源于《中国城市统计年鉴》；高技术产业占比、行业规模、补贴收入、国有企业占比、市场环境的数据均来自于中国工业企业数据库。

城市—行业层面相关变量的描述性统计　　表 6-1

变量类型	符号	变量名称	N	mean	sd	min	max
因变量	TFP	全要素生产率	58983	4.672	1.333	0	11.750
核心解释变量	ADC	离心性指数	58289	0.500	0.357	0.002	3.213
	SP	空间分离度指数	50039	0.438	0.259	0.000	1.843
	LC	聚集性指数	58983	0.598	0.183	0.004	0.974
控制变量（城市—行业层面）	lnGDP	人均 GDP	58943	9.964	0.725	4.595	12.120
	Sci_P	科技支出占比	58943	0.030	0.058	0.000	0.368

续表

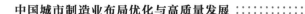

变量类型	符号	变量名称	N	mean	sd	min	max
控制变量（城市—行业层面）	Third_P	三产占比	58913	0.377	0.100	0.086	0.880
	HT_P	高技术产业占比	58983	0.074	0.096	0	0.702
	lnHR	人力资本	58902	6.400	0.198	5.148	7.375
	Sub_P	补贴比重	58983	0.003	0.012	0	0.612
	State_P	国有企业占比	58612	0.048	0.154	0	1
调节变量	HHI	市场环境	58983	0.272	0.166	0.030	1

6.1.2 计量模型构建与估计方法

1. 基准模型

根据前文的理论分析，城市制造业空间布局对高质量发展的影响主要来自于集聚效应和拥挤效应两种机制的相互作用，这两种作用随着产业空间布局的变迁此消彼长而最终影响制造业高质量发展水平。例如，沈能等（2014）从行业异质性视角引入过度集聚带来的拥挤效应，考察了中国制造业全要素生产率的变化，发现随着产业集聚度由弱变强，会对行业生产率产生先提高后降低的影响。刘修岩等（2017）的研究发现，城市空间的单中心程度对经济效益的影响呈现倒“U”关系，陈旭等（2018）利用中国制造业企业数据发现城市蔓延对企业全要素生产率的影响同样是倒“U”型的。因此，该部分认为城市制造业空间布局对行业高质量发展水平的影响同样是非线性的，具体设定如下二次项模型：

$$TFP^{I}_{c,\ t}=\alpha+\beta_0 spa^{I}_{c,\ t}+\beta_1\ (spa^{I}_{c,\ t})\ ^2+\theta_0 X^{I}_{c,\ t}+\tau_c+\gamma_I+\sigma_t+\varepsilon^{I}_{c,\ t} \tag{6-2}$$

其中，$TFP^{I}_{c,\ t}$ 为因变量，代表城市 c 的 I 行业在 t 年的全要素生产率水平，用以表征该行业的高质量发展水平；$spa^{I}_{c,\ t}$ 为核心解释变量，表示城市 c 的 I 行业在 t 年的产业空间布局特征，正如前文所述，我们分别用离心性（ADC）、空间分离度（SP）和聚集性（LC）三个指标衡量；$X^{I}_{c,\ t}$ 表示城市 c 的 I 行业在 t 年的其他控制变量；τ_c、γ_I、σ_t 分别为城市固定效应、行业固定效应和时间固定效应；$\varepsilon^{I}_{c,\ t}$ 为服从标准正态分布的随机误差项，用来表示模型中其他不可观测的因素。

2. 动态模型

根据动态集聚理论，不同阶段的产业空间布局对经济的作用方式可能产生不同的影响，该部分在基准模型的基础上，借鉴 Br ü lhart 和 Mathys（2008）、孙浦阳等（2013）的建模方法，进一步构建能够较好反映动态性的一阶滞后 ADL（1，1）模型，从长短期角度验证城市制造业空间布局对行业高质量发展水平的动态作用方式，具体模型设定如下：

$$\mathrm{TFP}^{I}_{c,\ t}=\alpha\mathrm{TFP}^{I}_{c,\ t-1}+\beta_0\mathrm{spa}^{I}_{c,\ t}+\beta_1\mathrm{spa}^{I}_{c,\ t-1}+\theta_0 X^{I}_{c,\ t}+\theta_1 X^{I}_{c,\ t-1}+\tau_c+\gamma_I+\sigma_t+\varepsilon^{I}_{c,\ t} \tag{6-3}$$

其中，下标 t 和 t–1 分别表示在第 t 年和 t–1 年的相关变量。在以上模型中，需要注意的两个变量 τ_c 和 γ_I 分别表示上文提到的非时变城市固定效应和行业固定效应，即不随时间而改变，与制造业空间布局可能不相关但却能显著影响城市行业高质量发展水平的因素。我们使用大样本的动态面板估计将这种非时变个体固定效应从模型中剔除，来保证模型估计的准确性。

6.1.3　回归结果分析

1. 基准回归结果分析

表 6–2 报告了中国城市制造业空间布局对行业高质量发展水平的影响结果，模型（1）和（2）为离心性（ADC）对全要素生产率的影响结果，模型（3）和（4）为空间分离度（SP）对全要素生产率的影响结果，模型（5）和（6）为聚集性（LC）对全要素生产率的影响结果，所有模型均控制了城市固定效应、行业固定效应和年份固定效应，模型（2）、（4）、（6）分别为在模型（1）、（3）、（5）的基础上加入控制变量的结果。

结果显示，产业空间布局的离心程度对全要素生产率有显著的正向作用，即随着产业离开中心城区，行业高质量发展水平会有所提升；但二次项显著为负则告诉我们，离开市中心的空间布局对行业高质量发展的促进作用是有限的，在超过一定距离后，随着到市中心的距离进一步增加，会导致行业发展质量的下降。出现这一现象的原因主要在于，企业离开中心城区后，拥挤效应骤然下降，使得企业生产成本快速降低，带来了生产效率的提升，但随着到市中心更远的距离布局，对中心城区的借用规模效应逐渐减弱，空间衰变效应越来越明显，且运输成本随之上升，因此对行业高质量发展水平的提升产生了抑制作用。

空间分离度对全要素生产率的影响显著为正，说明相对分离的空间分布会提高制造业行业的发展质量，而这一影响同样存在拐点，即相对分离的空间布局对行业高质量发展水平的影响呈现先扬后抑的倒“U”型特征。出现这种现象的原因可能是，行业内的空间临近导致了有限空间内资源短缺，使得生产要素成本上升。随着行业内生产活动相对分离程度的增加，生产活动在空间上出现了蔓延，土地以及土地上的生产要素得到了补充，随之带来生产效率的提升。但由于行业内生产活动的相似性，相互之间产生的借用规模效应同样对不同区位的生产活动产生作用，因此，过于分离的空间布局不利于行业内的溢出，最终会降低生产效率。

与大多数研究类似，聚集性对全要素生产率的影响显著为正，但二次项系数显著为负。说明集聚对制造业高质量发展具有促进作用，但在有限的空间上，集聚经济和拥挤效应同时发挥作用，当经济活动过于集聚会导致土地和劳动力等生产成本的上升，已有研究发现，中国部分行业和城市已出现了过度集聚的现象和趋势。因此，制造业集聚对行业高质量发展水平的影响也不再是单纯的线性促进作用。该结论从行业层面验证了前文的理论推论——产业集聚对高质量发展水平的促进作用主要发生在行业内集聚，即同行业的聚集性空间布局可能有利于行业高质量发展水平的提升。

需要说明的是空间分离度和聚集性之间的结论并不矛盾，生产活动在空间上的整体分离并不影响在局部区域的生产集聚，结合两个结论，说明存在一定相对距离的局部集聚有利于提升行业的高质量发展水平。为了更好地理解二者之间的关系，我们引入“多中心布局”的概念，即城市内部空间除了传统的主中心以外，还存在多个次中心，且各个中心之间存在一定的距离。城市产业空间布局同样可以是多中心的，即整体上各个中心是相对分离的，而每个（次）中心内部又是集聚的。为了验证这一空间布局的有效性，我们在模型（7）和（8）加入空间分离度与聚集性的交叉项，考察这种整体分离而局部集聚的“多中心布局”对行业全要素生产率的影响。结果显示，空间分离度与聚集性的交叉项（SP×LC）系数显著为正，说明相对分离且局部集聚的空间布局更有利于行业高质量发展水平的提升。

基准回归结果　　表 6-2

变量	（1）	（2）	（3）	（4）	（5）	（6）	（7）	（8）
	TFP	TFP	TFP	TFP	TFP	TFP	TFP	TFP
ADC	0.063*	0.057*						
	（0.035）	（0.033）						
ADC_sq	−0.091***	−0.087***						
	（0.022）	（0.021）						
SP			1.296***	1.334***			1.065***	1.149***
			（0.050）	（0.048）			（0.072）	（0.068）
SP_sq			−1.114***	−1.145***			−1.036***	−1.083***
			（0.052）	（0.049）			（0.055）	（0.052）
SP×LC							0.356***	0.286***
							（0.079）	（0.075）
LC					2.726***	2.733***		
					（0.146）	（0.139）		
LC_sq					−2.864***	−2.903***		
					（0.123）	（0.117）		
lnGDP		0.140***		0.129***		0.122***		0.132***
		（0.032）		（0.032）		（0.032）		（0.032）
Sci_P		0.165		0.221		0.221		0.207
		（0.185）		（0.182）		（0.182）		（0.182）

续表

变量	（1）	（2）	（3）	（4）	（5）	（6）	（7）	（8）
	TFP	TFP	TFP	TFP	TFP	TFP	TFP	TFP
Third_P		-0.409***		-0.422***		-0.430***		-0.419***
		（0.072）		（0.071）		（0.071）		（0.071）
HT_P		0.242		0.220		0.206		0.228
		（0.149）		（0.149）		（0.149）		（0.149）
lnHR		0.015		-0.007		-0.013		-0.007
		（0.060）		（0.060）		（0.060）		（0.060）
Sub_P		-2.070***		-2.052***		-2.119***		-2.047***
		（0.357）		（0.355）		（0.354）		（0.355）
State_P		0.047		0.1039***		0.114***		0.104***
		（0.029）		（0.029）		（0.029）		（0.029）
Constant	4.621***	3.273***	4.380***	3.259***	4.107***	3.114***	4.382***	3.228***
	（0.012）	（0.480）	（0.010）	（0.481）	（0.042）	（0.483）	（0.010）	（0.481）
城市固定效应	是	是	是	是	是	是	是	是
行业固定效应	是	是	是	是	是	是	是	是
年份固定效应	是	是	是	是	是	是	是	是
Observations	58，289	57，784	58，983	58，476	58，983	58，476	58，983	58，476
R-squared	0.349	0.374	0.356	0.382	0.358	0.383	0.356	0.382

注：***、** 和 * 分别代表显著性水平为 1%、5% 和 10%，小括号内数值为标准差。

2. 动态回归结果分析

表 6-3 报告了中国城市制造业空间布局对行业高质量发展水平的动态影响结果，其中，（1）-（3）列报告了离心性指数（ADC）的回归结果，（4）-（6）列报告了空间分离度（SP）的回归结果，（7）-（9）列报告了聚集性（LC）的回归结果。（1）、（4）、（7）采用最小二乘估计（OLS）的方法，（2）、（5）、（8）采用面板固定效应（FE）方法，（3）、（6）、（9）采用系统 GMM 的方法，分别对城市制造业空间布局与行业高质量发展水平的关系进行了验证。系统 GMM 结果 AR（2）检验 P 值大于 0.1，系统地拒绝二阶自相关，满足序列相关的检验要求，Hansen 检验 P 值大于 0.1，拒绝了弱工具变量假设，满足过度识别检验的要求。另外，根据 Bun 和 Windmeijer（2010）的研究，如果系统 GMM 回归中的工具变量识别力不够，则会在小样本的情况下造成有偏估计。对此，Bond 等（2001）提出了一种较为直接的检验方法，认为在 ADL（1，1）模型中，OLS 估计的自回归系数有高估倾向，而 FE 模型的自回归系数具有低估倾向，因此，若系统 GMM 估计的自回归系数正好处于 OLS 模型和 FE 模型估计的结果之间，

那么可以认为 GMM 回归使用的工具变量是合适的，不存在识别力不够的问题。从表 6-3 的估计结果中可以看到，GMM 估计得到的自回归系数大小正好处于 OLS 模型和 FE 模型估计结果之间，所以，该部分系统 GMM 模型的工具变量选择是合适的。

所有模型估计的自回归系数 *t*–1 期的全要素生产率在 1% 的置信水平下显著为正，说明上一期的高质量发展水平非常稳健地促进了当期高质量发展水平的提升。

模型（1）–（3）列估计得到的当期离心性指数（ADC）系数在 1% 的置信水平下显著为正，说明当期中，随着制造业离开城市中心，高质量发展水平是随之上升的；而在滞后一期的 *t*–1 期，离心性指数系数显著为负，说明持续远离城市中心的布局对高质量发展水平产生了负向作用。从两期的结果来看，制造业的离心性布局对高质量发展水平的影响具有显著的动态性特征，临近市中心享受的溢出效应、借用规模效应和遭受的拥挤效应轮流占据主导地位，造成了离心性布局在不同时期对高质量发展水平的影响不同。在初始阶段，制造业企业可能由于成本等方面原因离开城市中心，在短时间内降低了城市中心区拥挤效应带来的地租、工资等高投入成本，从而促进了生产率的提升，但随着时间的推移，借用规模的空间衰变效应使得城市外围的企业由于远离中心市场，导致获得的知识和技术溢出减少，加之运输成本增加和获得的市场信息滞后，均不利于行业高质量发展水平的提升。（4）–（6）列模型估计得到的空间分离度指数（SP）有类似的结论，即在当期空间分离度对行业高质量发展水平有促进作用，而滞后一期的分离度对行业高质量发展水平产生负向影响。即短暂的分散能够迅速降低拥挤效应带来的高成本，但随后空间溢出效应重新占据主导，过于分散的空间布局将不利于行业高质量发展水平的提升。（7）–（9）列模型估计得到的聚集性指数则与前两种结果完全相反，在当期，制造业越聚集在某个或某几个空间单元，越不利于行业高质量发展水平的提升，而滞后一期的 *t*–1 期，聚集程度越高，对高质量发展水平的促进作用越明显。进一步验证了当期拥挤效应主导下生产成本的提升，以及滞后期集聚效应主导下效率的提升。

根据制造业空间布局三个维度的不同结果，我们发现制造业在空间布局过程中先出现了拥挤效应，包括在城市中心的拥挤效应（ADC 指数当期为正）、城市相对空间的拥挤效应（SP 指数当期为正）和城市整体空间集聚产生的拥挤效应（LC 指数当期为负），这一结果与 Brulhart 和 Mathys（2008）在对欧洲城市空间结构的研究中所得到的结论类似，该研究发现欧洲城市空间拥挤效应的产生要快于其他效应。产业空间布局的集聚效应和拥挤效应之间相互作用，在城市和行业发展的不同阶段表现出不同的均衡状态。在本研究的时间区间内，初始期，制造业空间布局的拥挤效应占据主导地位，一方面是由于大量企业和就业人员进入一个地区以后，对公共基础设施的需求增加无法得到迅速满足，当地市场不可能在当期就迅速做出反应，从而造成有限空间上的人口膨胀、交通拥挤和通勤成本上升等不利于生产效率提升的现象；另一方面，中国制造业空间布局在改革开放初至 2004 年是产业集聚加深的时期，而 2004 年之后是空间扩散时期。因此，在本研究的时间段内，出现拥挤效应先于集聚效应和空间溢出效应的结果也在情理之中。此外，LC 指数的结果证实了集聚的经济效应往往有明显的滞后性，这一结论与 Henderson（2003）对美国制造业产业集聚效应研究得出的集聚效应滞后性结论相同。

制造业空间布局对全要素生产率的动态回归结果　　表 6-3

变量	（1）OLS	（2）FE	（3）GMM	（4）OLS	（5）FE	（6）GMM	（7）OLS	（8）FE	（9）GMM
	TFP	TFP	TFP	TFP	TFP	TFP	TFP	TFP	TFP
TFP（*t*-1）	0.762***	0.139***	0.231***	0.759***	0.149***	0.303***	0.760***	0.148***	0.227***
	（0.003）	（0.005）	（0.021）	（0.003）	（0.005）	（0.020）	（0.003）	（0.005）	（0.020）
ADC（*t*）	0.162***	0.151***	0.794***						
	（0.023）	（0.023）	（0.152）						
ADC（*t*-1）	-0.146***	-0.042*	-0.507***						
	（0.023）	（0.023）	（0.099）						
SP（*t*）				0.193***	0.154***	1.308***			
				（0.024）	（0.025）	（0.154）			
SP（*t*-1）				-0.075***	0.046*	-0.443***			
				（0.024）	（0.025）	（0.100）			
LC（*t*）							-0.181***	-0.169***	-1.749***
							（0.038）	（0.040）	（0.192）
LC（*t*-1）							0.041	-0.080**	0.661***
							（0.039）	（0.040）	（0.138）
控制变量	是	是	是	是	是	是	是	是	是
AR（1）P 值			0.000			0.000			0.001
AR（2）P 值			0.157			0.250			0.491
Hansentest			0.163			0.270			0.198
Observations	49，231	49，231	49，231	50，225	50，225	50，225	50，225	50，225	50，178
R-squared	0.593	0.085		0.591	0.080		0.591	0.080	

注：***、** 和 * 分别代表显著性水平为 1%、5% 和 10%，小括号内数值为标准差。

6.2 稳健性检验

6.2.1 内生性处理

为了验证以上动态模型的稳健性，同时对基准模型进行内生性处理，我们在基准模型的基础上利用 ADL（1，0）模型，研究制造业空间布局对行业高质量发展水平的影响。在研究变量之间的动态性关系方面，除了上文中使用的滞后模型 ADL（1，1）之外，加入二次项的非线性研究也是一种使用广泛的研究方法。而内生性是研究产业空间结构与效率之间相互作用这类问题无法避开的难题，特别是一些学者开始尝试将异质性企业纳入新经济地理的模型中，将其拓展到基于企业和个体异质性的"'新'新经济地理学"。这就出现了解释变量与被解释变量往往互为因果的内生性问题，在处理内生性问题上较常应用固定效应模型，或是工具变量法、亦或是解释变量的滞后项，无论哪种方法都或多或少地存在程度不同的估计偏误，因此计量方法的选择往往是本类实证研究的关键。结合以上两个原因，该部分采用 ADL(1,0) 模型，并加入二次项后利用 GMM 方法对模型进行稳健性检验。具体模型设定如下：

$$TFP^{I}_{c,t}=\alpha TFP^{I}_{c,t-1}+\beta_0 spa^{I}_{c,t}+\beta_1(spa^{I}_{c,t})^2+\theta_0 X^{I}_{c,t}+\tau_c+\gamma_I+\sigma_t+\varepsilon^{I}_{c,t} \quad (6\text{-}4)$$

该方法通过使用内部变量的滞后期作为工具变量，可以有效分离出非时变的区域效应。系统 GMM 方法得到的 ADL(1,0) 模型回归结果如表 6-4 所示，所有模型估计的自回归系数 $t-1$ 期的全要素生产率在 1% 的置信水平下显著为正，说明前一期高质量发展水平对当期高质量发展水平的正向作用较为稳健。分别代表制造业空间布局的三个指数及其二次项符号均与基准回归一致，进一步验证了制造业空间布局对行业高质量发展水平的动态影响。但空间分离度二次项系数和聚集性对行业高质量发展的影响不显著，可能是由于城市或行业内其他因素导致的估计误差，我们将在后文异质性分析中进一步讨论。

内生性处理 **表 6-4**

变量	(1)	(2)	(3)
	TFP	TFP	TFP
TFP（t-1）	0.216***	0.298***	0.203***
	(0.020)	(0.020)	(0.018)
ADC	0.830***		
	(0.1791)		
ADC_sq	-0.255***		
	(0.091)		
SP		0.543***	
		(0.168)	
SP_sq		-0.202	
		(0.160)	
LC			0.370
			(0.433)
LC_sq			-0.655
			(0.405)

续表

变量	（1）	（2）	（3）
	TFP	TFP	TFP
lnGDP	0.216***	0.178***	0.202***
	（0.017）	（0.016）	（0.018）
Sci_P	1.723***	1.474***	1.901***
	（0.173）	（0.167）	（0.165）
Third_P	0.382***	0.319***	0.410***
	（0.059）	（0.055）	（0.056）
HT_P	0.220**	0.186**	0.211**
	（0.098）	（0.093）	（0.100）
lnHR	−0.441***	−0.400***	−0.367***
	（0.061）	（0.058）	（0.064）
Sub_P	−2.857**	−2.892**	−3.469***
	（1.339）	（1.144）	（1.305）
State_P	0.005	−0.045	−0.010
	（0.108）	（0.097）	（0.106）
Constant	3.582***	3.557***	3.637***
	（0.325）	（0.308）	（0.353）
AR（2）检验 P 值	0.176	0.354	0.227
Hansen 检验 P 值	0.138	0.496	0.209
Observations	49，742	50，401	50，401

注：***、** 和 * 分别代表显著性水平为 1%、5% 和 10%，小括号内数值为标准差。

6.2.2 替换变量的稳健性检验

为了避免指标计算和测度方法的单一性导致的模型估计误差，该部分分别从替换被解释变量、替换核心解释变量对模型进行了稳健性检验。

（1）替换不同方法计算得到的全要素生产率。在前文的指标计算部分，我们用全样本和分行业样本两种方式估算了微观企业的全要素生产率，在基准回归部分均使用的是分行业样本估算的 TFP，因此，该部分使用另一种方法估算得到的 TFP 替换被解释变量，重新估计了制造业空间布局对行业高质量发展水平的影响，结果如表 6-5 所示，替换被解释变量后，制造业空间布局对行业高质量发展水平的影响与前文回归结果基本一致。

替换被解释变量的稳健性检验　表 6-5

变量	（1）OLS	（2）GMM	（3）OLS	（4）GMM	（5）OLS	（6）GMM
	TFP2	TFP2	TFP2	TFP2	TFP2	TFP2
TFP2（t-1）		0.216***		0.268***		0.202***
		（0.019）		（0.020）		（0.018）
ADC	0.034	0.785***				
	（0.033）	（0.174）				
ADC_sq	-0.073***	-0.241***				
	（0.021）	（0.092）				
SP			1.290***	0.608***		
			（0.047）	（0.162）		
SP_sq			-1.122***	-0.254*		
			（0.049）	（0.154）		
LC					2.789***	0.225
					（0.138）	（0.420）
LC_sq					-2.921***	-0.617
					（0.116）	（0.393）
lnGDP	0.140***	0.212***	0.131***	0.188***	0.124***	0.198***
	（0.032）	（0.016）	（0.032）	（0.016）	（0.032）	（0.017）
Sci_P	0.189	1.500***	0.235	1.362***	0.232	1.679***
	（0.182）	（0.158）	（0.182）	（0.154）	（0.181）	（0.150）
Third_P	-0.391***	0.345***	-0.408***	0.293***	-0.415***	0.371***
	（0.071）	（0.056）	（0.071）	（0.052）	（0.071）	（0.053）
HT_P	0.300**	0.241***	0.278*	0.211**	0.266*	0.234**
	（0.149）	（0.093）	（0.149）	（0.089）	（0.149）	（0.094）
lnHR	0.034	-0.458***	0.014	-0.429***	0.009	-0.375***
	（0.059）	（0.056）	（0.059）	（0.054）	（0.059）	（0.058）
Sub_P	-1.945***	-3.573***	-1.910***	-3.449***	-1.961***	-3.587***
	（0.361）	（0.977）	（0.359）	（0.864）	（0.359）	（0.917）
State_P	-0.038	-0.145**	0.020	-0.195***	0.032	-0.230***
	（0.029）	（0.073）	（0.029）	（0.069）	（0.029）	（0.073）
Constant	3.138***	3.782***	3.106***	3.781***	2.922***	3.828***
	（0.479）	（0.300）	（0.479）	（0.289）	（0.480）	（0.325）
AR（2）检验 P 值		0.192		0.538		0.264
Hansen 检验 P 值		0.107		0.257		0.738

续表

变量	（1）OLS	（2）GMM	（3）OLS	（4）GMM	（5）OLS	（6）GMM
	TFP2	TFP2	TFP2	TFP2	TFP2	TFP2
Observations	57，783	49，742	58，475	50，401	58，475	50，401
R-squared	0.286		0.294		0.296	

注：***、** 和 * 分别代表显著性水平为 1%、5% 和 10%，小括号内数值为标准差。

（2）替换核心解释变量。除了工业总产值能够反映制造业生产活动以外，制造业从业人数的分布情况也能较好地反映制造业的空间布局。因此，我们用制造业从业人数重新计算制造业的空间布局指数，并进行了模型估计，结果如表 6-6 所示，从业人数计算得到的制造业空间布局指数对行业高质量发展水平的影响与前文中的计算结果基本一致。综上分析，可以得出模型估计较稳健的结论。

替换核心解释变量的稳健性检验　　　**表 6-6**

变量	（1）OLS	（2）GMM	（3）OLS	（4）GMM	（5）OLS	（6）GMM
	TFP	TFP	TFP	TFP	TFP	TFP
TFP（*t*-1）		0.275***		0.400***		0.262***
		（0.021）		（0.023）		（0.020）
ADC	0.209***	0.595***				
	（0.034）	（0.157）				
ADC_sq	-0.185***	-0.315***				
	（0.021）	（0.105）				
SP			1.752***	0.322**		
			（0.048）	（0.132）		
SP_sq			-1.270***	-0.081		
			（0.048）	（0.119）		
LC					2.067***	0.413
					（0.131）	（0.286）
LC_sq					-2.938***	-0.644**
					（0.112）	（0.283）
lnGDP	0.135***	0.167***	0.117***	0.120***	0.096***	0.159***
	（0.033）	（0.016）	（0.033）	（0.015）	（0.032）	（0.017）
Sci_P	0.173	-0.296**	0.213	-0.309**	0.272	-0.156
	（0.185）	（0.141）	（0.183）	（0.132）	（0.183）	（0.138）

续表

变量	（1）OLS	（2）GMM	（3）OLS	（4）GMM	（5）OLS	（6）GMM
	TFP	TFP	TFP	TFP	TFP	TFP
Third_P	−0.420***	−0.521***	−0.414***	−0.491***	−0.429***	−0.510***
	（0.073）	（0.065）	（0.072）	（0.060）	（0.072）	（0.065）
HT_P	0.280*	0.361***	0.256*	0.353***	0.194	0.370***
	（0.152）	（0.074）	（0.150）	（0.068）	（0.150）	（0.076）
lnHR	0.032	−0.262***	0.000	−0.247***	−0.015	−0.221***
	（0.061）	（0.042）	（0.060）	（0.040）	（0.060）	（0.045）
Sub_P	−1.846***	−2.101***	−1.787***	−1.471**	−1.840***	−2.055**
	（0.368）	（0.812）	（0.363）	（0.634）	（0.361）	（0.816）
State_P	0.047	0.263***	0.146***	0.224***	0.173***	0.276***
	（0.029）	（0.076）	（0.029）	（0.069）	（0.029）	（0.079）
Constant	3.224***	0.000	3.242***	0.000	3.818***	3.8504***
	（0.487）	（0.000）	（0.484）	（0.000）	（0.484）	（0.302）
AR（2）检验 P 值		0.177		0.250		0.447
Hansen 检验 P 值		0.448		0.362		0.550
Observations	57，786	49，742	58，475	50，401	58，475	50，401
R−squared	0.390		0.406		0.412	

注：***、** 和 * 分别代表显著性水平为 1%、5% 和 10%，小括号内数值为标准差。

6.3 异质性分析

6.3.1 城市规模的异质性分析

为了讨论不同规模城市是否影响了城市制造业空间布局与行业全要素生产率之间的关系，我们按照 2014 年国务院印发的《关于调整城市规模划分标准的通知》将中国城市归为大城市、中等城市、小城市三类分别进行模型估计，结果如表 6−7 所示。

离心性布局对三类城市的行业全要素生产率影响均显著为正，对中等城市的正向作用系数最大。中小城市的二次项系数显著为负，表明离开中心城区的布局对中小城市行业高质量发展水平的正向作用有明显的拐点，制造业退出并远离市中心的效率提升作用是有限的。这是因为中小城市的空间结构体系还不够成熟，大部分中小城市还是传统的以市中心为主导的单中心结构，消费市场和劳动市场仍主要集中在市中心。因此，即使部分制造业退出中心城区寻求较低的投入成本，但仍依赖于中心城区溢出效应的影响。而大城市的二次项回归系数尽管为负，但并不显著，说明大城市制造业在中心城区布局的拥挤效应较为强烈，制造业企业为了生存，优先考虑远离市中心寻求低成本，因此效应拐点并不明显。

空间分离度对行业全要素生产率的影响仅在中小城市显著为正，大城市空间分离指数对全要素生产率的作用为负，但并不显著。二次项系数仅小城市显著为正，说明相对分离的空间布局对小城市制造业行业高质量发展水平的促进作用是有限的。中等城市二次项系数为负，但并不显著，说明相对分离的空间布局对中等城市的促进作用拐点不明显。出现这种现象的原因可能是由于不同规模的城市处于不同的发展周期而遵循不同的发展规律，小城市由于本身规模较小，分散的制造业空间布局对高质量发展起到的促进作用有限，而大城市制造业已有较为完善的空间布局体系，在市中心外围可能有多个次中心集聚区，这时候无论是中心城区还是次中心的分散力都对高质量发展水平的提升作用不大。中等城市正经历单中心结构向外蔓延的过程，特别是较大的中心城区市场占据主导作用，但同样面临着高成本问题，扩散的结构有助于缓解拥挤效应导致的生产率损失。

聚集性对行业全要素生产率的影响在分城市规模类型的回归中不再显著，可能是由于不同规模城市的自身发展阶段在模型中产生了内生性，但从系数符号来看，中等城市的符号为负，大城市和小城市的符号为正，说明在一定程度上，集聚有利于小城市和大城市制造业发展质量的提升，但对中等城市的制造业发展质量产生抑制作用。这一结论比较符合动态产业空间布局的“集聚—分散—再集聚”的特征，由于小城市制造业规模也较小，集聚的产业空间有利于效率的提升，而当制造业发展到一定规模，吸引了更多的常住人口，城市规模也由小城市逐渐转变为中等城市，这时拥挤效应的产生导致了生产效率的下降，产业布局开始在空间上分散，但随着分散后生产成本的下降，更多的厂商和劳动力出现，城市规模进一步增长成为大城市，随着扩散导致的运输和信息成本上升，以及溢出效应的衰减，临近的企业开始重新集聚，这时产业再集聚重新带来了集聚经济，促进生产效率进一步提升。

不同规模城市的制造业空间布局对行业高质量发展的影响 **表 6-7**

变量	小城市	中等城市	大城市	小城市	中等城市	大城市	小城市	中等城市	大城市
	TFP	TFP	TFP	TFP	TFP	TFP	TFP	TFP	TFP
TFP（t-1）	0.422***	0.329***	0.148***	0.426***	0.351***	0.209***	0.326***	0.260***	0.221***
	（0.032）	（0.031）	（0.034）	（0.030）	（0.031）	（0.034）	（0.034）	（0.031）	（0.034）
ADC	0.572**	1.593***	0.783*						
	（0.272）	（0.328）	（0.434）						
ADC_sq	−0.323**	−0.829***	−0.215						
	（0.165）	（0.209）	（0.296）						
SP				0.661***	0.731**	−0.258			
				（0.222）	（0.288）	（0.375）			

续表

变量	小城市	中等城市	大城市	小城市	中等城市	大城市	小城市	中等城市	大城市
	TFP	TFP	TFP	TFP	TFP	TFP	TFP	TFP	TFP
SP_sq				-0.470**	-0.340	0.657*			
				(0.205)	(0.262)	(0.374)			
LC							0.352	0.884*	1.388*
							(0.474)	(0.469)	(0.757)
LC_sq							-0.140	-0.647	-0.979
							(0.466)	(0.446)	(0.699)
控制变量	是	是	是	是	是	是	是	是	是
AR（2）检验 P 值	0.254	0.117	0.403	0.342	0.233	0.759	0.218	0.428	0.610
Hansen 检验 P 值	0.633	0.739	0.381	0.470	0.612	0.274	0.394	0.220	0.378
Observations	17，514	18，100	14，128	17，794	18，340	14，267	17，794	18，340	14，267

注：***、** 和 * 分别代表显著性水平为 1%、5% 和 10%，小括号内数值为标准差。鉴于广义矩估计（GMM）方法在处理模型内生性问题以及估计精确性上优于最小二乘估计（OLS）方法，因此，无特殊说明的情况下，本章以下模型均为系统 GMM 估计结果。

6.3.2 行业异质性分析

6.3.2.1 按二位码分类的行业比较分析

本章的开头我们已提到，不同行业的空间布局特征可能由于行业属性面临的约束条件，甚至采用的生产技术都有明显差异。鉴于此，该部分根据制造业行业的二位数代码，分别对不同制造业行业在城市内部的空间布局与其行业高质量发展水平之间的关系进行模型估计，并比较分析不同行业特征。表 6-8 报告了 30 个二位码行业空间布局对行业高质量发展的估计结果。

从离心性角度来看，饮料制造业，烟草制品业，纺织业，有色金属冶炼及压延加工业，通用设备制造业，仪器仪表及文化、办公用机械制造业等行业的离心性指数的系数显著为正，说明这些行业远离市中心布局对行业高质量发展产生促进作用，且这些行业的二次项系数显著为负，表明尽管退出并远离市中心促进了高质量发展，但促进作用存在拐点。通过以上结果可以看出，迁出市中心布局对高质量发展水平产生明显促进作用的行业多集中在资源密集型、资本密集型和劳动密集型行业，而属于技术密集型行业的二位码行业系数并不显著。从各行业系数来看，仅 6 个行业离心性指数对行业高质量发展水平的影响为负向，且并不显著，也能够解释离开市中心布局对整体制造业行业发展质量的作用方向为正向。

从空间分离度维度来看，纺织业，造纸及纸制品业，皮革、毛皮、羽毛（绒）及其制品业，化学纤维制造业，有色金属冶炼及压延加工业，专用设备制造业，交通运输设备制造业等行业的系数显著为正，说明这些行业相对分离的空间布局有利于行业高质量发展水平的提升。其中，皮革、毛皮、羽毛（绒）及其制品业，造纸及纸制品业，化学纤维制造业，专用设备制造业的二次项系数并不显著，说明这些行业的拥挤效应占据较为主导地位，紧凑的空间布局可能会导致行业内相关资源的紧缺，使得高质量发展水平下降。从各行业系数来看，仅印刷业和记录媒介的复制、化学原料及化学制品制造业、工艺品及其他制造业的系数为负向，且并不显著，从而解释了空间分离度对整体制造业行业高质量发展的影响为正向。

从聚集性维度来看，仅仅烟草制品业、纺织业、家具制造业、交通运输设备制造业的系数显著为正，说明这些行业集聚的空间布局对行业高质量发展水平有明显的促进作用，但二次项系数均显著为负同样说明过度集聚对行业发展质量产生不利影响。木材加工及木、竹、藤、棕、草制品业的系数显著为负，说明对该行业来说，集聚不经济已经对行业高质量发展水平造成了不利影响。其他行业空间布局对行业高质量发展的影响均不显著，但从系数符号来看，制造业空间布局的聚集性对于行业高质量发展影响的正负向方向分化严重，其中对11个行业的影响为负向，对另外19个行业的影响为正向，从而也造成了前文整体回归结果中聚集性结果并不稳健。

制造业二位码行业空间布局对行业高质量发展的影响　　表6-8

行业代码	ADC	ADC_sq	SP	SP_sq	LC	LC_sq
I13	1.125	−0.696	0.488	−0.131	−1.938	1.721
I14	0.255	0.175	0.351	−0.241	0.780	−1.121
I15	1.525***	−0.591***	0.928	−0.510	0.079	−0.668
I16	2.124**	−1.497**	0.698	−0.292	15.450**	−10.899**
I17	0.980*	−0.570*	1.949***	−1.266**	3.287**	−4.216**
I18	1.572**	−0.564	0.409	0.004	1.969	−1.640
I19	−0.061	0.010	1.614*	−1.174	2.965	−2.359
I20	1.418	−0.586	0.198	0.118	−4.384**	3.479*
I21	1.088	−0.489	0.372	−0.137	3.301**	−2.594**
I22	0.664	−0.470	1.294**	−0.543	0.689	−1.155
I23	0.533	−0.297	−0.337	0.964	0.145	−0.271
I24	1.480	−0.702	0.589	−0.124	0.697	−0.829
I25	−0.709	0.300	0.573	−1.091	−0.138	0.256
I26	0.849	−0.261	−0.620	1.021	−0.234	−0.522
I27	0.207	−0.073	0.673	−0.573	−2.291	1.776
I28	0.574	−0.323	0.910**	−0.338	−3.573	2.757
I29	1.760	−0.979	0.981	−1.114*	−0.809	−0.324

续表

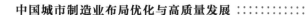

行业代码	ADC	ADC_sq	SP	SP_sq	LC	LC_sq
I30	0.079	−0.085	0.798	−0.561*	1.125	−1.539
I31	−0.413	0.096	0.059	−0.038	−0.253	−0.303
I32	−0.252	−0.083	0.133	−0.003	1.641	−1.227
I33	2.046*	−1.121*	1.184***	−0.936***	3.129	−2.355
I34	0.448	−0.382***	1.071	−0.598	−0.063	−0.352
I35	0.888**	−0.562***	0.674	−0.633	−0.186	0.126
I36	0.546	−0.348	1.346**	−0.829	−0.612	0.303
I37	0.984	−0.496	1.828***	−1.596***	3.438*	−3.615**
I39	0.092	0.141	0.433	−0.273	2.046	−1.886
I40	−0.121	0.193	0.060	0.494	1.578	−1.890
I41	1.712**	−1.241**	0.296	−0.174	1.593	−1.597
I42	0.391	0.052	−0.143	0.302	2.809	−1.624
I43	−0.534	0.225	0.446	−0.902	7.713	−5.822

注：***、** 和 * 分别代表显著性水平为 1%、5% 和 10%，小括号内数值为标准差。另注：行业分类参照国家统计局《国民经济行业分类》GB/T 4754—2002 代码，其中二位码 13–43 为制造业，该分类标准中没有对 38 进行编码，故共 30 个制造业细分行业。

6.3.2.2 按要素密集度分类的行业差异研究

上述制造业二位码行业的分类比较发现，中国城市制造业空间布局对行业高质量发展水平的影响中各个子行业表现存在差异，特别是离心性指数显示，离开市中心的布局对于非技术密集型行业的高质量发展有显著促进作用。而在宏观层面上，有研究发现，不同要素密集度的行业表现出不同的空间布局特征，例如，高技术产业集聚现象仍然很明显，而一些传统的、资源密集或者劳动力密集行业更容易出现空间扩散。在本书第 4 章城市制造业空间布局的描述性分析中，我们也发现了城市内部层面上，不同要素密集度制造业行业空间布局存在明显差异。因此，在该部分，我们将按要素密集度分类的行业分别进行经验分析，比较不同类型行业空间布局变化对行业高质量发展水平的影响，结果如表 6–9 所示。

四类行业离心性指数对于行业全要素生产率的影响均显著为正向，且二次项系数均为负，说明各类行业离心性布局对于高质量发展水平的影响为倒“U”型。但从系数大小和显著性水平来看，资本密集型行业和劳动密集型行业的系数均在 1% 的置信水平下显著，且资本密集型行业离开市中心布局对于行业高质量发展的促进作用最大，其次为劳动密集型行业；资源密集型行业的系数大小和显著性均低于上述两类行业，技术密集型行业系数最小，显著性水平最低，这与前文二位码分类行业得出的结论一致。这说明技术密集型行业离开市中心对行业发展质量的促进作用最小且不明显，从效率提升角度看，技术密集型行业相比其他三类行业更适合到市中心近距离布局。这是由于技术密集型行业本身“小而精”的行业属性决定的，一般技术密集型行业以科技研发为主要生产内容，并不需要大量的厂房建设、大型设备和庞大的劳动力，因此在市中心近距离的高地租、高工资成本并不会对其发展质量产生较大影响；而且技术密集型行业因长期以来对“产学研”发展模式的依赖，且中国高校和研究中心大多集中于中心城区，市中心又是大量信息和市场动向交汇地，临近市中心的产业布局能够以最快的时间获得市场前沿信息和动向，有利于提升技术密集型行业高质量发展水平。离心性布局对于资本密集型行业和劳动密集型行业高质量发展水平的促进作用最为明显，这是由于资本密集型和劳动密集型行业主要以资本和劳动投入为主，而对知识和信息技术溢出的依赖性不强。对于大规模厂房作业以及大量廉价劳动力需求，使得资本密集型和劳动密集型行业在城郊以较低的地租、劳动力成本进行生产活动，更有利于行业高质量发展水平的提升。

从空间分离度的维度来看，资源密集型行业的空间分离布局对于行业高质量发展的促进作用在系数上最大，这可能是由于资源密集型行业更加依赖于投入要素的空间分布而进行生产区位选择，而自然矿产等资源的分布大多是较为分散的，从而依赖于生产资源进行生产布局的资源型行业，相对分离的空间分布更有利于提升行业的高质量发展水平。劳动密集型行业的空间分离对行业高质量发展水平的影响为正，但系数最小且不显著，可能由于劳动密集型行业以大量技能类似的劳动力为主要投入，相比于其他三类行业，生产活动的空间分离尽管可以避免拥挤效应导致的生产成本上升，但也降低了空间临近产生的劳动力池效应，增加了搜寻相似劳动力的成本，从而造成生产效率的损失，最终导致空间分离对行业高质量发展的促进作用不明显。

四类行业中仅资本密集型行业的聚集性对高质量发展水平的促进作用显著为正，且影响系数最大，说明资本密集型行业最能从集聚效应中获得发展质量的提升。其他三类行业的聚集性对高质量发展水平的提升作用不显著，资源密集型行业的系数甚至出现了负值，说明该行业的过度集聚开始出现生产效率的下降。这主要是由于资源密集型行业以资源消耗为主，有限空间上的资源有限，行业的过度集聚容易造成资源的短缺，甚至造成资源的破坏，从而导致高质量发展水平的下降。

不同类型行业空间布局对高质量发展的影响　　表 6-9

变量	（1）资源密集型	（2）劳动密集型	（3）资本密集型	（4）技术密集型
	TFP	TFP	TFP	TFP
TFP（t-1）	0.212***	0.269***	0.274***	0.208***
	–0.042	–0.037	–0.037	–0.036
ADC	0.743**	0.894***	1.275***	0.659*
	–0.368	–0.279	–0.344	–0.354
ADC_sq	–0.365**	–0.276**	–0.499***	–0.311

续表

变量	（1）资源密集型	（2）劳动密集型	（3）资本密集型	（4）技术密集型
	TFP	TFP	TFP	TFP
ADC_sq	–0.158	–0.117	–0.175	–0.202
AR（2）检验 P 值	0.832	0.438	0.33	0.102
TFP（t–1）	0.275***	0.271***	0.490***	0.216***
	–0.041	–0.037	–0.037	–0.036
SP	0.718*	0.417	0.588***	0.615*
	–0.413	–0.350	–0.226	–0.321
SP_sq	–0.374	–0.118	–0.299	–0.278
	–0.359	–0.319	–0.222	–0.307
AR（2）检验 P 值	0.597	0.265	0.377	0.630
TFP（t–1）	0.263***	0.226***	0.318***	0.204***
	–0.038	–0.034	–0.035	–0.033
LC	–0.811	0.720	1.8850**	0.540
	–1.001	–0.924	–0.748	–0.746
LC_sq	0.520	–1.078	–1.7066***	–1.007
	–0.974	–0.871	–0.653	–0.720
AR（2）检验 P 值	0.645	0.110	0.279	0.158

注：***、** 和 * 分别代表显著性水平为 1%、5% 和 10%，小括号内数值为标准差。

6.3.2.3 行业规模的异质性分析

不同行业在不同城市的生产情况是不尽相同的，例如资源型城市中，资源密集型行业往往有较大的行业规模；在传统的重工业城市，资本密集型行业可能有较大规模；而新兴城市的技术密集型行业占有较大规模。不同城市规模会导致制造业空间布局变化对高质量发展影响的差异，同样的，不同行业规模，同样可能导致结果的差异。因此，该部分在模型中加入行业规模与制造业空间布局指数的交叉项讨论行业规模影响下的结果差异，如表 6–10 所示，行业规模（Isize）对行业全要素生产率的影响均显著为正，说明行业高质量发展水平提升一部分来自于行业本身的规模经济。

离心性指数与行业规模的交叉项系数显著为负向，说明规模较大的行业远离中心城区的布局不利于行业高质量发展水平提升。这是由于规模较大的行业离开中心城区会产生较大的机会成本，例如大规模厂房、设备搬迁，重新寻找劳动力等。此外，规模较大的行业更容易产生行业内自身的规模经济，可以一定程度上抵消中心城区日益增长的拥挤效应，因此规模较大的行业远离中心城区不利于高质量发展水平的提升。空间分离度与行业规模的交叉项系数显著为负，说明规模越大的行业，空间分离度对高质量发展的促进作用越小，空间临近的布局更容易提升规模较大行业的发展质量。聚集性与行业规模的交叉项系数并不显著，但系数符号为正向，从一定程度上说明规模越大的行业，聚集性对高质量发展的促进作用越大。综合三类指标结果，可以发现规模越大的行业，空间临近产生的借用规模效应越大，集聚产生的集聚效应也越明显，从而抵消了部分拥挤效应造成的生产率损失。

行业规模的异质性分析 **表 6-10**

变量	（1）	（2）	（3）
	TFP	TFP	TFP
TFP（t-1）	0.212***	0.291***	0.200***
	（0.020）	（0.020）	（0.018）
ADC	0.853***		
	（0.192）		
ADC_sq	-0.242***		
	（0.090）		
ADC × Isize	-2.430***		
	（0.810）		
SP		0.481***	
		（0.171）	
SP_sq		-0.157	
		（0.159）	
SP × Isize		-1.099*	
		（0.646）	
LC			0.417
			（0.441）
LC_sq			-0.651
			（0.401）
LC × Isize			1.370
			（1.116）
Isize	2.952***	1.927***	0.872
	（0.415）	（0.284）	（0.664）
控制变量	是	是	是
AR（2）检验 P 值	0.177	0.134	0.209
Hansen 检验 P 值	0.363	0.225	0.278
Observations	49，742	50，401	50，401

注：***、** 和 * 分别代表显著性水平为 1%、5% 和 10%，小括号内数值为标准差。

6.3.3 市场环境的异质性分析

根据前文理论分析，拥挤效应发挥作用的方式之一就是产品市场的竞争，特别是同行业企业在地理上的过度集中会加剧产品市场的竞争，从而导致企业实施损失效率的低价格策略。因此，该部分通过构建代表市场竞争程度的调节变量——赫芬达尔指数（HHI）与制造业空间布局的交叉项，并加入模型进行回归分析，交互项的系数表示制造业空间布局对高质量发展的影响随着市场竞争程度的变化情况。根据前文指标说明，HHI 越大，说明市场垄断性越强，而竞争程度越低，反之，HHI 越小，市场竞争强度越大。加入交叉项的回归结果如表 6-11 所示。

代表市场竞争程度的变量 HHI 系数显著为负，由于 HHI 数值越大，代表市场竞争程度越小，说明市场竞争越弱，越不利于行业高质量发展水平的提升。从交叉项的系数来看，离心性指数与市场竞争强度（ADC×HHI）的系数为负向，但不显著，只能说明在一定程度上，市场竞争越激烈，越能够促进离心布局对高质量发展水平的促进作用，或者说，市场竞争越激烈，临近市中心的空间布局越不利于高质量发展水平的提升；空间分离度与市场竞争强度的交叉项（SP×HHI）的系数在 1% 的置信水平下显著为负，说明市场竞争越激烈，相对分离的空间布局越有利于促进行业高质量发展水平的提升；聚集性与市场竞争强度的交叉项（LC × HHI）系数在 1% 的置信水平下显著为正，说明市场竞争越激烈，集聚的空间布局越不利于制造业高质量发展水平的提升。三组交叉项的结果验证了拥挤效应的存在，即市场竞争强度作为拥挤效应的表征之一，竞争越激烈的市场环境，远离市中心、相互分离的产业空间布局能够促进行业高质量发展水平，相反，激烈的竞争环境导致了集聚对制造业全行业全要素生产率造成损失。

市场环境的影响机制　　表 6-11

变量	（1）	（2）	（3）
	TFP	TFP	TFP
TFP（*t*–1）	0.271***	0.394***	0.246***
	（0.022）	（0.023）	（0.020）
ADC	0.075**		
	（0.037）		
ADC_sq	–0.084***		
	（0.022）		
ADC × HHI	–0.059		
	（0.075）		
SP		1.517***	
		（0.058）	

续表

变量	（1）	（2）	（3）
	TFP	TFP	TFP
SP_sq		-1.175***	
		（0.050）	
SP × HHI		-0.553***	
		（0.098）	
LC			2.651***
			（0.143）
LC_sq			-3.008***
			（0.120）
LC × HHI			0.769***
			（0.167）
HHI	-0.391***	-0.114	-0.753***
	（0.078）	（0.075）	（0.125）
控制变量	是	是	是
AR（2）检验 P 值	0.227	0.243	0.267
Hansen 检验 P 值	0.351	0.474	0.514
Observations	49，736	50，396	50，396

注：***、** 和 * 分别代表显著性水平为 1%、5% 和 10%，小括号内数值为标准差。

6.4 本章小结

本章主要以中国地级及以上城市为研究样本，利用制造业企业微观数据，并按照制造业二位行业代码分类，构建了“城市—行业—时间”的三维面板数据模型，探讨了制造业行业在城市内部空间布局的变化如何影响行业的高质量发展水平。结果发现：第一，离心性布局对行业全要素生产率有显著的正向作用，即随着制造业离开市中心，高质量发展水平会有所提升，但二次项系数显著为负说明，远离市中心的空间布局对高质量发展水平的促进作用是有限的，在超过一定距离后，随着到市中心的距离进一步增加，将导致制造业高质量发展水平的下降。第二，空间分离度对全要素生产率的影响显著为正，而这一影响同样存在拐点，即相对分离的空间布局对高质量发展水平的影响呈现先扬后抑的倒“U”型特征。第三，聚集性对行业全要素生产率的影响显著为正，但与已有研究发现一致，中国部分行业和城市已出现了过度集聚的现象或趋势，使得制造业集聚对行业高质量发展水平的影响也不再是单纯的线性促进作用。

进一步地，通过建立能够较好反映动态性的一阶滞后 ADL（1，1）模型，使用大样本的动态面板估计方法，分析了制造业空间布局对行业高质量发展水平的动态影响。研究发现：第一，当期中，离心性指数为正说明随着远离城市中心，高质量发展水平是随之上升的，而在滞后一期的 t-1 期，离心性指数系数显著为负，说明持续远离城市中心的布局对高质量发展水平产生了负向作用。第二，当期空间分离度对行业高质量发展水平有促进作用，而滞后一期的分离度对高质量发展水平产生负向影响。第三，在当期，制造业越聚集在某个或某几个空间单元，越不利于高质量发展水平的提升，而滞后一期的 t-1 期，聚集程度越高，对高质量发展水平的促进作用越明显。动态分析验证了产业空间布局导致的拥挤效应即时性以及集聚效应的滞后性。

此外，对不同规模城市的分类研究发现，离心的布局对于中等城市制造业行业高质量发展的促进作用最为强烈，但促进作用存在拐点。相对分离程度对行业高质量发展水平的影响仅在中小城市显著为正，大城市空间分离指数对高质量发展的作用为负，但并不显著。二次项系数仅小城市显著为正，说明相对分离的空间布局对小城市制造业行业高质量发展的促进作用是有限的。中等城市二次项系数为负，但并不显著，说明相对分离的空间布局对中等城市的促进作用拐点不明显。聚集性对行业高质量发展的影响在分城市规模类型的回归中不再显著，但从系数符号来看，中等城市的符号为负，大城市和小城市的符号为正，说明在一定程度上，集聚有利于小城市和大城市的制造业效率提升，但对中等城市的制造业效率水平产生抑制作用，这一结论比较符合动态产业空间布局的“集聚—分散—再集聚”的特征。

行业的异质性分析发现，资源密集型、资本密集型和劳动密集型行业离开市中心布局对高质量发展水平具有明显的促进作用，而技术密集型行业的促进作用不明显；资源密集型行业的空间分离对于行业高质量发展的促进作用最大，劳动密集型行业的促进作用则最小，且不显著；资本密集型行业是唯一能从集聚效应中获得生产率提升的行业，其他三类行业的聚集性对高质量发展水平的提升作用不显著，资源密集型行业的系数甚至出现了负值；规模越大的行业临近市中心、以相互临近且聚集的形态布局更有利于高质量发展水平的提升；市场竞争越激烈，退出市中心、相互分离的产业空间布局能够促进行业高质量发展水平，相反，激烈的竞争环境会导致过度集聚从而引起行业全要素生产率损失。

7 制造业布局影响高质量发展的经验研究：企业层面

上一章我们将制造业在城市内部的空间布局特征控制在行业内，基于马歇尔外部性理论，探究了制造业行业内空间布局变化对行业高质量发展的影响。本章将放宽研究维度的限定，不再将制造业空间布局控制在每个二位码行业内，从而探索制造业全行业在城市内部空间的布局以及对微观企业高质量发展的影响。该部分利用制造业微观企业数据，建立城市—时间二维面板，研究城市制造业空间布局变化对微观企业全要素生产率的影响，并基于企业生命周期的判断方法，从企业建立和退出两个角度，分别检验城市制造业空间布局的变化对企业全要素生产率造成的影响。

7.1 制造业空间布局对企业全要素生产率的影响

7.1.1 计量模型构建与变量说明

该部分通过设定以下计量模型研究城市内部产业空间布局对企业全要素生产率的影响：

$$\mathrm{TFP}_{i,j,c,t}=\alpha+\beta_0\mathrm{spa}_{i,c,t}+\beta_1(\mathrm{spa}_{i,c,t})^2+\theta_0X_{i,t}+\tau_c+\delta_j+\sigma_t+\varepsilon_{i,t} \tag{7-1}$$

其中 $\mathrm{TFP}_{i,j,c,t}$ 表示位于城市 c 属于行业 j[①] 的企业 i 在 t 年的全要素生产率，用以表征制造业企业高质量发展水平；$\mathrm{spa}_{i,c,t}$ 表示企业 i 所在城市 c 在第 t 年的制造业空间布局，τ_c、δ_j、σ_t 分别表示企业 i 所在的城市固定效应、所属的行业固定效应以及时间固定效应。$\varepsilon_{i,t}$ 为服从标准正态分布的随机误差项。$X_{i,t}$ 表示其他控制变量，包括企业自身特征的控制变量，例如企业人均工资水平、企业年龄，以及企业的所有制属性，即是否为外商投资企业哑变量和企业是否为国有企业哑变量等。

具体地，人均工资水平用企业当年应付工资总额除以全部职工数计算获得，并取对数处理，从效率工资角度来看，较高的工资提高了工人失业的机会成本，能够促进工人的工作热情，从而提高生产效率；企业年龄的计算参考董晓芳和袁燕（2014）的方法，使用研究当期年份减去企业开业年份获得，我们还参考了傅十和和洪俊杰（2008）的研究，将企业年龄的平方项加入到模型中，用来考察企业寿命周期因素的影响；是否为高技术制造业哑变量根据企业四位行业代码是否属于国家统计局制订的《高技术产业统计分类目录》来判断，若是则为 1，否则为 0，高技术制造业通常以科技研发为主，且往往享受更多优惠政策，本书认为高技术制造业有更高的生产效率；企业所有制属性根据企业登记注册类型代码进行划分，其中，注册类型 3 位码为 110、141、143、151 的企业代表国有企业，将注册类型为 200、210、220、230、240 的港澳台投资企业和注册类型为 300、310、320、330、340 的外国投资看作外资企业。此外，我们还控制了城市层面的特征，如代表人力资本投入的生均中小学教师数、是否成立行政审批大厅哑变量等。

---

① 这里的行业指的是《国民经济行业分类代码（2002 年版）》中统计的四位代码行业，下同。

7.1.2 基准模型结果分析

表 7-1 报告了城市制造业空间布局变化对企业全要素生产率的影响结果。其中，模型（1）、（2）为离心性布局对企业全要素生产率的影响结果，模型（3）、（4）为空间分离度的影响结果，模型（5）、（6）为聚集性的影响结果。与行业层面结果一致，离心性布局对企业全要素生产率的作用显著为正，且二次项系数显著为负，说明离开市中心布局对制造业企业高质量发展水平有正向促进作用，但促进作用有一定的限度，过度远离市中心将使得促进作用下降，甚至对企业高质量发展水平产生不利影响。同样与上一章行业层面的结果一致，空间分离度对企业全要素生产率的作用显著为正，二次项系数显著为负，说明制造业企业相对分离的空间布局对于企业高质量发展水平的提升具有促进作用，但同样存在拐点，即过度分离的空间布局使得促进作用下降，并逐渐对企业高质量发展水平产生不利影响。

与行业层面的结果不同的是，聚集性系数在 1% 的置信水平下显著为负，且二次项系数同样为负，说明聚集性对企业全要素生产率的影响为单方向降低作用，这与聚集性对行业全要素生产率的先扬后抑倒"U"型影响存在差异。可能的原因考虑两方面：第一，模型的内生性问题。由于聚集性与全要生产率之间的互为因果关系导致模型估计偏差，我们在下文进行检验。第二，模型本身设定正确的前提下，对于制造业整体来说，过于集聚的空间布局导致拥挤效应占据主导地位，已经对企业的生产效率产生抑制作用，但在第 6 章行业层面的实证分析中，将制造业空间布局限定在同行业内时，行业内聚集性布局对整个行业的平均生产效率水平是促进的。因此，我们认为同行业聚集对行业整体生产效率仍产生促进作用，尽管此促进效应存在拐点，但放开行业限制后，城市内各个制造业行业的空间聚集造成了微观企业生产效率的损失，也就是说拥挤效应在城市内部制造业空间布局中占主导地位。同样地，我们在模型（7）和（8）中加入空间分离度与聚集性的交叉项（SP × LC），结果显示交叉项系数在 1% 的置信水平下显著为正，说明尽管聚集性抑制了企业全要素生产率水平，但相对分离的集聚可以消除过度集聚造成的生产率损失。

其余控制变量中，企业人均工资水平（lnwage）对企业全要素生产率的影响显著为正，证实了效率工资对企业生产的促进作用，为提高企业生产效率，想方设法提高工人工资是有效途径之一；企业年龄（lnage，lnage_sq）对全要素生产率的影响是倒"U"型的，说明随着企业成立年限的增加，全要素生产率是先上升后下降的过程，这是因为在企业成立初期，往往投入大量的固定成本，且未达到规模生产，因此初始时生产效率较低，随着生产规模的增长，企业生产逐渐产生了规模经济，同时随着产出增加，固定成本得到了稀释，这时的生产效率得到了迅速提升，但随着产量的持续增加，企业可能更加热衷于依赖前期形成的固定模式进行规模化生产，而失去了技术创新的动力，最终使得生产效率下降。国有企业属性（State）对企业全要素生产率的影响显著为负，这与 Chen 等（2017）得出的结论一致。外资企业（For）属性的系数显著为正，说明外资企业相对其他企业有更高的生产效率。企业的税收负担（Tax）对全要素生产率的影响显著为负，说明高税负不利于企业生产效率的提升。城市层面上，代表城市人力资本水平的代理变量——生均中小学教师数（lnHR）系数显著为正，说明人力资本水平越高的城市，能够显著的提升城市内制造业企业的生产效率。而在研究当期已经建立行政审批大厅（Approval）的城市，其内部企业有更高的生产效率。

制造业空间布局对企业全要素生产率的影响　　表 7-1

变量	（1）	（2）	（3）	（4）	（5）	（6）	（7）	（8）
	TFP	TFP	TFP	TFP	TFP	TFP	TFP	TFP
ADC	1.918***	1.711***						
	−0.042	−0.042						
ADC_sq	−1.051***	−0.941***						
	−0.035	−0.035						
SP			1.992***	1.804***				
			−0.05	−0.044				
SP_sq			−0.851***	−0.788***				
			−0.036	−0.035				
LC					−0.650***	−0.677***	−1.620***	−1.524***
					−0.058	−0.058	−0.074	−0.073
LC_sq					−1.063***	−0.771***	−0.098	0.070
					−0.081	−0.080	−0.092	−0.091
SP × LC							0.904***	0.786***
							−0.042	−0.041
lnwage		0.314***		0.314***		0.314***		0.314***
		−0.001		−0.001		−0.001		−0.001
lnage		0.158***		0.158***		0.158***		0.158***
		−0.002		−0.002		−0.002		−0.002
lnage_sq		−0.041***		−0.041***		−0.041***		−0.041***
		−0.001		−0.001		−0.001		−0.001
State		−0.229***		−0.229***		−0.229***		−0.229***
		−0.005		−0.005		−0.005		−0.005
For		0.009***		0.009***		0.009***		0.009***
		−0.002		−0.002		−0.002		−0.002
Tax		−0.525***		−0.521***		−0.529***		−0.527***
		−0.019		−0.019		−0.019		−0.019

续表

变量	(1)	(2)	(3)	(4)	(5)	(6)	(7)	(8)
	TFP	TFP	TFP	TFP	TFP	TFP	TFP	TFP
lnHR		0.329***		0.323***		0.300***		0.295***
		-0.012		-0.012		-0.012		-0.012
Approval		0.061***		0.058***		0.066***		0.064***
		-0.004		-0.004		-0.004		-0.004
Constant	3.564***	0.495***	3.350***	0.338***	4.562***	1.576***	4.593***	1.638***
	-0.012	-0.077	-0.015	-0.078	-0.010	-0.077	-0.010	-0.077
城市固定效应	是	是	是	是	是	是	是	是
行业固定效应	是	是	是	是	是	是	是	是
年份固定效应	是	是	是	是	是	是	是	是
R-squared	0.277	0.332	0.278	0.332	0.279	0.333	0.279	0.333

注：***、** 和 * 分别代表显著性水平为 1%、5% 和 10%，小括号内数值为标准差。

7.1.3 稳健性检验

7.1.3.1 内生性处理

城市制造业空间布局同样与企业全要素生产率之间的关系存在内生性问题。在异质性企业的假设条件下，由于企业生产的边际成本不同，因此除了产生集聚效应之外，企业集聚还会产生选择效应和空间分类效应（Sorting effect）。前者指集聚会增加有限空间上的竞争程度而使得低效率企业退出，后者指不同生产率企业会选择不同的区位。因此，异质性企业的引入会使得不同生产率企业出现区位自选择效应，随着过度集聚造成的竞争加剧，制造业在与商服业竞争中心城区稀缺的土地资源过程中，效率低的企业可能无法支付较高的生产成本而选择城市外围地区生产，造成了城市产业整体布局的变动。为处理互为因果的内生性问题，该部分延续使用上一章节采用的滞后期 GMM 的方法进行了处理。结果如表 7-2 所示，模型采用逐步加入控制变量的方式保证模型的稳健性，模型（1）和（2）报告的离心性结果和模型（3）和（4）报告的空间分离度结果，其系数正负方向和显著性水平与基准回归一致，仅系数大小产生了细微变化。而模型（5）和（6）报告的聚集性结果与基准回归结果略有差异，在基准回归中聚集性对企业全要素生产率产生显著的负向作用，二次项系数同样显著为负，而处理了内生性后，聚集性系数仍然显著为负，但二次项系数由负转正。为确保这一结论的稳健性，我们进一步通过寻找模型外的工具变量解决内生性问题。借鉴已有研究，可以利用城市本身的地理特征作为工具变量，解决模型的内生性问题。接下来，我们分别用城市地理坡度、城市河流密度作为聚集性的工具变量，进一步处理模型的内生性。

城市地理坡度反映了城市的平坦程度，平坦的地形有助于促进产业活动的扩散。另外根据 Chen 和 Kung（2016）的研究，地形陡峭程度会影响土地出让，进而影响企业的区位选择，且地理坡度作为自然变量，不会直接影响企业生产效率，保证了工具变量的严格外生。借鉴刘修岩等（2017）和孙斌栋等（2016）的研究，城市河流密度与空间集聚呈反方向关系，城市河流密度越高，越容易造成产业空间的分离，也使得产业不容易聚集，因此满足工具变量与聚集性相关的前提条件。另外，河流密度同样作为自然变量，不会直接影响企业生产效应。但作为自然变量，地理坡度和河流密度是不随时间而变化的，如果作为工具变量直接进入模型会被所控制的城市固定效应所消除，因此，参考 Acemoglu 等（2005）、李锴和齐绍洲（2011）等研究方法，将地理坡度和河流密度分别乘以历年城市居民消费价格指数进行时变处理，为避免价格指数造成的内生性，采取滞后一期的做法，并以 2002 年为基期，对价格指数进行平减，分别与地理坡度和河流密度形成交叉项作为工具变量对模型进行内生性处理。

模型（7）和（8）分别报告了聚集性以地理坡度和河流密度作为工具变量的回归结果，内生性检验结果显示模型的确存在内生性。第一阶段工具变量对产业空间布局指数的回归结果显示城市地理坡度和河流密度与聚集性指数 LC 呈显著的正相关和负相关，Anderson canon. corr. LM 统计量和 Cragg-Donald Wald 统计量的检验结果说明工具变量是合适的，不存在识别不足和弱工具变量问题。聚集性的系数均显著为负，数值偏大，这可能是工具变量的选择造成的偏误，二次项系数为正向，但不显著，与 GMM 结果基本一致。到此，我们可以确认尽管聚集性指标在模型中存在内生性问题，但对整体结果并没有造成较大影响，聚集性对企业全要素生产率的影响显著为负向，即过度集聚已经造成了企业全要素生产率水平的损失。这一结果与周圣强和朱卫平（2013）的研究结论一致，其研究认为集聚度与全要素生产率存在倒“U”型关系，并运用门限模型发现，2003 年以前集聚以规模效应为主，之后拥挤效应的约束性作用逐渐凸显。张万里和魏玮（2018）利用 2003—2013 年中国工业企业微观数据研究了中国城市制造业集聚与生产的关系，同样发现经济集聚初期会对制造业企业生产率产生负向影响，即由集聚效应转变为拥挤效应。而该部分的研究时间节点为 2004—2012 年，所以我们认为，城市内部制造业空间集聚效应正处于倒“U”型曲线的右半段，即拥挤效应占据主导地位造成全要素生产率下降的时间段。

内生性处理 **表 7-2**

变量	(1) GMM	(2) GMM	(3) GMM	(4) GMM	(5) GMM	(6) GMM	(7) 2SLS	(8) 2SLS
	TFP	TFP	TFP	TFP	TFP	TFP	TFP	TFP
TFP（t-1）	0.239***	0.227***	0.215***	0.206***	0.238***	0.221***		
	-0.003	-0.003	-0.003	-0.003	-0.003	-0.003		
ADC	3.313***	3.322***						

续表

变量	(1) GMM	(2) GMM	(3) GMM	(4) GMM	(5) GMM	(6) GMM	(7) 2SLS	(8) 2SLS
	TFP	TFP	TFP	TFP	TFP	TFP	TFP	TFP
ADC	-0.087	-0.090						
ADC_sq	-2.296***	-2.348***						
	-0.071	-0.074						
SP			2.411***	2.615***				
			-0.083	-0.086				
SP_sq			-1.376***	-1.570***				
			-0.062	-0.064				
LC					-0.779***	-1.280***	-12.253***	-9.975***
					-0.110	-0.109	-3.996	-0.717
LC_sq					0.344*	0.937***	7.911	11.763
					-0.179	-0.179	-4.831	-9.939
控制变量	否	是	否	是	否	是	是	是
AR（2）检验 P 值	0.231	0.379	0.154	0.226	0.418	0.331		
Hansen 检验 P 值	0.207	0.192	0.228	0.376	0.235	0.261		
第一阶段 F 统计值							365.57	320.85
（P 值）							（0.000）	（0.000）
识别不足检验（LM 统计值）							363.468	320.676
（P 值）							（0.000）	（0.000）
弱工具变量检验（F 统计值）							181.697	160.302
（10% 阈值）							>7.03	>7.03
内生性检验（F 统计值）							428.59	655.69
（P 值）							（0.000）	（0.000）

注：***、** 和 * 分别代表显著性水平为 1%、5% 和 10%，小括号内数值为标准差。

7.1.3.2 替换变量的稳健性检验

为了避免关键指标计算方法导致模型估计误差，该部分通过替换被解释变量和核心解释变量的方式进一步检验模型的稳健性。首先以制造业全样本计算得到的全要素生产率 tfp2 替换基准回归中分行业样本计算得到的全要素生产率，其次，以就业人员数据计算得到的制造业空间布局指数替换以工业总产值数据计算得到的空间布局指数，结果如表 7–3 所示。各模型结果与基准回归基本保持一致，说明指标的计算方法并没有影响模型的稳健性。

替换核心变量的稳健性检验 表 7-3

变量	替换被解释变量			替换核心解释变量		
	(1)	(2)	(3)	(4)	(5)	(6)
	TFP2	TFP2	TFP2	TFP	TFP	TFP_
TFP（t-1）	0.221***	0.200***	0.217***	0.220***	0.202***	0.086***
	(0.002)	(0.002)	(0.003)	(0.003)	(0.003)	(0.003)
ADC	3.245***			2.943***		
	(0.087)			(0.084)		
ADC_sq	-2.291***			-1.966***		
	(0.071)			(0.067)		
SP		2.470***			1.434***	
		(0.083)			(0.094)	
SP_sq		-1.482***			-0.589***	
		(0.063)			(0.066)	
LC			-1.396***			-1.572***
			(0.105)			(0.152)
LC_sq			1.339***			2.349***
			(0.173)			(0.242)
控制变量	是	是	是	是	是	是
AR（2）检验 P 值	0.353	0.576	0.489	0.118	0.243	0.251
Hansen 检验 P 值	0.442	0.549	0.236	0.617	0.339	0.435

注：***、** 和 * 分别代表显著性水平为 1%、5% 和 10%，小括号内数值为标准差。

7.1.3.3 剔除行政等级干扰的稳健性检验

一个城市可以仅仅凭借更高的行政级别而获得更多的资源，从而促进生产效率的提升。因此，该部分删除直辖市、副省级城市和省会城市，仅保留普通地级市样本，以剔除城市行政等级干扰，重新对模型进行回归。结果如表 7-4 所示，剔除城市行政等级干扰后，产业布局指数的系数符号和显著性与基准回归结果一致，仅仅存在系数大小的细微区别，从而验证了模型样本选择的稳健性。

剔除城市行政等级干扰的稳健性检验 表 7-4

变量	(1) OLS	(2) GMM	(3) OLS	(4) GMM	(5) OLS	(6) GMM
	TFP	TFP	TFP	TFP	TFP	TFP
TFP（t-1）		0.240***		0.221***		0.240***
		(0.003)		(0.003)		(0.003)

续表

变量	（1）OLS	（2）GMM	（3）OLS	（4）GMM	（5）OLS	（6）GMM
	TFP	TFP	TFP	TFP	TFP	TFP
ADC	1.696***	4.030***				
	（0.047）	（0.116）				
ADC_sq	-1.010***	-2.789***				
	（0.037）	（0.091）				
SP			1.886***	2.784***		
			（0.051）	（0.105）		
SP_sq			-0.887***	-1.643***		
			（0.039）	（0.074）		
LC					-0.639***	-0.462***
					（0.060）	（0.119）
LC_sq					-0.829***	-0.237
					（0.084）	（0.199）
控制变量	是	是	是	是	是	是
AR（2）检验 P 值		0.374		0.276		0.196
Hansen 检验 P 值		0.228		0.355		0.203
R-squared	0.3358		0.3363		0.3368	

注：***、** 和 * 分别代表显著性水平为 1%、5% 和 10%，小括号内数值为标准差。

7.1.3.4 剔除企业行为干扰的稳健性检验

基准回归分析中的企业样本是个巨大的非平衡面板，即在研究期内，每年都有企业进入和退出，而根据异质性企业的选择效应，对于企业的进入行为，高效率企业和低效率企业的区位选择偏好往往不同，而对于企业的退出行为，往往发生在低效率企业身上，这两种行为均可能造成模型估计的偏误。为了避免进入和退出企业对全要素生产率的整体影响结果产生偏误，该部分筛选出 2004—2012 年始终存在的企业重新进行模型估计，根据前文的统计，2004—2012 年始终存在的企业共有 544653 家。通过构建 9 年间始终在位企业的平衡面板数据进行回归分析，考察城市制造业空间布局变化对其全要素生产率造成的冲击。回归结果如表 7-5 所示，各变量符号与全样本结果基本一致，说明城市制造业空间布局的变化影响了在位企业的全要素生产率水平，进而影响了制造业企业整体全要素生产率水平。

城市制造业空间布局对在位企业全要素生产率的影响 表 7-5

变量	(1) OLS	(2) GMM	(3) OLS	(4) GMM	(5) OLS	(6) GMM
	TFP	TFP	TFP	TFP	TFP	TFP
TFP (t-1)		0.148***		0.138***		0.146***
		(0.004)		(0.004)		(0.004)
ADC	1.063***	2.244***				
	(0.080)	(0.146)				
ADC_sq	-0.488***	-1.539***				
	(0.065)	(0.126)				
SP			0.864***	0.914***		
			(0.084)	(0.152)		
SP_sq			-0.130**	-0.212*		
			(0.066)	(0.120)		
LC					-1.454***	-2.392***
					(0.112)	(0.175)
LC_sq					0.223	3.231***
					(0.152)	(0.292)
控制变量	是	是	是	是	是	是
AR (2) 检验 P 值		0.258		0.220		0.376
Hansen 检验 P 值		0.596		0.363		0.711
R-squared	0.373		0.373		0.374	

注：***、** 和 * 分别代表显著性水平为 1%、5% 和 10%，小括号内数值为标准差。

7.2 企业异质性分析

在本章微观企业的研究中，企业自身的差异往往会对全要素生产率造成较大影响，因此，本节我们重点考察在企业规模异质性和企业所有制属性的差异化前提下，制造业空间布局对异质性企业全要素生产率的影响。

7.2.1 企业规模异质性分析

企业本身的规模经济会对生产效率产生影响，较大的企业规模可能获取更多的规模经济收益，提高经济效益。因此，借鉴刘海洋等（2015）的研究方法，该部分用企业总资产的对数值衡量企业规模，考察城市制造业空间布局对不同规模企业全要素生产率的影响。在模型中加入企业规模与制造业空间布局指数的交互项，回归结果如表 7-6 所示，企业规模（Fsize）

本身对全要素生产率的影响显著为正，证实了企业自身规模经济的存在。

离心性指数与企业规模的交互项系数（ADC×size）显著为负，说明离心的产业空间布局对规模较大企业的生产效率水平造成不利影响。这是因为，规模较大的企业退出中心城区会产生较大的机会成本，例如大规模厂房、设备搬迁，重新寻找劳动力等，因此离心性布局更加有利于规模较小企业的生产效率提升；空间分离度与企业规模的交互项（SP×size）系数显著为正，说明相对分离的产业空间布局更有利于规模较大企业的生产效率水平提升。这可能是因为较大规模企业由于自身存在的规模经济，能够在很大程度上支撑自身生产技术的进步，空间临近的布局更多是为周边小规模企业“作贡献”，甚至会产生竞争性的恶意模仿，最终导致规模较大企业生产效率损失；企业规模与聚集性指标的交叉项（LC×size）系数显著为正，表明企业自身规模降低了所在地区空间过度集聚对其造成的效率损失。这是由于过度集聚对全要素生产率的负向影响主要来自于拥挤效应产生的高成本，而规模较大的企业自身往往可以发挥更大的规模效应而得到更高的收益，从而有足够的资金预算应对拥挤效应造成的高成本，更大限度地抵消过度集聚带来的负面影响。

不同规模企业的异质性分析　　表 7-6

变量	（1）	（2）	（3）
	TFP	TFP	TFP
TFP（t-1）	0.226***	0.207***	0.069***
	（0.003）	（0.003）	（0.002）
ADC	3.0775***		
	（0.187）		
ADC_sq	-1.684***		
	（0.073）		
ADC×size	-0.078***		
	（0.017）		
SP		0.500***	
		（0.155）	
SP_sq		-0.711***	
		（0.058）	
SP×size		0.074***	
		（0.014）	
LC			-3.003***
			（0.351）
LC_sq			0.471*

续表

变量	(1)	(2)	(3)
	TFP	TFP	TFP
LC_sq			(0.286)
LC × size			0.193***
			(0.032)
Fsize	0.096***	0.015*	0.096***
	(0.008)	(0.009)	(0.009)
AR(2)检验 P 值	0.258	0.376	0.194
Hansen 检验 P 值	0.566	0.383	0.754

注：***、** 和 * 分别代表显著性水平为 1%、5% 和 10%，小括号内数值为标准差。

7.2.2 企业所有制属性的异质性分析

在上文的基准回归中，我们已经看到不同所有制属性的企业全要素生产率有着显著差异，那么不同所有制属性的企业在不同的空间布局变化中，其全要素生产率是否会表现出不同的反应，本部分按照杨汝岱（2015）的分类方法将样本企业分为国有企业、外资企业和民营企业，并分样本回归进行比较分析，结果如表 7-7 所示。

离心性布局对于所有类型企业全要素生产率的影响均显著为正，且二次项系数显著为负。比较三类企业系数大小可以发现，民营企业离心性指数的系数最大，国有企业次之，外资企业系数最小，说明远离中心城区的空间布局对民营企业全要素生产率水平的提升效果最为明显，其次为国有企业，而对外资企业全要素生产率水平的促进作用最小。这可能与各类企业所面临的境遇不无关系，民营企业相对于国有企业和外资企业，在资源分配和政策倾斜上并不占优势，在中心城区的激烈竞争中，往往更容易产生生存压力，而离心的空间布局对资源进行重新分配，为民营企业提供了更广阔的土地资源和劳动力市场，更有利于民营企业生产效率的提高。而之所以对外资企业的影响最小，可能是因为外资企业进驻中国，在区位选择上主要锚定大城市和中心城区，而应对产业离心的空间布局可能需要较长的适应时间。

空间分离度对三类制造业企业全要素生产率的影响均为正向，二次项系数显著为负。但比较系数大小可以发现对民营企业全要素生产率的影响同样是最大的，外资企业次之，而对国有企业的促进作用最小。这是由于相对临近的空间布局由于有限空间和资源更容易对没有政策倾斜效应的民营企业造成较大挤出。而国有企业尽管一直面临效率低下的问题，但资源并没有向民营企业流动的迹象，反而是吸纳了更多的社会资源。杨汝岱（2015）的研究指出，国内制造业企业大量的资本形成都由国有企业完成，反映出社会有限的资源更倾向于流向国有企业，而国有企业的资本深化，很有可能会对民营企业产生挤出效应。这一挤出不仅仅是对民营企业生存的挤出，也可能造成空间上的挤出，从而相对分离的空间布局可能为民营企业创造更好的生存条件。

聚集性对三类制造业企业全要素生产率的影响均显著为负，二次项系数显著为正。从三类企业系数大小来看，聚集性对国有企业全要素生产率造成的影响最大，其次为外资企业，对民营企业全要素生产率的影响最小。这可能是由于企业内部体制造成的差异化表现，国有企业内部体制往往比较僵化，面对过度集聚带来的拥挤往往难以适应，在转型升级和提质增效方面也比较滞后。

制造业空间布局对不同所有制属性企业全要素生产率的影响　　表 7-7

变量	(1)	(2)	(3)	(4)	(5)	(6)	(7)	(8)	(9)
	国有	外资	民营	国有	外资	民营	国有	外资	民营
	TFP	TFP	TFP	TFP	TFP	TFP	TFP	TFP	TFP
TFP（t–1）	0.221***	0.177***	0.252***	0.201***	0.174***	0.227***	0.200***	0.179***	0.245***
	（0.021）	（0.005）	（0.003）	（0.021）	（0.005）	（0.003）	（0.021）	（0.005）	（0.003）
ADC	2.232***	1.053***	3.573***						
	（0.460）	（0.185）	（0.101）						
ADC_sq	–1.508***	–0.686***	–2.527***						
	（0.343）	（0.152）	（0.083）						
SP				0.843*	2.243***	2.465***			
				（0.439）	（0.186）	（0.096）			
SP_sq				–0.216	–1.329***	–1.455***			
				（0.344）	（0.138）	（0.072）			
LC							–2.156***	–1.359***	–1.120***
							（0.783）	（0.256）	（0.122）
LC_sq							2.565**	2.046***	0.443**
							（1.175）	（0.396）	（0.204）
控制变量	是	是	是	是	是	是	是	是	是
AR（2）检验 P 值	0.355	0.476	0.281	0.166	0.204	0.387	0.273	0.308	0.277
Hansen 检验 P 值	0.382	0.261	0.759	0.270	0.303	0.219	0.109	0.224	0.351

注：***、** 和 * 分别代表显著性水平为 1%、5% 和 10%，小括号内数值为标准差。

7.3 制造业空间布局对企业全要素生产率影响的微观机制识别

以上实证分析检验了城市制造业空间布局对微观企业全要素生产率的作用方向，在该部分，我们将从企业动态行为角度对其微观影响机制进行剖析。在研究期内，每年有大量的企业进入和退出，借鉴已有的研究成果，基于生命周期的判断方法，从企业建立和退出两个角度，分别检验城市制造业空间布局的变化对企业全要素生产率造成的影响。

7.3.1 新生企业进入视角

初建企业的生产率差异能够反映企业自身选择效应，企业在建立时，不仅要考虑自身的资金、人员、技术等问题，还需要考虑企业所在地已形成的产业空间布局带来的影响。产业集聚带来的正外部性大？还是集聚导致的拥挤效应更大？企业是否能够承受接近 CBD 的高成本和高竞争？以及企业是否应该临近在位企业选址？这些因素都会影响到企业初建时的选址决策，在动态行为中影响产业整体的空间布局，进而影响全要素生产率的空间分布。

1. 新企业识别及模型设定

借鉴 Disnery 等（2003）、毛其淋和盛斌（2013）、李坤望和蒋为（2015）、冯志艳和黄玖立（2018）等研究，本书对于新进入企业界定如下：企业 i 在 t–1 期不存在，到 t 期存在，则认为企业 i 是第 t 期的新进入企业。虽然存在企业迁移问题，但考虑到依据现有数据只能实现对城市内部迁移企业的部分识别。因此，本书统一以工业企业数据库中企业的开工年份为标准，若企业当年的统计年份与开工年份一致，则视该企业为当年的新进入企业。

为了分析企业生产率对企业选址的影响，设置如下模型：

$$\mathrm{spa\_}h_{it}=\alpha \mathrm{TFP}_{i,\ t\text{-}1}+\beta_k X_k+\varepsilon_{it} \tag{7–2}$$

其中，i 和 t 分别表示企业与年份，α 和 β_k 为待估计参数，spa_{it} 为城市产业空间布局，分别用 LC、SP 和 ADC 三个指标来表示，并分别依据三个变量的中位数值设置二值变量，高于中位数水平时，取值为 1，反之为 0，具体如下：

$$\mathrm{spa\_}h_{it}=\begin{cases}=1,\ \mathrm{spa}_{it}>med\left(\mathrm{spa}_{it}\right)\\ =0,\ \mathrm{spa}_{it}\leqslant med\left(\mathrm{spa}_{it}\right)\end{cases} \tag{7–3}$$

$\mathrm{TFP}_{i,\ t\text{-}1}$ 为滞后一期的企业生产率；X_k 为其他控制变量，具体包括企业规模、企业平均工资水平、国有企业虚拟变量和企业管理成本等影响企业选址的因素。需要说明的是，考虑到前文基准回归已证实了产业空间布局对企业生产率的影响：集聚 LC 增强会降低企业全要素生产率、空间分离度 SP 和离心性 ADC 的增长会提高企业全要素生产率，为避免模型估计时因互为因果引致的内生性问题，对企业全要素生产率做滞后一期处理。由于被解释变量为二值变量，故在估计时使用 Probit 方法进行回归。

2. 实证结果分析

表 7–8 为新进入企业全要素生产率对产业空间布局的影响分析结果。模型（1）和（2）为新生企业生产率对产业集聚程度 LC 的影响，在控制了企业层面各要素后，TFP_{t-1} 的估计系数显著为负，说明新生企业进入时，其生产率水平越高，选择产业集聚程度高的城市的概率就越低。因此，对于产业布局更为集聚的城市而言，随着低效率企业的进入，企业的平均生产率不断下降，从另一个角度解释了为什么集聚程度会对企业生产率产生负向作用。模型（3）和（4）为新生企业生产率对产业空间分离度 SP 的影响，无论是否加入控制变量，TFP_{t-1} 的估计系数显著为正，说明新生企业进入时，高效率企业更偏向于选择产业空间分离度较高的区域。模型（5）和（6）为新生企业生产率对离心性布局 ADC 的影响，无论是否加入控制变量，TFP_{t-1} 的估计系数显著为正，说明新生企业进入时，高效率企业选择离市中心越远的概率越大。这类新进入的高效率企业往往可能是总部或者研发、技术部门在市中心，而将工厂建在远离市中心地租和劳动力成本较低的区域，以最大限度地提高有限资源的利用效率，提高企业的最大利润。

各控制变量的影响如下：企业规模 Fsize、国有企业虚拟变量 State 和管理成本 lnman 对 LC_h 的影响显著为正，对 SP_h 和 ADC_h 的影响显著为负，说明规模大、管理成本高的企业和国有企业都倾向于选址于产业空间集聚度高、企业间邻近度大且靠近市中心的区域。第一，企业规模越大，越容易形成市场势力，承受外部竞争的能力越强，因此，可以选择高集聚、低分散和距离市中心近的区域，以享受规模经济的正外部性和临近市场的成本优势。第二，平均工资水平越高，意味着企业开工运营后需要的生产成本就越高，经营负担就越重。为了能够降低经营成本，企业会偏向选择聚集程度低、分散度较高和距离市中心远的区域，以获得低劳动成本优势。第三，与其他类型企业相比，国有企业的低融资约束、政策支撑等因素能够促使其在竞争中处于优势地位，使其能够抵抗拥挤效应的负面作用，并支付市中心区域的高昂成本。第四，管理成本越高的企业，意味着其拥有更多的资本用于完善企业内部组织构建、激励经理人实现企业经营目标、在对外交易和谈判过程中处于优势，进而提高企业竞争能力，使其能够选择集聚程度高、上下游企业链完善、交易便利的市中心区域。

新进入企业全要素生产率对产业空间布局的影响分析　　表 7–8

变量	（1）	（2）	（3）	（4）	（5）	（6）
	LC_h	LC_h	SP_h	SP_h	ADC_h	ADC_h
TFP（t–1）	–0.006	–0.013*	0.026***	0.027***	0.056***	0.053***
	（0.007）	（0.007）	（0.007）	（0.007）	（0.007）	（0.007）
Fsize		0.027***		–0.005		–0.016***
		（0.006）		（0.006）		（0.006）

续表

变量	(1)	(2)	(3)	(4)	(5)	(6)
	LC_h	LC_h	SP_h	SP_h	ADC_h	ADC_h
lnwage		-0.016*		0.040***		0.067***
		(0.009)		(0.009)		(0.009)
State		0.242***		-0.470***		-0.357***
		(0.092)		(0.094)		(0.091)
lnman		0.067***		-0.045***		-0.018***
		(0.006)		(0.006)		(0.006)
行业固定效应	是	是	是	是	是	是
年份固定效应	是	是	是	是	是	是
LR test	2666.24	2956.71	2970.95	3082.61	2171.14	2262.78
P-value	0.000	0.000	0.000	0.000	0.000	0.000
Observations	41，581	41，143	41，586	41，148	41，573	41，136

注：***、** 和 * 分别代表显著性水平为 1%、5% 和 10%，小括号内数值为标准差。

7.3.2 在位企业退出视角

本节主要基于 Cox 比例风险模型（Cox Proportional-hazard model），分析各个维度产业空间布局对企业淘汰率的影响机制，进而从企业生存视角考虑产业空间布局对企业全要素生产率的影响。

1. Cox 比例风险模型设定与变量说明

Cox 比例风险模型作为最被推崇的半参数生存分析模型之一，通过生存持续时间进行多因素的回归分析，有效解决了生存数据中普遍存在的右删失问题，能够很好地分析企业的退出问题。借鉴刘海洋等（2015）的做法，我们定义企业倒闭或低于工业企业统计数据库的统计规模为失败事件，失败设为 1，未发生失败事件则为 0。研究期间内，2004—2012 年企业倒闭数目如表 7-9 所示。对于在研究终止年份 2012 年仍未退出市场的企业，虽无法观测其生存时间，但 Cox 比例风险模型能够通过风险函数的设定来估计企业生存时间分布，以预测企业退出市场的风险概率。

2004—2012 年企业倒闭数目　　表 7-9

年份	2004	2005	2006	2007	2008	2009	2010	2011	2012
企业倒闭数目	5418	16961	35522	60421	98762	71968	13282	25097	-

数据来源：作者计算整理。

将企业失败事件作为被解释变量，企业 i 在 t 期退出的概率用风险函数 $h(t, X_i)$ 表示，因此，Cox 比例风险模型设定如下：

$$h(t, X_i) = h_0(t)\exp(X_i\beta) = h_0(t)\exp(\sum X_p\beta_p) \quad (7\text{-}4)$$

其中，t 表示企业的生存时间，$h_0(t)$ 表示其他变量皆为 0 时的基本危险率函数，$\beta=(\beta_1, \beta_2, \ldots, \beta_p)$ 为待估计的系数向量，$X_i=(X_1, X_2, \ldots, X_p)$ 是影响企业生存的各变量。各变量对企业危险率影响系数由 $\exp(\beta_p)$ 给出，称为风险比率 HR（Hazard Ratio）。当 HR>1 或 $\beta_p > 0$ 时，说明 X_p 会提高企业的失败风险；相反，当 HR<1 或 $\beta_p < 0$，说明 X_p 会降低企业的失败风险。

除了企业所处城市的产业空间布局（LC、SP 和 ADC）以及企业自身的生产率外，还考虑以下影响企业生存时间的变量：

（1）企业规模。企业规模，用企业资产的对数值来衡量。随着企业规模的不断扩大，能够获得的规模经济收益也将提高，从而提高经济效益，降低企业退出风险。而且，企业规模也是影响融资约束的重要因素之一。企业规模的扩大能够降低企业融资约束，提高企业资金流动性，弱化企业经营风险。

（2）企业年龄。企业年龄的增加，能够为企业积累更多经验，发挥“干中学”效应，提高企业经营效率，降低企业失败概率。另一种观点则认为，伴随企业年龄增长，企业僵化问题严重程度不断提高，更容易失败。

（3）企业类型。将企业类型分为国有企业、外资企业和民营企业三类，通过设置国有企业虚拟变量和外资企业虚拟变量来进行估计。在我国，民营企业普遍存在融资贵和融资难的问题，因此，相比于国有企业和外资企业，民营企业的经营成本更高、规模较小，企业经营风险也比较大。

（4）企业平均工资水平。企业平均工资水平能够在一定程度上反映企业的生产成本的高低，一般而言，企业的平均工资水平越高，意味着企业的生产成本越高。特别地，对低效率企业而言，工资水平的上升，会提高其被淘汰的概率。

2. 实证结果分析

表 7-10 为以 2012 年为终止年份的企业退出风险概率分析结果，为了控制互为因果产生的内生性问题，使用滞后一期的企业全要素生产率作为解释变量。模型（1）、（3）和（5）仅考虑产业空间布局变量（LC、SP、ADC）和企业全要素生产率对企业退出概率的影响，模型（2）、（4）和（6）则进一步控制了影响企业生存的其他因素。具体来说，如模型（1）所示，在未控制其他因素时，LC 的估计系数显著为负，说明集聚效应能够降低企业退出风险，这与传统理论预期一致；但在控制其他因素后，如模型（2）所示，LC 的估计系数变为正向但并不显著，说明充分考虑企业规模、性质、成本及年龄等特征后，集聚在一定程度上会提高企业退出风险。这与前述分析一致，即当企业过度集聚后，拥挤效应引致的副作用将抵消集聚

效应带来的正向作用，降低企业生产效率，提高企业退出风险。模型（3）–（6）则显示了无论是否控制其他变量，SP 和 ADC 的估计系数均显著为正，即空间分离度越大、离市中心距离越远，企业倒闭的概率越大，越不利于企业生产效率的提升。企业生产率 TFP_{t-1} 的估计系数显著为负，说明生产率越高的企业，退出的风险就越低。国有企业虚拟变量 State 和外资企业虚拟变量 For 的估计系数均显著为负，说明与这两类企业相比，民营企业退出风险更高；企业规模 Fsize 的估计系数显著为正，说明大企业相比于小企业抵御风险的能力更强；企业平均工资 lnwage 的估计系数显著为正，说明企业经营成本上升，降低了企业的盈利能力，使得潜在的经营风险提高。企业年龄 lnage 的估计系数显著为正，说明就目前而言，中国制造业企业从“干中学”中仍能获得较大的正向作用，丰富的生产经验能够增强企业的生存能力。

企业退出风险概率分析　　表 7-10

变量	(1)	(2)	(3)	(4)	(5)	(6)
	Hazard	Hazard	Hazard	Hazard	Hazard	Hazard
LC	-0.495***	0.020				
	(0.021)	(0.022)				
SP			0.692***	0.801***		
			(0.012)	(0.012)		
ADC					0.598***	0.781***
					(0.012)	(0.012)
TFP (t-1)	-0.095***	-0.111***	-0.096***	-0.119***	-0.094***	-0.118***
	(0.002)	(0.002)	(0.002)	(0.002)	(0.002)	(0.002)
State		-0.238***		-0.169***		-0.189***
		(0.017)		(0.017)		(0.017)
For		-0.188***		-0.185***		-0.194***
		(0.006)		(0.006)		(0.006)
Fsize		-0.296***		-0.297***		-0.298***
		(0.002)		(0.002)		(0.002)
lnwage		0.355***		0.356***		0.353***
		(0.003)		(0.003)		(0.003)
lnage		-1.018***		-1.026***		-1.026***
		(0.003)		(0.003)		(0.003)
LR test	2516.92	150330.78	5160.16	154373.97	4255.47	154190.75
P-value	0.000	0.000	0.000	0.000	0.000	0.000
Observations	1，632，561	1，583，097	1，636，070	1，583，097	1，635，963	1，582，995

注：***、** 和 * 分别代表显著性水平为 1%、5% 和 10%，小括号内数值为标准差。

进一步，考察产业空间布局对企业退出风险的作用是否会随企业生产率的高低而发生改变？首先，将所有企业按照生产率水平的中位数进行划分，建立如下指标：

$$TFP\_h_{it}=\begin{cases}=1, & TFP_{it} > med(TFP)\\ =0, & TFP_{it} \leqslant med(TFP)\end{cases} \tag{7-5}$$

$$TFP\_l_{it}=\begin{cases}=1, & TFP_{it} \leqslant med(TFP)\\ =0, & TFP_{it} > med(TFP)\end{cases} \tag{7-6}$$

并借鉴宋凌云和王贤彬（2013）的建模方法，建立如下 Cox 风险比例模型：

$$Hazard\_ratio_{it}=\exp(\alpha_1 TFP\_h_{it} \times SPA_{it}+\alpha_1 TFP\_l_{it} \times SPA_{it}+X_i\beta+\varepsilon_{it}) \tag{7-7}$$

表 7-11 为分效率水平企业退出风险概率分析结果。模型（1）中，LC 指标与高效率企业的交互项 LC × TFP_h 的估计系数显著为正，说明对于高效率企业而言，集聚弱化了生产率对退出风险的抵消作用，提高高效率企业的退出风险；相反 LC × TFP_l 的估计系数显著为负，说明对于低效率企业而言，集聚强化了生产率对退出风险的抵消作用，有利于降低低效率企业的退出风险，低效率企业退出减少，降低了企业生产率。模型（2）和（3）显示，SP 和 ADC 与 TFP 交互项的估计系数均显著为正，且高效率企业的系数略大于低效率企业，即高效率企业的退出风险更高。为什么在前文分析中，SP 与 ADC 对企业生产率具有正向作用，但却并不能降低企业倒闭风险，特别是低效率企业的退出风险呢？主要原因在于，由于 2003 年之后，企业在城市中过于集聚而导致的拥挤效应发挥了作用，因此，低效率企业离开市中心，企业空间临近程度下降，能够在一定程度上缓解竞争，短期内提高企业生产率。但从整个企业生命周期来看，ADC 越大即企业离市中心的距离越远，企业则无法享受到临近市场溢出效应优势，短期内的劳动力成本和地租成本的降低并不能弥补长期内运输成本和销售成本的上升，使得企业退出风险提高；SP 越大即产业空间分离度越大，使得企业无法享有借用规模带来的空间相互溢出效应，长此以往，因为与上下游企业关联度下降，会在一定程度上提高企业失败的概率。模型（4）-（6）以 TFP 的均值为划分标准后，结果仍保持稳健。

分效率水平企业退出风险概率分析 **表 7-11**

变量	中位数			均值		
	（1）	（2）	（3）	（4）	（5）	（6）
	Hazard	Hazard	Hazard	Hazard	Hazard	Hazard
LC × TFP_h	0.130***			0.151***		
	（0.024）			（0.024）		
LC × TFP_l	−0.060**			−0.072***		
	（0.023）			（0.023）		
SP × TFP_h		0.875***			0.883***	
		（0.013）			（0.013）	

续表

变量	中位数			均值		
	(1)	(2)	(3)	(4)	(5)	(6)
	Hazard	Hazard	Hazard	Hazard	Hazard	Hazard
SP × TFP_l		0.690***			0.682***	
		(0.013)			(0.013)	
ADC × TFP_h			0.875***			0.886***
			(0.013)			(0.013)
ADC × TFP_l			0.650***			0.642***
			(0.013)			(0.013)
TFP	−0.122***	−0.143***	−0.124***	−0.122***	−0.145***	−0.143***
	(0.002)	(0.002)	(0.002)	(0.002)	(0.002)	(0.002)
State	−0.224***	−0.154***	−0.173***	−0.224***	−0.153***	−0.172***
	(0.017)	(0.017)	(0.017)	(0.017)	(0.017)	(0.017)
For_firm	−0.183***	−0.178***	−0.186***	−0.183***	−0.178***	−0.185***
	(0.006)	(0.006)	(0.006)	(0.006)	(0.006)	(0.006)
Fsize	−0.299***	−0.301***	−0.302***	−0.299***	−0.302***	−0.302***
	(0.002)	(0.002)	(0.002)	(0.002)	(0.002)	(0.002)
lnwage	0.346***	0.342***	0.340***	0.346***	0.342***	0.339***
	(0.003)	(0.003)	(0.003)	(0.003)	(0.003)	(0.003)
lnage	−1.019***	−1.030***	−1.030***	−1.020***	−1.031***	−1.031***
	(0.003)	(0.003)	(0.003)	(0.003)	(0.003)	(0.003)
LR test	150577.35	155147.69	154943.97	150627.54	155252.43	155047.88
P-value	0.000	0.0000	0.0000	0.0000	0.0000	0.0000
Observations	1，582，967	1，582，968	1，582，864	1，582，967	1，582，968	1，582，864

注：***、** 和 * 分别代表显著性水平为 1%、5% 和 10%，小括号内数值为标准差。

7.4 进一步讨论

古典区位论对于制造业离开城市中心而造成的生产率损失，主要建立在运输、通勤以及信息传递成本的增加之上。而随着中国交通基础设施的不断完善和互联网技术的广泛应用，是否能够缓解制造业离心性布局对企业生产率造成的损失，该部分将在初始计量模型中考虑交通基础设施以及互联网对结论的影响。具体地，该部分通过构建离心性指数分别与人均道路面积、万人拥有公共汽车数量、互联网普及率的交叉项（ADC × Road、ADC × Bus、

ADC × Net)，加入计量模型，考察交通基础设施与互联网的影响。结果如表 7–12 所示，三个交叉项系数均在 1% 的置信水平下显著为正，说明更加完备的交通基础设施以及更广泛的互联网技术应用能够显著缓解制造业离心性布局造成的生产率损失。因此，交通基础设施以及信息技术的外生冲击下，城市制造业空间将发生重塑，充分利用这些外部因素能够为城市制造业高质量发展提供新动能。

交通基础设施、互联网对结论的影响　　表 7–12

变量	（1）	（2）	（3）
	TFP	TFP	TFP
ADC	−3.010***	−1.836***	−1.179***
	（0.181）	（0.070）	（0.035）
ADC × Road	0.025***		
	（0.002）		
ADC × Bus		0.008***	
		（0.000）	
ADC × Net			0.006***
			（0.001）
控制变量	是	是	是
城市固定效应	是	是	是
行业固定效应	是	是	是
企业固定效应	是	是	是
年份固定效应	是	是	是

注：***、** 和 * 分别代表显著性水平为 1%、5% 和 10%，小括号内数值为标准差。

7.5 本章小结

本章节通过放开行业限制，研究城市制造业整体空间布局对微观企业全要素生产率的影响，并重点从企业进入、退出的动态视角识别了制造业空间布局对企业全要素生产率影响的微观机制。主要得出以下几点结论：

第一，离心性和空间分离度对微观企业全要素生产率的影响与前一章中行业层面的结果一致，即离心性和空间分离度与企业全要素生产率之间存在倒“U”型非线性关系，离开市中心和相对分离的空间布局在一定程度上能够促进微观企业全要素生产率的提升，但这两种离心力的促进作用存在拐点，过于分离的空间布局会造成企业全要素生产率损失。与行业层面的结果存在差异的是，在放开行业限制之后，聚集性对企业全要素生产率的影响显著为负，说明城市制造业全行业空间集聚抑制了城市内微观企业全要素生产率的提升，从而证实了制造业空间集聚效应仅发生在同行业内，城市内制造业企业已出现了过度集聚现象。这一结论在处理了模型的内生性、替换核心变量、剔除城市行政等级干预以及剔除企业动态行为干扰后，依然稳健。

第二，在企业自身特征的异质性分析中发现，离心的产业空间布局更有利于规模较小企业全要素生产率的提升；相对分离的产业空间布局更有利于规模较大企业的生产效率水平提升；规模较大的企业能够更大限度地抵消过度集聚带来的负面影响，减弱过度集聚对企业全要素生产率水平的抑制作用。在企业所有制属性的差异化研究中发现，离心和相对分离的空间布局对民营企业全要素生产率水平的提升效果最为明显，而聚集性对国有企业全要素生产率造成的负向影响最大。

第三，基于企业生命周期判断方法，从企业进入和退出的动态视角，识别制造业空间布局对企业全要素生产率影响的微观机制，发现高效率的新生企业进入时，选择聚集性高的城市概率相对较低，而选择产业空间分离度高、远离市中心的概率较大；从企业退出风险来看，聚集性增加了高效率企业的退出风险，而相对降低了低效率企业的退出风险。综合企业进入和退出两类动态行为，集聚性造成了整体企业全要素生产率的下降。

第四，通过考虑交通基础设施以及互联网技术的发展对结果造成的影响，发现完备的交通基础设施、广泛的互联网技术应用能够显著缓解制造业离开中心城区造成的效率损失，因此，在信息技术飞速发展时代，集聚不再是城市制造业空间布局的唯一主旋律。

8　主要结论、政策启示与研究展望

本书从传统的城市单中心模型出发，基于新经济地理学、新新经济地理学、城市经济学理论，对城市制造业空间布局演变及其对高质量发展的影响进行了理论梳理，并利用中国制造业微观企业数据，分别从城市、行业和微观企业三个层面进行了实证检验。本章将对全书得到的结论进行总结，并在所得结论的基础上提出相应的政策启示，旨在为政府制定相关政策提供理论支撑。最后，对本书的不足进行归纳后提出进一步的研究展望。

8.1 主要结论

通过结合相关基础理论和数理模型，从离心性、空间分离度和聚集性三个维度对城市制造业空间布局演变及其影响高质量发展的机制进行理论推演，并利用中国地级及以上城市制造业企业微观数据分别从城市、行业和企业层面构建计量模型进行实证检验，本书得出以下结论：

第一，根据理论推演，产业空间布局主要受向心力和离心力两种力量影响，这两种相反的作用力分别通过不同的机制影响产业空间布局进而影响制造业高质量发展水平。其中，向心力主要来自于集聚规模效应和借用规模效应，集聚规模效应主要通过共享、匹配和学习三个机制对高质量发展水平起到促进作用，借用规模效应主要通过空间临近产生的溢出效应促进高质量发展水平；离心力则主要来自于拥挤效应，通过产品市场低效率竞争、要素市场价格扭曲以及认知路径依赖对高质量发展水平起到抑制作用。因此，两种相反作用力共同作用决定了城市制造业布局对高质量发展的影响机制。此外，向心力和离心力均随着城市发展阶段、产业生命周期、不同行业要素和技术特征而表现出不同的作用强度，在产业空间布局的变化过程中二者“此消彼长”，从而使得城市制造业布局对高质量发展的影响不会是单方向的，而是动态非线性的。

第二，通过构建指标，对城市制造业空间布局进行时空演变分析，发现：制造业在城市内部的空间布局整体上表现出离心的趋势，即制造业呈现离开中心城区，向城市外围地区转移的现象。主要表现为：中心城区的就业密度下降和城市外围地区的就业密度上升；制造业生产活动的离心性和空间分离度指标在研究期内呈增长趋势，聚集性指标呈下降趋势。处于城市化前期的城市制造业布局较为分散，相反，城市化后期的城市制造业生产活动则表现出更好的紧凑性，即空间分布更加向心，聚集性更强。资本密集型行业和技术密集型行业在城市内部空间分布上表现出更为向心且紧凑，劳动密集型行业和资源密集型行业在空间上的布局更加分散且均匀。随着技术密集程度的下降，行业的空间离心性增强，即高技术密集度制造业在距离中心城区最近的区位。同时，高技术制造业表现出更紧凑的空间布局，聚集程度也更高。

第三，根据城市制造业高质量发展的概念界定，通过构建指标体系，采用熵权法计算得出中国地级及以上城市的制造业高质量发展指数，在2004—2012年期间，指数呈现稳定上升趋势，说明中国城市制造业的发展质量稳步提升。东、中、西部城市的制造业高质量发展水平依次递减，但区域间差距在研究期内不断缩小，特别是中部地区城市制造业发展质量提升迅速，在 2012 年逐渐赶上东部地区。制造业发展质量排名靠前的城市大多为东部城市，且集中于京津冀、长三角、粤港澳大湾区城市群。

第四，通过 OP 方法利用制造业企业全样本和分样本分别计算得到微观企业全要素生产率，以此作为衡量企业层面制造业高质量发展水平的指标，并以各个企业工业增加值占所在城市所属行业的比重为权重，进行加权得到城市—行业层面的平均生产率，以此衡量制造业各行业的高质量发展水平。现状分析发现：①中国制造业企业的高质量发展水平在研究期间出现了明显的上升。②大城市制造业企业的平均生产率被中、小城市赶超，但处于全要素生产率顶端部分的企业仍留在大城市。③在空间尺度上，城市内部制造业高质量发展水平随着到市中心的距离增加呈现下降的趋势，但在时间尺度上，中心城区的制造业企业发展质量出现了明显下降，而城市外围地区制造业企业发展质量呈现上升趋势。

第五，城市层面的实证研究发现：①离心性布局与城市制造业高质量发展呈倒“U”型关系。说明在一定距离范围内，制造业逐渐退出城市 CBD 有利于高质量发展水平提升，但超过一定距离后，由于脱离了与传统 CBD 的空间联系，使得发展质量开始下降。②这一结果同样表现在制造业空间分离的布局，适度分离的制造业布局可以有效降低拥挤效应，有利于高质量发展水平提升，但过于分离的空间分布使得集聚产生的规模效应和临近产生的借用规模效应消失，降低了城市制造业发展质量。③聚集性指数的系数显著为负，进一步证实了当前中国城市制造业布局过于集聚，拥挤效应占据主导地位，从而阻碍了高质量发展水平的提升。④城市规模异质性分析发现，随着城市规模的增加，离心性布局对于制造业高质量发展的促进作用越大，空间分离布局对制造业高质量发展的促进作用同样越明显。而聚集性指数的系数本身为负值，正向的交叉项结果说明规模越大的城市，能够缓解过度集聚造成的制造业发展质量水平下降。

第六，在城市—行业层面的基准结果和动态研究发现：①离心性布局对行业高质量发展水平有显著的正向作用，即随着产业退出中心城区并远离市中心，制造业发展质量会有所提升，但二次项为负告诉我们，在超过一定距离后，随着到市中心的距离进一步增加，会导致高质量发展水平的下降。②空间分离度对高质量发展的影响显著为正，而这一影响同样存在拐点，即相对分离的空间布局对高质量发展的影响呈现先扬后抑的倒“U”型特征。③聚集性对行业高质量发展的影响显著为正，但与已有的部分研究发现一致，中国部分行业和城市已出现了过度集聚的现象或趋势，使得制造业集聚对行业高质量发展的影响也不再是单纯的线性促进作用。进一步建立能够较好反映动态性的一阶滞后 ADL（1，1）模型，并使用大样本的动态面板估计方法，分析制造业空间布局对行业高质量发展的动态影响，结果发现拥挤效应的即时性以及集聚效应的滞后性，具体结论有：①当期中，随着远离城市中心，制造业高质量发展水平是随之上升的，而在滞后期离心性系数显著为负，说明持续远离城市中心的布局对制造业高质量发展水平产生了负向作用。②当期空间分离度对行业高质量发展水平有促进作用，而滞后期的分离度对高质量发展产生负向影响。③在当期，制造业越聚集在某个或某几个空间单元，越不利于高质量发展水平的提升，而滞后期聚集程度越高，对高质量发展的促进作用越明显。

第七，对城市—行业层面的异质性分析发现：①城市异质性方面，离心的布局对于中等城市制造业行业高质量发展水平的促进作用最为强烈；相对分离程度对行业高质量发展水平的影响仅在中小城市显著为正，大城市空间分离指数对行业高质量发展水平的作用为负，但并不显著。聚集性对行业高质量发展的影响在分城市规模类型的回归中不再显著，但从系数符号来看，中等城市的符号为负，大城市和小城市的符号为正，说明在一定程度上，集聚有利于小城市和大城市的制造业高质量发展水平提升，但对中等城市的制造业效率水平产生抑制作用，这一结论比较符合动态产业空间布局的“集聚—分散—再集聚”的特征。②行业异质性方面，资源密集型、资本密集型和劳动密集型行业迁出市中心布局对行业高质量发展水平产生明显促进作用，而技术密集型行业的促进作用不明显；资源密集型行业的空间分离对于行业高质量发展的促进作用最大，劳动密集型行业的促进作用则最小，且不显著。③行业规模异质性方面，规模越大的行业临近市中心、以相互临近且聚集的形态布局更有利于高质量发展水平的提升。④市场竞争强度异质性方面，市场竞争越激烈，退出市中心、相互分离的产业空间布局能够促进行业高质量发展水平，相反，激烈的竞争环境导致了集聚对行业高质量发展的损失。

第八，通过放开行业限制，以全要素生产率作为企业层面高质量发展水平的表征指标，实证研究城市制造业整体空间布局对制造业企业高质量发展的影响，结果发现：①离心性和空间分离度对微观企业全要素生产率的影响与前一章中行业层面的结果一致，即离心性和空间分离度与企业全要素生产率之间存在倒“U”型非线性关系，离开市中心和相对分离的空间布局在一定程度上能够促进微观企业全要素生产率的提升，但这两种离心力的促进作用存在拐点，过于分离的空间布局会造成企业全要素生产率损失。②在放开行业限制之后，聚集性对企业全要素生产率的影响显著为负，这与行业层面的结论相反，但与城市层面的结果一致。城市制造业全行业空间集聚抑制了城市内微观企业全要素生产率的提升，从而证实了制造业空间集聚效应仅发生在同行业内，整体制造业企业在空间上已出现了过度集聚现象。企业层面的异质性分析发现以下结论：①离心的产业空间布局更有利于规模较小企业全要素生产率的提升，空间分离布局更有利于规模较大企业的生产效率水平提升，规模较大的企业能够更大限度地抵消过度集聚带来的负面影响，减弱过度集聚对企业全要素生产率水平的抑制作用。②在企业所有制属性的差异化研究中发现，离心和相对分离的空间布局对民营企业全要素生产率水平的提升效果最为明显，而聚集性对国有企业全要素生产率造成的负向影响最大。

第九，基于企业生命周期判断方法，从企业进入和退出的动态视角，识别城市制造业布局对企业全要素生产率影响的微观机制，发现：①高效率的新生企业进入时，选择聚集性高的城市概率相对较低，而选择产业空间分离度高、远离市中心的概率较大。②从企业退出风险来看，聚集性增加了高效率企业的退出风险，而相对降低了低效率企业的退出风险。综合企业进入和退出两类动态行为，集聚性造成了整体企业全要素生产率的下降。

第十，通过考虑交通基础设施以及互联网技术的发展对结果造成的影响，发现完备的交通基础设施、广泛的互联网技术应用能够显著缓解制造业离开中心城区造成的效率损失，因此，在信息技术飞速发展时代，集聚不再是城市制造业空间布局的唯一主旋律。

8.2 政策启示

根据上文中结论的总结，本书得到以下几点政策启示：

第一，以高质量发展为导向的城市制造业布局要遵循城市发展规律，同时兼顾集聚的规模经济效应与拥挤效应对制造业高质量发展的影响，引导城市制造业合理布局。一方面制造业空间布局要与城市发展规模相契合，研究发现，随着城市规模的增加，离心性和空间分离的布局对于制造业高质量发展的促进作用越大，而规模较小的城市正处于产业快速发展阶段，集聚发挥的规模经济效应仍占据主导地位，因此不适合过于分散的制造业布局；另一方面，制造业空间布局要充分考虑城市化进程，处于城市化初期的城市，各城镇制造业相对独立发展，要适当引导产业集聚；处于城市化中期的城市，出现传统的产业中心，且核心—边缘结构不断强化，要综合考虑核心区规模经济效应与拥挤效应的消长，对制造业布局进行引导；处于城市化后期的城市，核心—边缘结构逐渐趋于平衡，制造业逐渐形成多中心布局，此时要重点强化各个中心之间的交通连接和功能联系，引导网络化发展。

第二，要提升城市制造业企业全要素生产率的整体水平，在追求集聚规模经济的导向下适度采取制造业空间布局非均衡战略，但不能一味地追求集聚而盲目地引导企业集中布局。当前，中国城市制造业生产要素空间不匹配问题突出，企业生产率与资源投入呈现出明显的空间错配特征。制造业企业纵向集聚仍然囿于高集聚、低专业、弱市场的低端道路上徘徊，制造业空间布局失衡导致大量生产资源特别是农村土地和劳动力资源的闲置和浪费。

第三，我国目前正在积极推进城镇化建设，这势必会引导经济的进一步集聚，尤其是农村劳动力向城市转移。但是需要看到，经济在空间的集聚应该以更高的要素报酬为前提，在更高的要素报酬激励下，要素在空间的集聚是高效的，因为更高的要素报酬会吸引效率更高的要素集聚，从而弥补要素成本的上升。推进城镇化建设的重要一环就是农村富余劳动力进城。这些富余劳动力进城是产生规模效应还是拥挤效应，需要当地政府结合自身发展需求进行综合考量。

第四，拥挤效应的产生带来了城市内部产业转移政策的必要性问题。在“退二进三”的产业空间迁移浪潮下，地方政府如何正确引导迁出企业的区位选择，关系到企业的生产效率。首先，产业空间规划要突破传统的狭义集聚思维，整体产业的空间地理集中并不是产生集聚经济的必备条件，整体上相对分离的空间布局在局部也可以表现出集聚特征。例如，城市产业园区的建设可能是疏解中心城区过剩产能、化解过度集聚产生的拥挤、带动地方就业增长的有效途径之一，产业园区的选择既要达到降低企业生产成本的目的，也要兼顾与中心城区市场临近，从而降低运输、通勤等机会成本。各个产业次中心之间同样需要注意空间距离，既要减少市场重叠导致的“排斥力”，又要保持各个园区之间的网络联系，形成产业联系更密切、地域范围更广泛的制造业产业“集聚束”。

第五，拥挤效应的存在始终会是抑制企业生产效率的主要来源，疏解产业空间集聚不仅会造成规模效应的损失，同样无法摆脱拥挤效应的干扰。因此，城市政府应从城市内部“硬件”和“软件”同时着手，最大限度化解拥挤效应造成的效率损失：①完善交通基础设施建设，降低企业间的交流成本和工人的通勤成本。②扩大信息、教育、运输等方面的公共服务投入，促进公共服务资源在空间上的合理配置，完善相关产业的配套设施建设，为产业空间转移提供良好的条件。③设立一体式行政服务大厅，简化办事流程，为企业创造良好的制度环境。此外，拥挤效应的表现形式包括产品市场的低价竞争、要素市场的成本扭曲和低成本模仿导致的创新惰性。④地方政府应加大市场监管力度，防止不正当竞争行为，从而配合市场机制完成产业在空间上的合理布局。⑤建立健全良好的知识产权保护制度，确保研发主体的成果不受侵犯，防范创新惰性的出现，为企业营造良好的创新发展环境。有针对性地重点对研发型企业提供政策倾斜，设立研发相关的专项政策补助，促使企业的研发创新动力。

第六，针对不同行业的特点，有差别地分类规划产业空间布局。例如，对于集聚效应仍发挥作用的行业，即集聚对行业生产率有明显促进作用的行业，政府应创造良好的外部环境和平台，通过市场力量促进企业有序集聚以获取集聚优势。但创造良好的平台并不是当下部分地方政府将企业无差别地“塞进”产业园区来实现虚假产业集聚经济，本书的研究结论也发现，集聚对行业全要素生产率的促进作用主要发生在某些行业内，而无差别的企业扎堆反而不利于微观企业生产效率的提升。因此，进行分类别的产业园区建设，针对不同行业特征创造差异化、个性化平台，最大限度地促进有限资源的合理利用。而对于集聚不经济的行业，即过度集聚导致行业全要素生产率下降的行业，或者来自于产品市场无效的价格竞争，或者来自于要素市场的成本扭曲，这时市场自有调节机制已经失效，需要政府有计划、有步骤、有方向地疏解企业过度集中；特别是中心城区的行业要根据其规模、市场临近需求、成本价格弹性等方面因素，有差别分次序地向外围疏散。

第七，转变制造业发展观念。中国制造业转型升级不是政府的责任，也不是企业的任务，需要政府从顶层设计上把握方向，大中小企业勇于创新，政府和企业协同进步。因此，要从顶层设计开始转变观念，新一轮工业革命开启了个性化量产的生产模式，中国过去崇尚的规模化、集团化的大批量无差异生产模式已经完成了其时代使命，阶层式信息传递、烦琐的审批程序使得大型国有企业面对瞬息万变的市场丧失机会，中小企业机动性强，可以根据人们的个性化需求做出快速的反应，并且互联网的普遍应用，解决了信息不对称所造成的低效率问题。对此，政府应更加重视中小企业的发展，进一步放开中小企业的注册审批程序，倾向性提出有利于中小企业的融资政策，对于中小企业的创新行为给予有效保护和实质性的奖励。

第八，积极推动数字经济与制造业融合发展。数字经济有助于推动经济增长，促进经济高质量发展。各地政府应把握新一轮科技革命和产业变革带来的机遇，加速推动产业数字化升级，促进数字经济与实体经济深度融合。推动新一代信息技术与制造业融合发展，实施制造业数字化转型发展行动，对于主动进行数字化研发的企业给予一定的税收优惠政策。加快数字技术相关专业的建设，促进当地产学研结合，培养数字化人才，打造数字技术人才集聚新高地。

第九，坚持继续教育，提高劳动者素质。未来制造业进入自动化、机械化时代，对从事制造业一线工人的需求逐渐下降，高技能人才面临短缺。在中国制造业未来的发展中要重视劳动力素质的培养，分行业、分部门有针对性地提高工人的专业技能，加大专业型学科院校的投入建设，鼓励在岗工人针对自身技能不足进行“再学习”，努力适应新发展格局下的新景象。

第十，坚持开放，利用全球资源。中国制造尽管取得了举世瞩目的成就，但是这一成就仅限于总体数量上的成就，中国的制造业一直处于全球产业链的中低端，生产模式多集中于劳动密集型的加工环节。欧美“再工业化”的提出，更加限制了发达国家对中国的技术输出，中国在全球产业链的位置进一步边缘化。这就要求中国在加快自身技术研发的同时，以更加开放的姿态进入到全球化生产环节中。开放也是一种改革，应对这一轮全球性改革，中国的策略就是开放。在未来的发展中，人力资源始终是不可忽视的因素，而且，我国拥有巨大的国内市场，进一步开放吸纳全球资源有着巨大的潜力。另外，在开放中学习国外知名品牌的成功经验的同时，努力打造国内的优势品牌，并推动国内品牌走向世界。

第十一，坚持制造业绿色革命，可持续发展。新一轮工业革命是绿色革命、低碳革命，人类历史上每一次重大进步都伴随着能源的变革，随着化石能源的枯竭，绿色能源将是人类未来发展的主要能源。近年来，美国和德国先后在绿色能源的研究中取得了突破性发展，很有可能在新一轮工业革命中占据“制高点”。中国能否在这次工业革命中大放异彩，绿色能源的开发起着关键性的作用。对此，中国应加快新能源的开发，重点攻克新能源不稳定、难储存等难题，同时加大与国外的新能源合作。

8.3 研究展望

高质量发展是城市制造业转型升级的重要目标导向。本书通过研究城市内部制造业空间布局对高质量发展的影响，结论从三个空间维度为高质量发展导向下制造业空间合理布局提供了参考，为城市政府产业空间规划提供了一定的理论支持，但仍然存在一些问题需要在今后的研究中进一步探讨：

第一，本书在对城市制造业空间布局进行刻画时，主要以区县为基本空间单元，原则上，在刻画空间布局时的基本单元越小结果越精细，也就说如果用街道、社区层面甚至地理网格为基本空间单元结果可能会更加精确，但且不论社区层面，全国近300个城市中有着46000多个街道，每年都会产生大量的行政区划变更，包括更名、撤销、合并、拆分等，使得在长时间研究中难以保证空间单元的一致性。另外，当前街道及以下层级的行政单元信息较难获取。至于地理网格虽然空间单元划分更加一致，但控制变量中用到的一些经济社会数据难以统计。因此，在未来可操作性和微观数据可得性的基础上，从更加微观和规模一致的空间单元刻画城市的产业空间布局是需要进一步探索的。

第二，尽管本书从企业生命周期理论对制造业空间布局影响全要素生产率的机制进行了识别，但是对空间布局的变化及其对全要素生产率的影响缺乏实证检验。特别是对中心城区影响制造业区位选择的两种力量——“排斥力”和“吸引力”缺乏深入分析以及实证检验，这是需要进一步研究的方向。

第三，本书主要从形态学的角度研究了制造业空间布局变化及其对高质量发展的影响，而产业空间布局除了形态布局还包括功能布局，重点从产业间关联视角研究空间布局对高质量发展的影响。因此，考虑产业关联效应的空间布局以及对高质量发展的影响有待进一步讨论。

第四，已有的理论和实证研究表明，城市制造业空间布局不仅受市场力量的影响，对政府政策也非常敏感。因此，制造业空间布局对高质量发展的影响也会受到政府产业政策的干扰，本书在考虑政府政策的影响时，仅作为控制变量如税收、补贴、制度环境等加入到模型中讨论，并未深入探讨政府政策的影响机理，这也是在以后的研究中需要进一步完善的方向。

第五，信息技术的飞速发展对城市制造业空间造成了猛烈冲击，本书通过考察互联网技术应用对基本结论的影响发现，互联网技术的普及与应用能够显著缓解制造业离心性布局造成的生产率损失。但随着数字经济时代的到来，信息技术、人工智能对经济活动传统地理空间的重塑仍值得广泛关注与深入研究。

9　空间布局与高质量发展的专题研究

9.1 北京高技术制造业多中心空间结构的演变特征与经济绩效

1988 年，中国第一个国家级高新技术产业开发试验区在北京中关村成立，开启了我国高技术产业的发展历程。北京市作为中国高技术产业发展的战略高地，经过三十余年的发展，取得了诸多辉煌成绩。2021 年，北京市高技术产业实现增加值 1.09 万亿元，比上年增长 14.2%。营业收入 5850 亿元，在全国城市中居于领先地位。城市空间作为生产活动的载体，同时也是重要的生产要素，研究北京高技术制造业空间结构的演进规律和经济绩效，合理布局高技术制造业空间结构，对于疏解北京非首都功能、改变中心城区功能的过度聚集以及促进北京构建“高精尖”产业结构、推动制造业高质量发展具有重要意义。

产业空间结构是经济地理学、城市经济学等领域的重点研究方向。其中，产业的集聚效应在过去一直占据产业空间结构的主导思想。Marshall 首次用外部经济和规模经济解释了产业的集聚现象。Fujita 和 Krugman 运用模型验证了集聚产生的规模经济效应。然而，随着产业过度集聚而出现的集聚不经济现象，引起了国内外学者关于城市多中心结构的讨论。Fujita 和 Ogawa 认为随着城市规模的扩大，集聚的空间结构会越来越不稳定。Meijers 和 Burger 在关于集聚外部性的实证分析中考虑了集中和扩散的空间结构，发现多中心的大都市区显示了更高的劳动生产率。国内学者对于多中心城市空间结构的研究还处于起步阶段。蒋丽和吴缚龙基于就业人员的空间分布，对广州市城市结构进行研究，发现“就业次中心”和“多中心城市”已经存在于中国的大都市中。孙斌栋等通过大量的理论与实证分析，对城市的多中心结构进行了研究，主张相对均衡或分散的多中心城市结构更有利于经济增长，但是要掌握好“集中与分散”的程度。也有一些研究认为多中心不利于城市生产率的提高，如 Fallah 等以 1990—2001 年美国 357 个都市区的数据为样本发现蔓延显著降低城市劳动生产率，秦蒙和刘修岩以 2000—2012 年中国 222 个地级及以上城市数据得到相似的结论。针对这些不同观点，魏守华、陈阳科等认为其与当前大城市在空间形态上表现出的多中心结构趋势相违背，并认为现代城市扩张是基于城市功能分区形成多中心结构或多中心集聚模式，而不是无序的蔓延。

国内外学者同样对高技术制造业空间分布的相关问题做了大量的实证分析。Devereux、Griffith 等通过研究英国制造业细分行业的集聚模式，发现高技术产业相对传统行业而言，集聚程度相对较低。Echeverri-Carroll 和 Ayala 通过工资的代际差异研究得出高技术产业工人和企业相对倾向于集中在科技更为发达的区域以获得更高的知识溢出效应。王铮等研究指出高技术产业的集聚形式从最初在大学周边集聚，到形成以科技园特征表现的边缘城市，最终形成产业带的结构。

通过以上的文献梳理发现，国内外学者对于多中心空间结构的演变趋势和产业多中心结构对经济绩效的影响并没有达成一致结论。尽管国内外学者都给出了关于多中心城市发展的不同见解，但是关于城市空间结构的研究过多集中于“极端的单中心”或“极端多中心”“集中或分散”的层面，多中心结构的内部形态以及衡量尺度都没有一个广为大家接受的标准。而国内多中心的研究还停留在城市蔓延层面的空间形态，而对于多中心城市结构的理解还不够深入。本书基于 Pereira 等提出的城市中心性指数（Urban centrality index），对北京市 2004—2009 年高技术产业多中心结构的时空演变趋势以及对劳动生产率的效应进行分析，探讨产业多中心结构对经济绩效的影响机制。

9.1.1 测度方法与数据来源

9.1.1.1 数据来源

本文使用的数据主要来源于《中国高技术产业统计年鉴》和国家统计局中国工业企业数据库，由于北京从 2004 年开始执行国家高技术产业统计标准，因此实证部分只截取了中国工业企业数据库中 2004 年至 2009 年的部分。高技术制造业的行业类别根据国家统计局公布的《高技术产业统计分类目录》界定为核燃料加工，信息化学品制造，医药制造业，航空航天器制造，医疗仪器设备及器械制造，仪器仪表及文化、办公用机械制造业，通信设备、计算机及其他电子设备制造业 7 类①。

9.1.1.2 城市中心性指数（UCI）

Pereira 等提出的城市中心性指数（Urban Centrality Index，UCI）为城市空间结构的多中心紧凑程度提供了一个衡量指标，该指数由两部分组成，第一部分是来自于 Florence 提出的区位指数（Location Coefficient，LC），主要测度一个城市内部就业的非均匀分布，也就是集聚程度，

$$LC=\frac{1}{2}\sum_{1}^{n}|S_i-\frac{1}{n}| \tag{9-1}$$

其中，n 为城市内部空间单位数目，S_i 为空间单元 i 的就业占城市总就业的份额。LC 在 0 到 $1-1/n$ 之间取值。当 LC 趋向于 0 时，城市趋于分散，经济活动均匀分布在各区域；当 LC 接近于 $1-1/n$ 时，城市趋于集聚，经济活动集中在城市的一个较小区域。显然，这个指数没有考虑距离因素和空间形态，仅仅展示了就业的集中程度，而无法在空间维度上解释就业分布的不均衡程度。因此，具有相同 LC 数值的城市可能在空间特性上完全不同。

城市中心性指数的另一部分来源于 Midelfart-Knarvik 等提出的空间分离指数，这一指数最初被用来研究欧洲各区域上经济活动的空间分布变化情况，

$$V=S'\times D\times S \tag{9-2}$$

其中，S（s_1，s_2，…，s_n）$'$ 为 n 维列向量；D 为距离矩阵，D 中的元素 d_{ij} 表示区域 i 与 j 质心间的距离，D 中对角线元素为 0，表示各空间单元到自身的距离为 0。当所有的就业活动

① 自 2006 年以来，北京就没有了核燃料加工企业和其他飞行器制造企业；信息化学品制造业企业不足 10 家，增加值占高技术制造业的比重仅为 0.5% 左右，因此本书研究分行业情况中，不涉及这三个行业。

集中于一个空间单元时，V得到最小值 0（与这个空间单元的位置无关）。然而，这个指数并没有最大值，因此无法在不同城市之间进行比较。基于此，Pereira 等创建了一个新的变量 PI，作为 V 的标准化变量，从而解决上述问题。

$$PI=1-\frac{V}{V_{max}} \tag{9-3}$$

其中，V_{max} 表示这个空间分离指数所能达到的最大值。在计算 V_{max} 时，考虑与极端单中心城市形态相对的，认为当经济活动均匀地分布于城市边缘时即达到最大值。PI 值与 V 值的变化存在相反关系，PI 理论上介于 0 到 1 之间，当 PI 值接近于 1 时说明就业集中于一个单中心（这个经济中心不一定与区域的几何中心重合）；PI 值越接近于 0，说明就业的分布越分散。

综上，城市中心指数由 LC 和 PI 两部分组合而成：

$$UCI=LC\times PI \tag{9-4}$$

可以将 UCI 理解为由集聚因子（LC）和分离因子（PI）组成的指数。UCI 的一个优势是既考虑了经济活动的集聚情况，又加入了经济活动的扩散程度，这样不仅回避了过去相关研究中对于中心和次中心的过度识别，而且克服了单纯的无序蔓延对于判断多中心结构的干扰。由于 PI 与空间分离指数 V 呈负相关关系，UCI 越大，说明集聚因子的作用力大于分离因子的作用力，城市的多中心更倾向于在城市中心周围连片发展，呈集聚的形态环绕在中心城区周围，我们称之为集中的多中心结构。反之，则城市的多中心程度越强，多中心结构更加分散在城市的边缘，我们称之为分散的多中心结构。图 9-1 模拟了相同集聚程度（LC）的条件下，城市中心性指数（UCI）的变化情况，在产业的集聚指数 LC 相同的三种情况下，从单中心结构（a）到分散的多中心结构（c），UCI 的数值不断减小的过程中，多中心程度不断加强，经济活动的分离趋势是不断增长的。

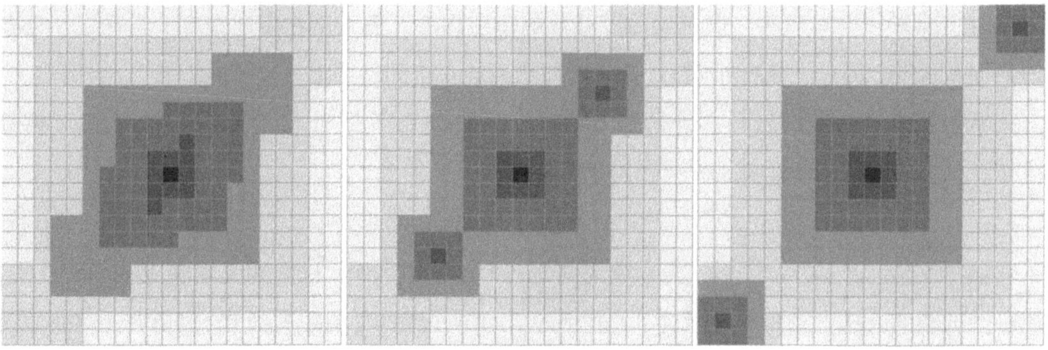

（a）单中心　　（b）集中的多中心　　（c）分散的多中心

图 9-1　从单中心到分散的多中心的城市集聚程度变化情况

资料来源：Pereira 等，2013。

9.1.1.3 UCI 在本书中的应用

为测度北京高技术制造业空间分布的多中心程度，本书将 S_i 定义为乡镇街道 i 的高技术制造业产值占所有乡镇街道高技术总产值的份额。通过 GIS 软件在北京市地图中选取质心距离边界 8km 的乡镇街道作为边缘区域单元，共 41 个，以此来模拟 V_{max} 的数值。此外，为进一步考虑城市形态的影响，在模拟 V_{max} 的数值时，将高技术制造业产值按照城市边缘各乡镇街道的面积占总面积之比进行分配。本书首先测算北京市 2004—2009 年高技术制造业全行业的 UCI 数值，对北京高技术制造业空间的多中心结构演变特征进行分析，其次，分别测算北京高技术制造业 5 类主要行业的 UCI，并比较不同行业多中心结构上的趋向性差别。最后，根据 2002 年国家统计局制定的《高技术产业统计分类目录》，按照行业四位代码，分别计算北京市 55 个高技术行业的 UCI，并以 2004—2009 年为时间维度，以劳动生产率为被解释变量构建面板数据模型，解释高技术制造业的多中心程度对经济绩效的作用机制。

9.1.2 北京高技术制造业多中心结构的演变特征

9.1.2.1 北京高技术制造业的发展现状

北京市作为中国高技术产业发展的战略高地，在经历了三十余年的高速发展后，其高技术产业总体水平在国内居于领先地位，在“大力发展高新技术产业”指导思想的引领下，北京高技术制造业蓬勃发展，2015 年北京市高技术产业利润总额达到 286.3 亿元，相比于 2004 年的 82.1 亿元，增长了近 2.5 倍。

从北京市五类主要的高技术制造业发展趋势来看，如图 9–2 所示，各类高技术行业的主营业务收入都有了明显的增长，其中电子及通信设备制造业增长最为迅猛，主营业务收入从 1995 年的 118 亿元，增长到 2015 年的 1866 亿元，以年均增长 14.8% 的速度成长为北京最重要的高技术产业。此外，航空、航天器及设备制造业相对其他四类行业的主营业务收入数值较低，但是也以年均 14.7% 的增长率，由 1995 年仅 15.49 亿元的主营业务收入，增长到 2015 年的 241.46 亿元，成为北京高技术制造业的朝阳产业。

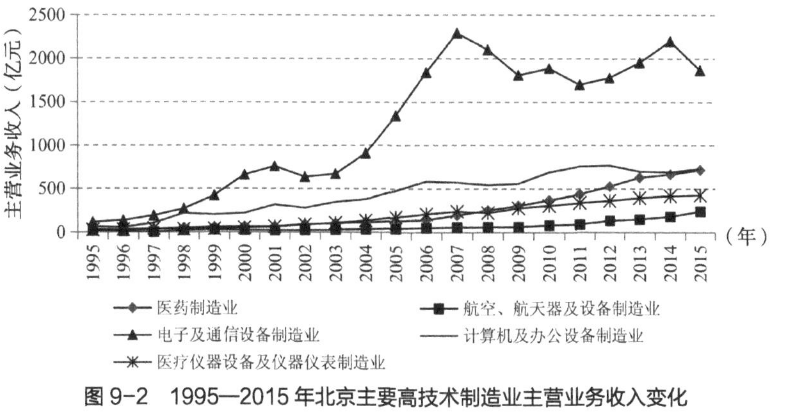

图 9–2 1995—2015 年北京主要高技术制造业主营业务收入变化

9.1.2.2 北京高技术制造业多中心模式的演变特征

在北京高技术产业总体规模迅速扩大的同时，以中关村科技园区为重点、高新技术企业为主体、电子信息产业为支柱、自主创新为动力的众多高技术产业集聚区逐渐显现。2009 年 3 月，国务院批复中关村建设国家自主创新示范区，“一区多园”集群发展格局凸显，形成了中关村软件园、上地信息产业基地、丰台总部基地、电子城科技园区、亦庄生物医药产业基地等一批具有较强影响力的高端产业多中心集聚群。

经计算得到的北京高技术制造业的集聚程度（LC）和中心性指数（UCI）如表 9-1 所示，北京高技术制造业全行业的 LC 数值在 2004—2009 年间是不断上升的，说明北京市的高技术制造业在研究期内仍处于不断集聚阶段。同样，UCI 指数呈上升趋势，说明北京高技术制造业多中心结构趋向集中。而从北京高技术制造业 5 类主要行业的 UCI 数值来看，医药制造业的 UCI 数值在 5 类行业中最小，但呈现连年上升的趋势，同时，LC 数值也呈波动上升趋势，说明该行业正处于产业快速集聚阶段，且在空间结构上向集中的多中心结构演变；航空航天器制造的 UCI 数值总体呈现上升趋势，且 LC 指数较高，说明该行业在研究期内集聚程度较高，多中心结构趋于集中；医疗仪器设备及器械制造和仪器仪表及文化、办公用机械制造业两类行业的 UCI 数值在研究期内连续下降，说明这两类行业的多中心程度不断加强，向分散的多中心结构演变。值得注意的是，仪器仪表及文化、办公用机械制造业的 LC 数值在该时期内是不断上升的，这说明尽管在整体形态上趋于多中心，但是产业在各个多中心内部呈现集聚态势。通信设备、计算机及其他电子设备制造业的 UCI 数值在 5 类行业中最高，且整体呈现出先上升后下降的趋势，说明该行业在整体布局上开始走向多中心集聚，但是从 LC 数值可以看出，该行业的集聚程度仍然较高，且有连年增长的趋势。

2004—2009 年北京高技术制造业的多中心指数变化特征　　表 9-1

行业	多中心指数	年份					
		2004	2005	2006	2007	2008	2009
医药制造业	LC	0.805	0.827	0.822	0.824	0.818	0.842
	PI	0.631	0.644	0.655	0.653	0.664	0.691
	UCI	0.508	0.533	0.538	0.538	0.543	0.582
航空航天器制造	LC	0.965	0.964	0.962	0.962	0.975	0.975
	PI	0.754	0.737	0.730	0.744	0.766	0.768
	UCI	0.728	0.710	0.702	0.716	0.747	0.748
医疗仪器设备及器械制造	LC	0.883	0.882	0.885	0.879	0.873	0.879
	PI	0.829	0.790	0.782	0.749	0.710	0.714
	UCI	0.732	0.697	0.692	0.658	0.620	0.627

续表

行业	多中心指数	年份					
		2004	2005	2006	2007	2008	2009
仪器仪表及文化、办公用机械制造业	LC	0.798	0.813	0.808	0.807	0.809	0.819
	PI	0.777	0.779	0.773	0.755	0.744	0.739
	UCI	0.621	0.633	0.624	0.609	0.602	0.605
通信设备、计算机及其他电子设备制造业	LC	0.926	0.939	0.948	0.949	0.952	0.959
	PI	0.795	0.827	0.859	0.848	0.841	0.848
	UCI	0.736	0.776	0.815	0.805	0.800	0.813
北京高技术制造业全行业	LC	0.839	0.862	0.863	0.867	0.868	0.879
	PI	0.765	0.765	0.770	0.770	0.766	0.775
	UCI	0.642	0.659	0.664	0.667	0.665	0.681

9.1.3 理论假说与模型构建

9.1.3.1 理论假说

关于产业的多中心分布一般分为两种视角，一种是大都市群内部的多中心视角，城市群内相互比邻的小城市基于功能分工的不同聚集到一起，以中心地理论为理论基础，追求“互借规模”、享受彼此溢出效应的目的，这种视角大多基于区域的空间尺度，本书不进行过多讨论；另一种主要考虑城市内部的空间结构特征，以土地竞租理论为基础，随着城市中心产业规模的不断增加，土地等要素价格以及生产生活成本不断上升，在集聚经济和集聚不经济的共同作用下，城市空间形态不断向多中心结构演变。在城市扩张及其空间结构演变的过程中，主要包括三个假设：第一，过度集聚的规模不经济。关联企业集聚产生正外部性，但工商企业混业集聚容易产生集聚不经济。第二，多中心结构并不一定促进行业生产效率，过于分散的多中心结构可能导致生产效率的下降。第三，多中心结构对行业生产效率的影响与不同行业的发展阶段密切相关。一般地，在行业形成初期，相关企业散落在城市的不同单元，彼此独立地进行各自的生产活动；随着行业进入快速成长期，企业规模的不断扩大，为追求更大的市场规模而向“单中心”集聚，这个时期由于集聚的规模效应，企业间共享资源而降低了生产成本，从而带来了更高的经济收益；当行业进入成熟期，由集聚带来的规模经济达到顶峰，此时，大量的企业集聚使得单中心地区资源紧缺，地价和工资水平不断上涨，集聚带来的规模经济逐渐被高涨的生产成本抵消，这时候，部分企业迫于成本压力开始向城市外围转移。然而，产业的外迁并不是漫无目的蔓延，由于失去了原有的市场规模，在开始一段时间内，追求利润最大化的企业环绕在城市中心重新集聚，形成了集中的多中心集聚模式。随着行业规模的进一步扩大，多中心程度不断增强，产业不断地向城市外围延伸，但这一过程并

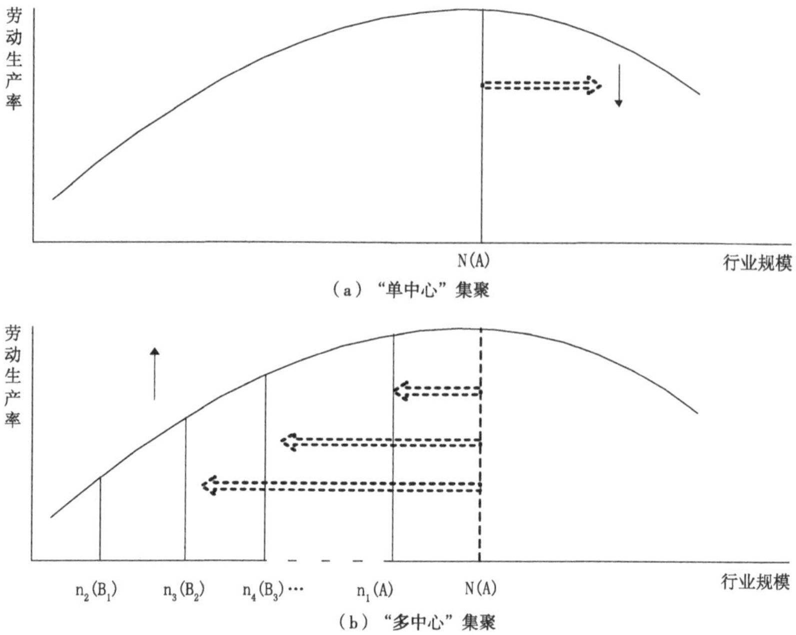

图 9-3 从"单中心"结构到"多中心"结构的演变机理

不是无休止的延续，过度多中心带来较低的溢出效应和较高的运输成本将抵消要素成本下降带来的效能提高。

图 9-3 反映了本书中代表性行业在成长过程中行业集聚程度与劳动生产率的假定关系，图（a）中的 A 点表示传统单中心集聚点，并假定 N 为单中心 A 点产生集聚经济的规模上限，在达到 N 之前，行业内的单中心集聚不断提升劳动生产率，在超过规模 N 之后，劳动生产率开始下降。这时，企业向城市外围迁移，形成多中心的集聚点，如图中的 B_1、B_2、B_3…，A 点原有的行业规模 N 开始从 A 点迁出，非均匀的分布于 B_1、B_2、B_3…，由于行业规模的下降，在每个多中心单元，集聚再次带动劳动生产率的提高。

9.1.3.2 模型构建

为继续探讨多中心结构对行业生产效率的影响，本文构建如下计量方程：

$$\ln LP_{it}=\alpha_0+\alpha_1 UCI_{it}+\alpha_2 LC_{it}+\beta X_{it}+\mu_i+\sigma_t+\varepsilon_{it} \tag{9-5}$$

其中，LP 表示劳均工业总产值，为 t 时期，行业 i 的工业总产值与从业人数之比，用该比值来表示行业生产效率；UCI 代表产业多中心的紧凑程度，数值越大，代表越集中的多中心结构；LC 为行业的区位指数，代表产业的集聚程度，与 UCI 共同作为本书的核心解释变量；X 为城市 - 行业层面的控制变量。高技术制造业由于其产业特性，普遍存在高固定资本投入的特点，因此本书选取劳均固定资本投入（LFA）作为控制变量；人力资本投入主要用工资水平（LSAL）和劳均职工教育投入（LEDU）来表征，并用研发费用（RD）来表示行业的研发投入。由于中国工业企业数据库 2008 年和 2009 年并没有统计这三项指标，本书首先根据

2005—2007 年的工资趋势，平滑出 2008 年、2009 年的工资数值。另外，有学者认为，企业一旦进行研发投入，那么每年的投入额度基本保持不变，因此对于 2008 年、2009 年的研发费用我们使用 2007 年的数据补齐，并用相同的方法补齐职工教育投入的缺失数据。高技术制造业大部分行业符合国家产业扶持政策，在财政补贴以及税收减免方面能够享受较大的优惠扶持力度，因此选取行业应交所得税（TAX）和补贴收入（SUB）反映政策因素。μ_i 和 σ_t 分别为个体固定效应和时间固定效应，ε_{it} 为随个体与时间而改变的扰动项（表 9–2）。

模型变量说明 **表 9–2**

	变量	符号	定义
被解释变量	高技术制造业生产效率	LP_{it}	i 行业 t 年劳均产值
核心解释变量	高技术制造业集聚程度	LC_{it}	i 行业 t 年 LC 指数
	高技术制造业多中心程度	UCI_{it}	i 行业 t 年 UCI 指数
控制变量	劳均固定资本投入	LFA_{it}	i 行业 t 年劳均固定资产投入
	工资水平	$LSAL_{it}$	i 行业 t 年劳均工资水平
	劳均职工教育投入	$LEDU_{it}$	i 行业 t 年劳均职工教育经费
	研发投入	RD_{it}	i 行业 t 年研发投入经费
	税收	TAX_{it}	i 行业 t 年应交所得税总额
	补贴	SUB_{it}	i 行业 t 年财政补贴收入总额

9.1.4 实证估计与结果分析

本书首先对北京高技术制造业全行业的面板数据进行豪斯曼检验（Hausman Test），得到 P 值等于 0.053，结果拒绝原假设，因此选用固定效应（FE）方法进行估计；其次，考虑到要素投入的滞后效应，比如前期的资本投入、教育投入等对当期劳动生产率的滞后作用，本书采用解释变量的滞后变量法对模型进行 OLS 回归，同时采用 GMM 估计方法进一步解决变量的内生性问题。得到的结果如表 9–3 所示。

高技术制造业全行业整体回归结果 **表 9–3**

变量 回归方法		lnLP		
		① FE 方法	② OLS（lag_1）	③ GMM 方法
常数	Constant	5.8826** （2.21）	10.0042*** （6.50）	/
核心解释变量	LC	−0.7287 （−0.26）	−5.8759*** （−3.35）	−6.5365 （−1.53）
	UCI	0.9814*** （2.97）	1.3473*** （3.58）	2.2833** （2.12）

续表

变量 回归方法		lnLP		
		① FE 方法	② OLS（lag_1）	③ GMM 方法
控制变量	LFA	0.0004*** （2.38）	0.0005** （2.29）	0.0005*** （3.09）
	LEDU	0.0418*** （2.62）	−0.0588 （−1.24）	−0.0139 （0.14）
	LSAL	0.0002 （0.85）	0.0125*** （6.62）	0.0004 （0.53）
	RD	2.740e−07 （1.09）	1.156e−06*** （3.40）	3.881e−07 （1.17）
	TAX	−1.023e−06 （−0.62）	−1.340e−06 （−0.57）	2.460e−07 （0.14）
	SUB	9.620e−07** （2.49）	2.665e−06*** （7.00）	5.461e−07* （1.75）
观测数	N	325	271	212

注：前两列括号内统计量为 t 值，第三列括号内统计量为 z 值，***、**、* 分别表示 1%、5% 和 10% 的显著水平。系统 GMM 估计采用“xtabond2”程序完成，内生变量为 lnLP 的一阶滞后和 UCI，系统 GMM 估计中，Sargan 检验与 Hansen 检验的统计量和伴随概率分别为 66.60、0.000 和 38.42、0.238，说明工具变量选择是合理的。AR（1）与 AR（2）的检验统计量和伴随概率分别为 −1.83、0.068 和 1.14、0.255，说明扰动项 $\{\varepsilon_{it}\}$ 无自相关，GMM 方法是恰当的。

从表 9-3 可知，采用以上三种方法得出的核心解释变量——高技术产业空间分布的中心性指数（UCI）的系数分别为 0.9814、1.3473 和 2.2833，且均有较高的显著性水平。这表明当控制其他因素不变时，UCI 的数值与劳动生产率同方向变化，从而得出北京高技术制造业的多中心程度与劳动生产率呈反向关系，也就是说，过于分散的多中心结构，会降低北京高技术制造业的整体行业生产效率。

进一步分析结果发现，在当期，FE 方法估计得到的结果显示，UCI 每增加一单位，劳动生产率提高 0.9814 个百分点；GMM 方法显示出 UCI 每增加一单位，劳动生产率提高 2.2833 个百分点，考虑内生性、异方差等问题后，估计结果在整体趋势上变化不大。而 OLS 方法估计得到结果说明，上一期 UCI 数值每增加一个百分点，当期劳动生产率提高 1.3473 个百分点，因此，多中心结构对于劳动生产率的影响不仅体现在当期，而且存在一定的滞后效应，另外，当期两种方法得到的 LC 系数均不显著，而根据滞后变量法得到 LC 在 1% 的水平上显著，说明当期的集聚程度对劳动生产率作用不明显，但对下一期的劳动生产率产生作用。另外发现，三种方法得到的 LC 数值均为负值，所以可以判断 LC 指数对劳动生产率产生滞后的反作用。根据两个核心解释变量的估计结果，我们可以得出以下结论：第一，北京高技术制造业的劳动生产率与单中心集聚程度成反比。第二，北京高技术制造业的劳动生产率与产业的多中心程度存在反向关系。这说明，北京高技术制造业过度的单中心集聚已对行业的劳动生产率产生了抑制作用，相关企业向城市外围迁移并形成多中心格局将有利于效率的提升，但是这些迁出的企业应依托传统的单中心城区在外围形成集中的多中心集聚，与中心城区遥相呼应，而不是无序地蔓延到城市的边缘。

在其他解释变量中，GMM 方法得到滞后一期的被解释变量 [lag（1）_lnLP] 在 10% 的水平上显著，数值为 0.2472，说明连续两期的劳动生产率之间存在惯性，上一期的劳动生产率每增长 1%，会提升当期的劳动生产率 0.2472 个百分点。另外，比较三种方法得出的结果发现，FE 方法得出当期变量中仅有劳均固定资产投入、劳均职工教育投入和补贴收入通过了显著性检验；而在滞后期模型中，劳均固定资产投资、工资水平、研发投入和补贴收入均显著（OLS 结果），GMM 方法中仅劳均固定资产投资和补贴收入较为显著。综上说明固定资产的投入和补贴收入不仅在当期对生产效率产生作用，而且存在明显的滞后效应。研发投入和工资水平对劳动生产效率的影响仅存在滞后效应。值得注意的是，FE 方法得到的劳均固定资产投入、工资水平和研发投入均在 1% 水平上显著相关，说明北京高技术制造业的产业效率提升还较依赖于高投入，呈现出高资本投入、高人力资本投入、高研发投入实现高产业效率的基本特征。

为了进一步分析不同行业类型多中心程度对行业生产效率的影响，本书将北京高技术制造业按照国家高技术产业统计标准分为 4 类进行回归分析[①]，结果如表 9-4 所示。

高技术制造业分行业回归结果 **表 9-4**

变量		医药制造业	医疗设备制造业	通信设备、计算机及其他电子设备制造业	仪器仪表及文化、办公用机械制造业
常数	Constant	10.3226* （1.93）	17.8706*** （2.82）	6.5691* （1.95）	12.3196*** （3.39）
核心变量	LC	−6.4392* （−1.13）	−13.2679* （−2.03）	−2.128 （−0.57）	−7.5569* （−1.90）
	UCI	1.0656** （2.34）	0.2492 （0.48）	2.1298*** （3.21）	0.5531 （0.93）
控制变量	LFA	0.0036** （2.45）	0.0042*** （3.74）	0.0003 （1.51）	0.0015** （2.16）
	LEDU	−0.2626** （−2.06）	0.4397 （0.90）	0.0492*** （2.66）	0.0863 （0.71）
	LSAL	0.0082*** （3.66）	−0.0019 （−0.72）	−0.00005 （−0.18）	0.0060*** （3.59）

① 由于北京市航空航天器制造仅有两类四位制编码的行业类型，截面样本数目过少，故不对其进行分析。

续表

变量		医药制造业	医疗设备制造业	通信设备、计算机及其他电子设备制造业	仪器仪表及文化、办公用机械制造业
控制变量	RD	1.209e–06 （0.75）	–2.550e–07 （–0.12）	6.331e–07** （2.28）	–3.54e–06* （–1.81）
	TAX	–0.00001 （–0.76）	9.121e–06 （1.41）	–1.38e–06 （–0.71）	–0.00002 （–1.13）
	SUB	1.720e–06** （2.30）	–1.085e–07 （–0.03）	1.175e–06*** （2.94）	0.00001*** （3.00）
豪斯曼检验	Hausman	20.32***	24.04***	4.14	6.76
观测数	N	42	42	125	107

注：经过豪斯曼检验（Hausman test），医药制造业和医疗设备制造业采用固定效应（FE）模型进行估计，另外两类行业选取随机效应（RE）模型进行估计，表中括号内统计量前两列为 t 值，后两列为 z 值。其中，*** 、**、* 分别表示 1%、5% 和 10% 的显著水平。

从表 9–4 中的回归结果可以看出，尽管有些行业估计结果并不显著，但是从整体来看，四类行业的 LC 数值均为负值，与全行业整体效应相一致，劳动生产效率随着单中心聚集程度的增强而下降；UCI 指数均为正值，四类行业在研究期内的多中心程度对劳动生产率均产生了反向作用，说明为提高劳动生产率，北京市这四类高技术制造业均应该临近传统的单中心区域形成多中心集聚。因此，前文中的假设三——多中心结构对行业生产效率的影响与不同行业的发展阶段密切相关，没有得到充分验证。对此，我们认为存在以下几种可能：第一，针对单个行业的研究样本数目较少，且研究的时间区间过短，较难准确地发现行业的多中心演变规律；第二，由于政策因素的影响，北京市的高技术制造业各行业发展阶段与空间布局逐渐趋同，故不同行业的多中心结构对劳动生产率产生了类似的影响趋势。

9.1.5 结论与启示

本书以北京市乡镇街道为空间单元，计算了北京高技术制造业的多中心指数，从五类主要行业层面进行了产业空间结构演变特征分析，并以 55 个四位码行业为截面，以 2004—2009 年为时间区间，通过构建面板数据模型分析了多中心程度对北京高技术制造业行业生产效率的影响，得出以下结论：

第一，通过北京高技术制造业多中心结构演变情况来看，整个行业的集聚趋势还在加强，城市最外围的产业不断向中心圈缩紧，多中心分散程度呈弱化趋势，但中心城区的产能同样向外迁移，环绕在传统的单中心城区形成多中心集聚，说明在疏解中心城区功能的前期，高技术制造业还主要依托中心城区的辐射形成多中心集聚。5 类主要的高技术行业，在不同的发展阶段表现出不同的多中心空间结构演变趋势。

第二，北京高技术制造业整体上已出现过度集聚的现象，特别是近几年北京高技术制造业的增长率已出现下滑趋势。通过全行业整体的聚集程度 LC 指数对劳动生产率的影响结果显示，北京高技术制造业过度的单中心集聚已对行业的劳动生产率产生了抑制作用，疏解北京中心城市的高技术制造业产能是大势所趋。

第三，北京高技术制造业的多中心程度整体上与行业生产效率呈反向关系，即过于分散的多中心结构会降低行业的生产效率，几类主要高技术分类行业得出同样的结论。因此，政府在疏解首都中心城区产能的进程中，应把握好“集中与分散”尺度，不可操之过急。在顺应行业发展规律的前提下，围绕中心城区有序疏解过剩产能，在中心城区较成熟的行业规模辐射下，形成集中的多中心结构，一方面可以降低生产成本，提高生产效率，另一方面可以缓解中心城区的拥挤现象。

9.2 京津冀高技术制造业空间结构演变的经济绩效研究

在过去的一个多世纪，城市的空间形态缓慢而显著地发生了变化。国内外学者普遍认为昔日由单个城市核心及其农村腹地刻画的城市形态已不复存在。城市中心过度集聚导致的市场拥挤、完备的城市交通设施和私人汽车拥有量的攀升激发了人们向次中心转移，而产业转移紧随其后。由此，在产业集聚经济与集聚不经济、外部经济与不经济之间的共同作用下，产业空间结构逐渐向多中心转变。随着对“城市”研究范围的延伸，学者们发现外部经济并非只产生于单个独立的城市，在一定区域内相邻的城市之间也同样存在。从空间角度来看，这些区域空间结构最大的特征是：一系列看似独立却功能密切关联的小城镇簇拥在一个或几个较大的城市周围形成多中心集聚，其内部的产业空间分布发生着类似的变化。

国内外学者对于产业多中心空间分布的研究较多集中在产业次中心的识别、产业的集聚与扩散，而关于产业单中心或多中心分布对生产效率影响的探讨相对缺乏，且相关研究得出的结论存在较大分歧：一种观点认为单中心的空间结构由于较大的本地市场规模，提高了中心的稳定性并降低了交易成本，从而提升了生产效率；持相反观点的学者则认为由于市场拥挤效应，产业单中心空间结构可能会导致污染、高地租和高房价等投入成本问题，多中心的空间结构可以减少集聚不经济，更利于行业生产率的提升。另有部分学者从城市蔓延以及集中－分散的视角探讨了空间结构对城市效率的影响，并得出蔓延或分散到城市边缘的空间分布不利于城市效率提升的结论。造成这个结论不一致的原因可能主要在于学者们对于单中心和多中心的研究尺度或测度方法不统一。刘修岩等对城市内部、市域以及省域 3 个地理尺度上的城市空间结构进行了测度，发现在城市内部和市域等较小的地理尺度上，单中心的空间结构能够提高城市经济效益，而在省域这一较大的地理尺度上，多中心的空间结构更能促进本地经济效益的提升；Li 等认为多中心结构对经济效益的影响还取决于城市人口密度，人口密度低的城市在单中心结构下有更高的生产效率，而人口密度高的城市在多中心结构下有更高的生产效率。通过对已有文献的梳理发现，涉及产业多中心内部结构的剖析，例如关于多中心之间的距离或分散程度对生产效率影响的研究相对较少。在少数相关研究中，较多地使用就业人口的空间分布来表示产业空间结构，用人均 GDP 表示一个地区的经济效益，无法体现出不同行业的发展规律。本书使用高技术制造业各细分行业在最小空间单元的产值份额来分析各个行业的空间分布特征，用各行业的劳均产值表示劳动生产率，并在模型加入表示多中心空间分离度的指标，更直接地挖掘产业空间布局对行业生产率的影响。

京津冀地区是推动中国经济增长向创新驱动模式转变的重要空间载体。2019 年，京津冀地区高技术制造业企业数 2014 个，营业收入 10146 亿元，利润总额 876 亿元，分别占全国总数的 5.6%、6.4%、8.3%。自京津冀协同发展战略提出以来，在市场和政府的双重引导下，京津冀高技术制造业空间分布逐渐趋向均衡发展。从省级层面来看，2019 年，北京市、天津市和河北省高技术制造业企业数比例为 0.42∶0.24∶0.34，营业收入比例为：0.58∶0.27∶0.15，利润总额比例为 0.60∶0.19∶0.21[①]。京津冀三地高技术制造业企业数量正逐渐趋于均衡，但在效益指标方面仍存在较大差距。从产业园区层面来看，京津冀高技术制造业已形成不同形态的高技术产业集聚区，产业空间结构逐渐由单中心向多中心演变。例如，北京在产业功能调整与疏解过程中，在顺义、亦庄、石景山、昌平等城市外围地区形成一批高技术产业园区，还有一部分高技术制造业转移到天津、河北等地，演变成以北京为核心，由近及远形成若干次中心的多中心空间结构。上述现象中有两个问题值得探讨：①产业空间结构由单中心向多中心的演变是否有利于产业效率的提高？②城市群内部产业中心之间的距离是否会影响产业效率？本研究将以京津冀高技术制造业为例，基于中国工业企业调查数据库的微观数据实证探究上述问题，为京津冀高技术制造业的科学合理布局提供经验依据和决策参考。

9.2.1 数据说明与研究方法

9.2.1.1 数据说明

本书数据主要来源于中国工业企业调查数据库，该数据库由国家统计局每年将全部国有及规模以上非国有企业的季报和年报数据汇总而来，为企业层面的微观问题研究提供了一个巨大的非平衡面板。鉴于《国民经济行业分类》在 2002 年和 2011 年均发生了调整，为保证行业统计口径的一致性，本书选取2003—2012年作为研究时间段[②]。借鉴Brandt等（2012）和聂辉华等（2012）的方法，对数据库中的异常值进行处理：①剔除掉销售额、职工人数、总资产或固定资产净值缺失或不为正的观测值；②职工人数小于 8 人的企业往往缺乏可靠的会

① 数据来源于《中国高技术产业统计年鉴 2020》。

② 2012 年中国工业企业调查数据库仍采用《国民经济行业分类》GB/T 4754-2002 进行行业编码。

计系统，予以删除；③剔除总资产小于流动资产、资产小于固定资产净值、累计折旧小于当期折旧等财务异常的观测值；④剔除实收资本为负或为零的观测值。另外，2010 年中国工业企业调查数据库存在大量异常值，故将其剔除。高技术制造业细分行业根据 2002 年国家统计局公布的《高技术产业统计分类目录》进行分类统计①，包括医药制造业，航空航天器制造，医疗仪器设备及器械制造（以下简称“医疗设备制造业”），仪器仪表及文化、办公用机械制造业（以下简称“仪器仪表制造业”），通信设备、计算机及其他电子设备制造业（以下简称“电子设备制造业”）5 个两位码行业。空间范围包括北京、天津两个直辖市以及河北省石家庄市、唐山市、保定市、廊坊市等 1 个省会城市和 10 个地级市，由于区县层面存在行政区划调整，故本书以国家统计局发布的 2011 年行政区划代码为标准进行合并处理，调整后共计 204 个区县。

9.2.1.2 研究方法

1. 反距离加权插值法

空间插值是用已知点的数值来估算其他未知点的数值，以揭示空间分布趋势，可将点数据转换成面数据进行空间分析和建模。反距离加权（IDW）空间插值方法是一种精确插值方法，它假设未知值的点受近距离已知点的影响比远距离已知点的影响更大。本书运用 ArcGIS10.2 软件，通过空间插值的方法生成产值份额等值线图，进而揭示高技术产业的空间结构特征。

2. 产业空间结构测度

对京津冀高技术制造业空间结构进行定量测度是认识其特征的前提，本书采用空间集中度和空间分离指数综合测度产业空间结构。

（1）空间集中度。借鉴 Florence 提出的区位系数（Location Coefficient，LC）测度京津冀高技术产业的集中程度，计算公式如下：

$$LC=\frac{1}{2}\sum_{1}^{n}\left|s_i-\frac{1}{n}\right| \tag{9-6}$$

其中，n 为区域内部空间单元数目，s_i 为空间单元 i 的高技术产业产值占区域总产值的份额。LC 在 0 到 $1-1/n$ 之间取值。当 LC 趋向于 0 时，区域内产业趋于分散且均匀分布；当 LC 接近于 $1-1/n$ 时，高技术产业趋于集聚且集中在一个较小区域，如图 9-4 所示，随着 LC 数值的增加，产业空间分布愈加集中，形态上趋向单中心。

（2）空间分离指数。LC 指数从整体上衡量了产业分布的集中程度，但没有考虑距离因素和空间形态，无法揭示产业活动集聚区分布的紧凑程度，因此本书引入了空间分离指数

① 分类目录中，航空航天制造业（376）和医疗仪器设备及器械制造业（368）分别为交通运输设备制造业（37）和专用设备制造业（36）的下级 3 位码行业，本文当作行业大类统计。3 位码行业专用化学产品制造（266）中仅有信息化学品制造（2665）一类属于高技术产业，因此只将信息化学品制造业按 4 位码统计，不按照行业大类单独统计。由于京津冀地区自 2006 年以后便不再有核燃料加工企业，故本书只考虑剩下的 5 大类行业。

（Spatial Separation Index）来进行测度。该指数最初被用于测度欧洲地区经济活动的空间分布，后来经 Sousa 改进形成维纳布尔斯指数（Venables Index，VI）。VI 的贡献在于将各个经济活动单元之间的距离引入模型，衡量产业活动分布的紧凑程度。公式如下：

$$VI=S'\times D\times S \tag{9-7}$$

其中，S（s_1，s_2，…，s_n）′为 n 维列向量，D 为距离矩阵，D 中的元素 d_{ij} 表示空间单元 i 与 j 质心间的距离，对角线元素为 0。当所有的就业活动集中于一个空间单元时，VI 得到最小值 0，如图 9-4 所示，随着 VI 数值的增加，产业空间结构趋于分散。VI 的最大值与区域形态有关，由于本书在研究期内同一区域进行研究，故不考虑形态的变化。

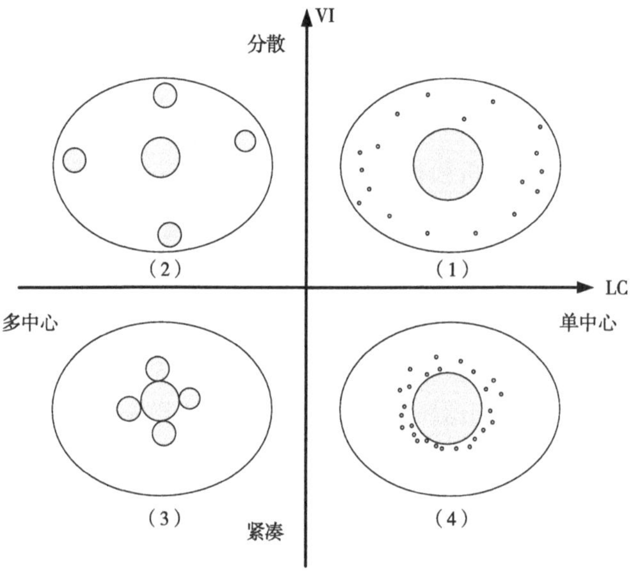

图 9-4　产业空间结构象限图

3. 动态面板 GMM 方法

产业空间结构的变化不是瞬间完成的，对于经济绩效的影响也存在一定的时间滞后，因此本书构建动态面板数据模型，采用广义矩估计（GMM）方法实证估计产业空间结构对行业生产率的影响。广义矩估计是基于模型实际参数满足一定矩条件而形成的一种参数估计方法，是矩估计方法的一般化。GMM 不需要知道随机误差项的准确分布信息，允许随机误差项存在异方差和序列相关，因而所得到的参数估计量比其他参数估计方法更有效。

9.2.2　京津冀高技术制造业空间结构演变特征

9.2.2.1　基于空间插值的空间结构演变特征

该部分利用 ArcGIS 软件，通过反距离加权插值法生成 2012 年京津冀技术制造业产值份额等值线，探索高技术制造业总体以及医药制造业、医疗设备制造业、航空航天器制造、电子设备制造业和仪器仪表制造业五个细分行业的空间分布情况，得出京津冀高技术制造业空间结构呈现以下特征：

第一，以京津为核心，沿京津走廊呈带状分布。京津冀高技术制造业大量集聚在北京的中关村、亦庄和天津的西青、东丽和滨海新区的科技园区，以北京和天津为双核心分别向西北和东南方向呈带状发展；河北省高技术制造业所占份额较少，仅医药制造业和医疗设备制造业分别在石家庄裕华区和鹿泉区形成了集聚。高技术制造业过度集聚的原因主要是京津冀地区内科技人才、资本、技术、产权等高技术制造业发展核心要素过度集中在京津，且跨省市流动和开放共享程度偏低，对河北的“虹吸效应”明显。河北中低端产业比重偏大，技术密集型产业集群发育不足，技术承接能力不强，导致北京研发成果输出到河北进行孵化转化的比例偏低。

第二，各细分行业空间结构特征各异。其中医药制造业、医疗设备制造业和仪器仪表制造业多中心空间结构特征较明显，在京津冀三地均形成了一定的产业集聚区，而航空航天器制造业和电子设备制造业则主要集中在京津地区。相比航空航天制造业，电子设备制造业在京津地区分布更加均衡，在京津内部多中心形态明显。

第三，高技术产业集聚区主导产业特征明显。如表9-5所示，京津冀地区主要高技术制造业集聚区产业结构较为单一，北京市海淀区、大兴区，天津市西青区、滨海新区的电子设备制造业占区内高技术制造业的产值比重超过一半，其中天津市西青区的电子设备制造业比重达到了95%。天津市东丽区高技术制造业构成比较多样化，但其主导产业——航空航天器制造业占比超过了54%，医药制造业和电子设备制造业占比分别为17%和26%。石家庄市裕华区的医药制造业占全区高技术制造业比重近90%，其他高技术行业份额较少。

2012年京津冀主要高技术制造业集聚区内部结构　　表9-5

地区	医药制造业		医疗设备制造		航天器制造业		电子设备制造业		仪器仪表制造	
	亿元	%	亿元	%	亿元	%	亿元	%	亿元	%
北京市海淀区	24.32	3.41	15.44	2.16	36.17	5.07	570.37	79.88	67.74	9.49
北京市大兴区	263.79	22.06	52.12	4.36	8.69	0.73	833.46	69.71	37.58	3.14
天津市西青区	4.33	2.96	2.84	0.19	0.00	0.00	1389.99	95.09	25.74	1.76
天津市东丽区	71.99	17.45	5.54	1.34	223.64	54.20	108.98	26.41	2.47	0.60
天津市滨海新区	122.65	15.00	5.90	0.72	3.27	0.40	670.73	82.00	15.40	1.88
石家庄市裕华区	171.68	89.73	0.74	0.39	0.00	0.00	12.74	6.66	6.16	3.22

9.2.2.2　基于指标测度的空间结构演变特征

京津冀高技术制造业LC指数整体上呈现下降趋势（图9-5），由2003年的0.832下降到2012年的0.809，进一步证明京津冀地区高技术制造业趋于向多中心均衡发展。在五类细分行业中，航空航天器制造的LC指数明显高于其他四类行业，且在2003—2012年呈现连续上升

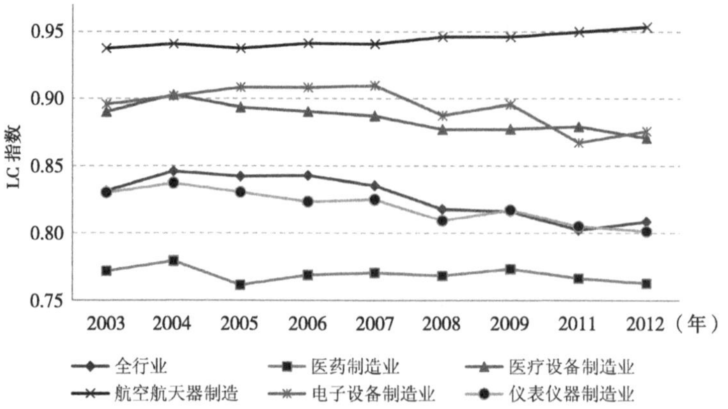

图 9-5　2003—2012 年市京津冀高技术制造业空间集中度变化情况

趋势，证实了航空航天器制造在研究期内仍处于单中心集聚的过程。除航空航天器制造之外其他四类行业的 LC 指数在总体上呈现下降趋势，在空间分布上逐渐向多中心结构演变。

从空间分布的紧凑程度来看（图 9-6），京津冀高技术制造业 VI 指数在研究期内表现出先降后升的“U”型变化形态，绝对数值由 2003 年的 112350 增加到 2011 年的 113730，说明京津冀高技术制造业的多中心空间结构经历了“分离—紧凑—分离”的演变过程，多中心分散程度上升。医药制造业的 VI 指数明显高于其他四类行业，表明医药制造业的多中心分离程度较大，但相比其他四类行业，医药制造业研究期内 VI 指数变化幅度不大，且整体上呈下降趋势。医疗设备制造业的 VI 指数在研究期内不断增长，在五类行业中变化幅度最大，从 2003 年的 54144 增长到 2012 年的 88305，说明该行业的多中心结构正处于快速扩散阶段。航空航天器制造在研究期内多中心结构变化形态呈现倒“U”型，VI 指数先上升后下降，但总体上由 2003 年的 54144 上升到 2012 年的 70000，多中心结构分离度增加。电子设备制造业和仪器仪表制造业分别表现出下降和上升趋势。

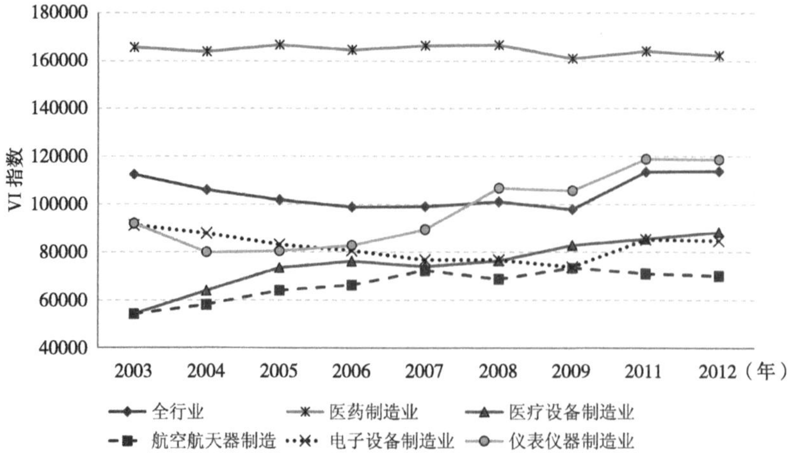

图 9-6　2003—2012 年京津冀高技术制造业空间分离度变化情况

9.2.3　高技术制造业空间结构对产业效率影响的实证估计

9.2.3.1　理论假说

1. 单中心还是多中心

产业的单中心或者多中心空间结构，其本质是在集聚经济和集聚不经济的相互作用下，市场重新配置的结果。关于城市或区域的“单中心—多中心”对效率的影响，国内外学者已进行了诸多探讨，但目前仍没有明确的结论，这可能是源于研究对象处于不同的发展阶段、研究的空间尺度或者对多中心定义的不同造成的。单中心集聚会通过投入产出关联、劳动力池、知识溢出等外部性因素促进产业效率的提高，但随着集聚规模的扩大，地租上升、交通拥堵、环境污染严重等集聚不经济随之加剧。为追求相对较低的地租和劳动力成本，产业由单中心向外转移，在若干次中心集聚而演变形成的多中心产业空间结构可以弱化集聚不经济，并通过“互借规模”、享受多中心之间的溢出效应促进产业效率的提升。

在城市群内部，厂商和劳动力的空间分布受“市场接近效应”“价格指数效应”和“市场拥挤效应”三种作用力的相互影响，最初的市场接近效应使得区域内中心城市的凝聚力大于分散力，从而产生集聚现象，集聚产生的价格指数效应使得市场进一步扩大，最终形成单中心或者是同心圆的发展模式。与此同时，过于拥挤的市场造成了生产成本的提升，产生了反作用力“市场拥挤效应”迫使区域内城市体系由单中心走向多中心，多中心空间结构是要素在区域内不同城市之间相对均衡分布，整体效率最优的状态。

因此，本书提出假设 1：相比单中心的产业空间结构，城市群产业多中心结构更有益于产业效率的提升。

2. 分散的多中心还是紧凑的多中心

京津冀地区的几个主要城市经历了高技术制造业去中心的过程，共同的特点是从中心迁出的产业围绕着原中心在近郊区形成了新的集聚，这一现象是否有利于产业效率的提升呢？到底是分散的多中心还是集中的多中心产业空间结构更优？产业空间的多中心化发展可以避免单中心集聚所导致的聚集不经济带来的效率损失，通过在城市群范围内获取协同效应，实现产业效率的提升，但也在一定程度上降低聚集经济效益，如空间距离增加带来的交通成本，人口和经济活动的分散不利于面对面的交流和非正式的经济互动等。

因此，聚集经济优势的获取必须依靠多中心之间密切的空间联系和群体化发展的外部效应，即必须将多个规模较小的中心整合为多中心一体化的产业网络系统，以此享受更大的聚集经济或外部规模经济效益，如共同分享更大规模的区域劳动市场或商品市场，分享区域基础设施等。相比于分散的多中心结构，紧凑的多中心之间由于空间距离的交易成本更低，更容易通过产业间的联系获得外部规模经济效益，促进产业效率的提升。尤其是对于高技术产业而言，主中心往往具有技术优势，就近形成的次中心产业集聚区更易获得技术溢出。

因此，本文提出假设 2：紧凑的多中心产业结构更有利于产业效率的提升。

9.2.3.2 模型构建

借鉴 Meijers（2010）的计量模型，通过扩展的 Cobb-Douglas 生产函数实证估计产业空间结构对产业效率的影响。扩展的 Cobb-Douglas 生产函数为：

$$Q=AK^{\alpha}L^{\beta}H^{\gamma} \tag{9-8}$$

其中，A 为一个效率参数或者对测度全要素生产率产生影响的外部参数，在该模型中，A 反映了产业空间分布特征（空间集中度和空间分离指数），K 表示固定资本投入，L 表示劳动力投入，H 为人力资本投入。假定规模报酬不变，$\alpha+\beta+\gamma=1$，可以得到以下模型：

$$\frac{Q}{L}=A\left(\frac{K}{L}\right)^{\alpha}\left(\frac{H}{L}\right)^{\gamma} \tag{9-9}$$

该模型将劳均生产率表示成劳均固定资本投入、劳均人力资本投入和效率参数 A 的函数，对等式（9-9）两边取对数。同时，考虑到政府政策干预会对行业的生产率造成影响，在模型中加入了政策变量 TAX 表示政府税收，将方程写为线性形式：

$$\begin{aligned}\ln LP_i&=\ln\left(\frac{Q_i}{L_i}\right)\\&=\theta_0+\sum_j\theta_{j+1}\ln X_{ij}+\alpha\ln\left(\frac{K_i}{L_i}\right)+\gamma\ln\left(\frac{H_i}{L_i}\right)+\lambda TAX_i+\varepsilon_i\end{aligned} \tag{9-10}$$

其中 i 表示 4 位码行业，等式右边第二项代表产业空间集中度和分离指数对劳均生产率的影响，是本书关注的主要解释变量。

各变量的具体含义如下：

（1）被解释变量（LP_i）：行业 i 的劳均生产率。经济绩效是指经济投入要素分配及利用的效率。对于高技术制造业，其经济绩效的评价主要体现在生产效率，劳动生产率是较为常用的测度指标，由行业 i 当年的工业生产总值除以该行业从业人数所得。由于 2004 年工业企业数据库中没有统计工业总产值，借用刘小玄和李双杰的处理方法，采用会计准则估算工业总产值：工业总产值 = 产品销售额 - 期初存货 + 期末存货。此外，由于工业企业数据库中的工业总产值是按照现价统计的，因此，本书通过工业生产者出厂价格指数以 2003 年为基期进行平减。

（2）核心解释变量：产业空间集中度（LC）和产业空间分离度（VI）。根据前文的假定，城市群内部多中心产业空间结构可以弱化单中心过度集中带来的集聚不经济，产业空间集中度与生产率呈反向关系。由于城市群内的“规模互借”受空间距离的影响，分散的多中心分布不利于行业生产效率的提升，即产业空间分离度 VI 与行业生产率同样呈反向关系。对于样本中出现的 0 值，采用对变量 VI 加 1 后再取对数的方法。

（3）其他控制变量：人均固定资本投入 LFA_i，为行业 i 当年的固定资产合计额与从业人数之比，固定资产合计以 2003 年为基期，通过固定资产投资价格指数进行平减；劳均人力资本投入，用行业 i 的平均工资 $LSAL_i$ 和人均职工教育经费 $LEDU_i$ 表示，并以 2003 年为基期，通过居民消费价格指数进行平减，预测人均固定资本投入和人均职工教育经费与生产率均呈正向关系。平均工资既衡量了劳动力成本，又在一定程度上反映了劳动力素质和技能水平。劳动力成本的提高将压缩企业利润，降低产业效率，但当工资上升主要是由劳动力素质和技能水平提高带来时，则会促进劳动生产率提高，故预期符号不确定。政策变量 TAX_i，用行业 i 当年的应交所得税与主营业务收入之比表示。

变量的描述性统计（N=459）如表 9-6 所示。

变量的描述性统计（N=459） 表 9-6

变量名	均值	标准差	最小值	最大值
lnLP	6.035	0.786	3.921	9.247
lnLC	−0.059	0.039	−0.210	−0.005
lnVI	11.056	1.173	0.000	12.349
lnLFA	4.575	0.836	1.037	8.568
lnLEDU	0.263	0.317	0.000	2.858
lnLSAL	3.441	0.651	1.977	7.905
TAX	0.013	0.011	0.000	0.092

模型的内生性问题：模型可能由于自变量和因变量之间存在同时性而产生内生性，也称为反向因果内生性，会导致估计系数的偏误。合理的产业空间结构可以最大化地发挥各要素的配置效率，带动行业生产率的提升；反过来，高生产率的地区往往伴随着高土地租金和高住房价格，从而挤出部分厂商，改变产业空间结构。因此，产业空间结构既可以是行业生产率提高的因，也可能是生产率提高的果。这就违背了 OLS 自变量不受因变量影响的假定，模型可能存在内生性。解决（潜在的）反向因果内生性造成的偏误最常用的方法是 2SLS 估计，即寻找工具变量代替内生解释变量从而解决内生性问题。考虑到本书截面维度采用的是 4 位码行业层面，寻找外生变量作为工具变量的数据较难获取，因此采用“GMM 式”的工具变量，并用 GMM 方法估计本文的动态面板模型。GMM 方法分为差分 GMM 方法和系统 GMM 方法。系统 GMM 估计量在差分 GMM 估计量的基础上进一步使用了水平方程的矩条件，不仅可以提高模型的估计效率，并且可以估计不随时间变化的变量的系数。因此，本书将主要使用系统 GMM 方法进行估计，同时利用差分 GMM 方法进行稳健性检验。行业的劳动生产率、产业空间结构以及资本投入和职工教育投入可能存在的滞后效应，故在解释变量中加入了劳动生产率的一阶滞后项 lnLP（−1），并且将产业空间集中度、产业空间分离度、劳均固定资本投入和劳均职工教育经费的当期项及其一阶滞后项纳入回归模型。

9.2.3.3 实证结果分析

模型的估计结果如表9-7所示，模型一和模型二分别估计了空间集中度（LC）和空间分离度（VI）对行业劳动生产率的影响，采用系统GMM方法进行模型估计；模型三和模型四将两个变量同时引入模型，并分别采用了差分GMM和系统GMM方法进行模型估计。使用系统GMM的前提要求扰动项不存在自相关，且选择的滞后项作为工具变量与个体效应不相关。根据AR（1）和AR（2）检验的P值显示，四个模型的扰动项的差分不存在二阶自相关，故接收原假设"扰动项无自相关"，从而可以使用GMM方法。Sargan和Hansen检验结果显示，无法拒绝"所有工具变量均有效"的原假设，即所有工具变量均为有效工具变量。

京津冀高技术制造业生产效率估计结果 表9-7

变量	模型一（系统GMM）	模型二（系统GMM）	模型三（差分GMM）	模型四（系统GMM）
lnLP（-1）	0.716*** （0.071）	0.702*** （0.085）	0.339** （0.155）	0.713*** （0.076）
lnLC	-1.477 （2.990）		-2.287 （4.702）	-3.037 （3.378）
lnLC（-1）	0.533 （2.783）		-0.367 （3.688）	2.361 （3.118）
lnVI		-0.164* （0.096）	-0.186** （0.094）	-0.167* （0.087）
lnVI（-1）		0.166 （0.121）	0.091 （0.109）	0.193 （0.136）
lnLFA	0.083 （0.058）	0.106* （0.059）	0.148** （0.063）	0.104* （0.063）
lnLFA（-1）	-0.086 （0.062）	-0.089 （0.060）	0.028 （0.042）	-0.104 （0.071）
lnLEDU	0.263 （0.334）	0.226 （0.345）	0.302 （0.280）	0.194 （0.337）
lnLEDU（-1）	-0.114 （0.233）	-0.111 （0.240）	0.112 （0.191）	-0.100 （0.244）
lnLSAL	0.170* （0.101）	0.149 （0.113）	0.262** （0.129）	0.180* （0.105）
TAX	-5.353** （2.588）	-4.946* （2.956）	-4.596 （3.522）	-5.393* （3.119）
_cons	1.190*** （0.252）	1.291 （1.226）		0.905 （1.318）
AR（1）检验P值	0.001	0.002	0.001	0.002
AR（2）检验P值	0.366	0.310	0.449	0.300

续表

变量	模型一（系统 GMM）	模型二（系统 GMM）	模型三（差分 GMM）	模型四（系统 GMM）
Sargan test	0.236	0.198	0.217	0.415
Hansen test	0.270	0.167	0.311	0.461
观测值	357	357	255	357

注：***、**、* 分别表示 1%、5% 和 10% 的显著水平，括号内的值为标准差。当使用 GMM 方法对动态面板进行估计时，从最近的滞后项开始，尝试了所有理论上满足矩条件的滞后项的组合，然后保留所有通过了 AR（2）检验和 Sargan、Hansen 检验的结果，最后以包含了最近滞后项的回归作为主要结果。最后，选择了 lnLP、lnLC 和 lnVI 的 2 阶、3 阶滞后项作为“GMM 式”工具变量。

从涉及空间集中度指数 LC 的三个模型估计结果可以看出，LC 及其滞后期的系数均不显著，但从符号来看，LC 系数均为负值，可以在一定程度上说明京津冀高技术制造业单中心集聚对生产率的提升产生了抑制作用。模型二、模型三和模型四的估计结果中，VI 的系数均为负值，且至少在 10% 的显著性水平下统计显著，系统 GMM 回归得出当空间分离指数 VI 每增长一个百分点，行业生产率下降大约 0.17 个百分点。充分说明京津冀高技术制造业产业多中心空间分布越紧凑，越有利于生产率的提升。

四个模型的估计结果中，生产率的一阶滞后项 lnLP（-1）系数均为正数，且均在 1% 的显著性水平下统计显著，说明上一期的行业生产率对当期行业生产率的作用明显。根据模型四的结果，上一期的行业劳动生产率每增长一个百分点，当期的劳动生产率大约提高 0.71 个百分点。其余的解释变量中，劳均固定资产投入在四个模型的估计结果中均为正值，且在模型二、模型三和模型四中统计显著，说明京津冀高技术制造业的生产率提升较依赖于资本投入。类似地，工资水平和税收比例均在至少三个模型中统计显著，工资水平的系数为正值，说明对于高技术制造业而言，工资水平更多地反映了劳动力素质和技能水平，工资的提高有助于生产率的提升。政府税收占主营业务的比重与生产率负相关，对高技术制造业的税收优惠政策可以促进高技术制造业效率的提升。

为了探究高新技术产业空间结构演变对经济绩效影响的空间差异性，本书选用差分 GMM 方法对北京、天津、河北分别进行了回归分析。由于本书重点关注的是产业空间集中度和分离指数对经济绩效的影响，所以表 9-8 仅列出了 lnLC、lnLC（-1）、lnVI、lnVI（-1）的估计结果。京津冀高技术制造业的单中心集聚对北京、天津和河北三地高技术制造业效率的提升产生抑制效应，进一步验证了假设 1 的稳健性。回归系数的大小和显著性说明单中心集聚对北京和天津产业效率的副作用更为显著，产业过度集聚带来的集聚不经济超过了集聚经济产生的效应；从产业空间分离指数的回归系数来看，当京津冀高技术制造业空间结构由单中心向在北京周边转移的紧凑型多中心演变时，对北京高技术制造业效率具有促进效应；而当空间结构由单中心向分散型多中心演变时，更有利于河北高技术制造业的效率拉升，区域产业空间结构演变对于中心和外围区产业效率的影响存在显著差异。

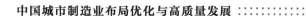

京津冀高技术制造业生产效率估计结果 表 9-8

变量	北京	天津	河北
lnLC	−14.608**	−18.038*	−3.220
	6.176	10.501	12.410
lnLC（−1）	−11.579	−15.712	−4.892
	10.931	10.412	8.228
lnVI	−0.430*	−0.110	1.775***
	0.253	0.380	0.543
lnVI（−1）	0.363	0.047	−0.461
	0.306	0.276	0.391
AR（1）检验 P 值	0.076	0.098	0.054
AR（2）检验 P 值	0.435	0.785	0.237
Sargan test	0.220	0.114	0.100
Hansen test	0.499	0.218	0.551
观测值	249	222	180

注：*** 、**、* 分别表示 1%、5% 和 10% 的显著水平，括号内的值为标准差。

9.2.4 结论与启示

本部分揭示了京津冀高技术制造业整体及分行业的空间结构特征与演变趋势，并基于动态面板计量模型，运用广义矩估计（GMM）实证检验高技术制造业空间集中度和空间分离指数对行业劳动生产率的影响。研究的主要结论：①在城市层面，京津冀地区高技术制造业仍较多地集中在京津两地，多中心特征不明显，但在城市内部，北京和天津高技术制造业均形成了明显的多中心结构。从动态上看，2003—2012 年石家庄、沧州、邢台和秦皇岛等地高技术制造业产值大幅增长，其中石家庄和沧州增幅尤为明显，京津冀地区高技术制造业空间结构呈向多中心演变的趋势。②基于指标测度得出，京津冀高技术制造业集聚程度逐渐减弱，且向分散的多中心结构演变。各行业空间结构差异明显：医药制造业的分散多中心结构特征显著，但正向紧凑的多中心演变。航空航天器制造业的集聚程度最高，且仍处于集聚阶段。医疗设备制造业和仪器仪表制造业处于不断扩散阶段。③京津冀高技术制造业的过度集聚制约了行业生产率的提升，多中心产业空间结构可以弱化单中心过度集中带来的集聚不经济。进一步来看，紧凑的多中心产业空间结构更易通过缩短空间距离，强化多中心间的产业联系获得外部规模经济效益和技术溢出，促进京津冀高技术制造业效率的提升。

基于上述结论，本书得出政策启示：①在信息技术革命和产业组织变革的影响下，京津冀高新技术制造业的发展应摒弃单中心集聚的传统发展模式，倡导在区域和城市内部的多中心发展。充分利用河北、天津地理临近、腹地优势和产业化能力，积极引导北京高技术制造业向津冀转移，根据各地的比较优势，形成多个高技术制造业集聚中心，打破“中心－外围”二元结构，构建面向区域的开放的多中心高技术制造业空间结构，加快形成创新驱动、优势互补、分工合作的产业新格局。②受交易成本和对“面对面”接触需求的影响，紧凑的多中心产业结构更易通过产业联系和技术溢出等外部性将多中心整合为一体化的产业网络系统，故在疏解北京不具备比较优势的高技术制造环节和推进北京创新成果在津冀产业化的过程中，应考虑产业主中心或创新源头与产业承接地之间的距离。在综合区位条件、产业基础、配套支撑等一系列条件的基础上，应尽可能地在北京周边选择产业承接地，高技术制造业的产业转移距离不宜过远。

高技术制造业各行业的产业特性差异明显，导致各行业在京津冀的空间结构特征和演变趋势也存在各自的特性，本书对其中的内在原因还缺乏深入的分析，有待在未来研究中进一步深化。

9.3　职住分离对城市空间利用效率的影响研究

中国快速的城市化进程，促使城市空间不断向外蔓延，规模不断扩张，城市中心商务区对外围劳动力池的“虹吸”范围不断扩大，在促进就业集聚的同时，居住空间与就业空间的错配逐渐成为影响城市产出效率的重要因素，加之近些年户籍制度的松动，越来越多的人口向城市集中，产生的拥挤效应更加剧了通勤成本，降低了整个城市的空间利用效率。以北京市为例，2018 年第二季度北京居民的单程平均通勤距离超过了 11km，单程平均通勤时间达到了 46.7 分钟，单程平均通勤拥堵损失的时间为 23.5 分钟，职住空间分离现象极为突出[①]。而根据百度地图 2018 年第二季度城市交通研究报告显示，全国 100 个主要城市样本中，单程平均通勤时间超过 30 分钟的城市多达 56 个。通勤成本的上升不仅仅反映交通系统本身的问题，更能反映出土地利用格局所带来的巨大交通需求与交通供给不足之间存在的矛盾，职住空间分离就是其中的典型原因。因此，通过职住空间的合理配置降低城市通勤成本，进而提升城市空间利用效率成为促进城市可持续发展的一个重要突破口。

职住空间匹配理念最早可以追溯到霍华德的“田园城市”思想，之后芬兰建筑师伊里尔·沙里宁（1945）提出了“有机疏散理论”对“田园城市”的思想进行发展和完善。美国学者芒福德（1968）把霍华德的思想进一步阐述和明晰，提出了“平衡”的概念。几乎同一

① 百度地图,《2018 年第二季度中国城市交通研究报告》。

时间，Kain（1968）提出“空间错配”假说，并利用芝加哥和底特律两个大都市区的数据研究了住房市场隔离与黑人就业水平与分布之间的关系。之后，空间错配问题被扩展到其他丰富的背景和人群。例如，20世纪80年代以后，美国的郊区化带来的城市交通拥堵和空间污染问题日益严重，就业和居住空间的合理配置开始被作为解决城市交通问题的重要途径引入到城市的发展政策中。目前，国内外关于城市职住空间分离的研究主要涉及交通通勤与空气污染等问题。有学者认为就业和居住空间的平衡可以有效缩短通勤距离，减少对机动车的依赖，缓解交通拥挤，提高通勤效率，并有效降低污染物排放，缓解空气污染；另有部分学者对此持怀疑态度，Giuliano（1993）和Scott等（1997）研究发现，职住空间平衡只能微弱地解释实际通勤的变化，相比职住空间平衡，其他因素如人口、小汽车数量等能更好地解释通勤成本的变化。通过对现有文献的梳理发现，与职住空间分离相关的议题较多从规划学、社会学角度关注其产生的直接社会结果，而缺乏从城市经济学视角探讨其对城市空间利用效率的影响。

城市空间利用效率是城市发展的重要议题。在有限的空间上，城市空间利用效率能够直观反映出城市经济的发展质量。在经济发展新常态的时代背景下，城市经济发展方式由规模速度向质量效率转型，不仅是实现城市高质量发展的必由之路，也是实现城市可持续发展的客观条件。对城市效率的研究由来已久，从传统的经济学观点出发，城市自然资源、资本累积、人才配备、基础设施、政策环境等均影响城市效率。索洛（1957）将不能被劳动、资本等要素投入解释的剩余部分看作影响效率的重要因素。罗默（1986）的内生增长理论将这一外生因素内生化，认为技术进步是效率的重要来源。新经济地理理论的出现，促进了空间区位理论在经济学领域的应用，越来越多的学者从空间角度解释经济效益。然而，目前已有的关于城市效率的研究大多集中在城市经济增长效率、投入—产出效率、工业生产效率等，缺乏对有效城市空间资源的利用效率研究，城市作为经济发展的空间载体，如何合理利用有限的空间资源是城市经济提质增效的重要途径。

本书以中国地级以上城市为研究对象，以区县为研究单元测度了各个城市内部的职住空间分离程度，并通过建立计量模型估计了职住分离对城市空间利用效率的影响。与以往文献相比，本书可能存在以下几点创新：第一，尝试性从城市经济学视角探讨了职住分离对城市空间利用效率的影响；第二，在测度职住分离指标中考虑了距离因素，使得不同占地空间的城市之间能够进行横向比较，从而对中国地级以上城市进行了较全样本的比较研究；第三，划分城市内部通勤模式，分析了不同通勤模式下职住分离对城市空间利用效率的影响。

9.3.1 理论机制

就业和居住是构成城市土地利用的两大基本要素，在霍华德（1902）“田园城市”的理想模式下，居民的“工作就在住宅的步行距离之内”，在一定范围内，居民中劳动者的数量恰好满足当地的就业岗位需求，就业和居住在空间上形成均衡状态，也就是所谓的职住平衡。之后，法国的勒·柯布西耶（1943）根据国际现代建筑协会通过的内容发表了《雅典宪章》，强调城市功能分区的思想，尽管生产区和生活区应该在最小时间内到达，但二者过度融合和土地的混合利用容易破坏原本存在的集聚效应，因此生产区与生活区之间应该适当分离，并以绿色地带或缓冲带来隔离。然而随着中心城区地价不断攀升，生产成本不断提高，生产区被迫外迁，加上电信技术的快速发展，更加快了生产区向外疏散的进程。生产区与生活区由于事先缺乏有计划的配合，在城镇化和郊区化的双重影响机制下，出现了空间演变的不同步，从而导致了职住分离。

9.3.1.1　职住分离、通勤成本与空间利用效率

职住空间分离最直接的影响就是使得就业人员的通勤成本上升，国内外大量的研究证实了职住平衡时，大部分居民可以就近工作，有利于降低通勤成本，而职住分离会导致过量通勤（Excess Commuting）和浪费性通勤（Wasteful Commuting）现象。职住分离扩大通常从两方面引起通勤成本的上升，如图 9-7 所示：其一是显性成本即交通成本的上升，随着职住分离程度的扩大，通勤距离增长，交通成本随着距离的增加而递增；其二是隐形成本即通勤时间的增长，在有限的劳动时间内，通勤时间的增长造成了沉没成本的上升。二者均造成了通勤成本的上升。而通勤成本的上升进一步造成了空间利用效率的损失：首先，企业为了吸引有技能的劳动力，往往需要支付更高的工资来对增加的交通成本进行补偿，从而造成单位产出成本的上升；其次，就业人员通勤时间的延长，使得在有限的时间资源下，有效劳动时间减少；最后，长距离通勤还会耗损就业人员的精力，长此以往甚至会出现消极怠工的情况。例如，孟斌等（2013）以大规模问卷调查的方式对北京市居民通勤满意度进行了研究，发现通勤时间的延长使得就业人员的通勤满意度大大降低；Gutierrezi-Puigarnau（2011）研究发现通勤距离更长的劳动者出现工作迟到或旷工的可能性更大。通过以上理论与文献分析，本书提出，假设 1：职住分离对城市空间利用效率产生不利影响。

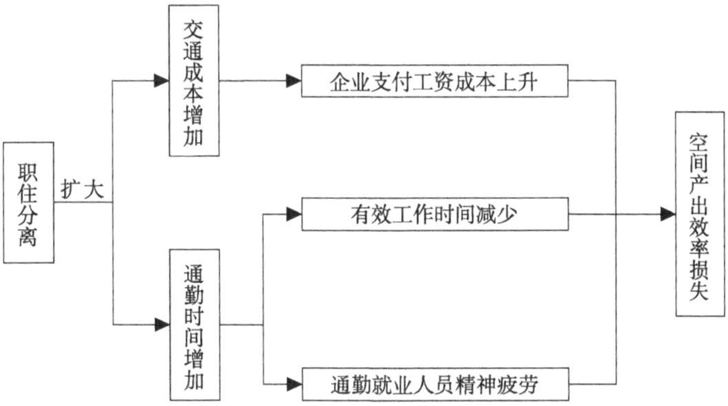

图 9-7　职住分离影响空间产出的理论关系示意图

9.3.1.2 不同城市规模职住分离对空间利用效率的影响差异

有研究指出，城市规模的扩大或者生产活动的集聚不仅仅会导致土地价格的升高，还会带来通勤成本的上升。一般来说，随着城市规模的扩大，经济活动或通勤会在更大范围内进行，通勤距离也会随之变大，小城市由于规模有限，通勤模式单一，不存在长距离通勤。而且，在有限的空间内，人口规模的扩大增加了人口密度，更容易导致拥挤效应，从而使得通勤时间延长。根据百度地图发布的全国第二季度 100 个主要城市交通拥堵指数排名报告，通勤高峰拥堵指数排名前 10 位的城市全部为大城市，前 25 位中仅大理白族自治州、乐山两个城市不属于大城市之列。通勤距离变长、通勤时间增加，均对城市空间利用效率造成损耗。基于此，本书提出：假设 2：随着城市规模增大，职住分离对城市空间利用效率的负向作用增强。

9.3.1.3 不同通勤模式下职住分离对空间利用效率的影响

动态集聚经济理论认为，当城市经济发展到一定阶段，资源集中到一定程度后，集聚不经济逐渐发挥作用而对经济效益造成不利影响，因此，厂商综合考虑地租成本与运输成本等因素而重新进行区位选择，进而促进了就业次中心的形成，也就是所谓的多中心城市。相比传统的单中心城市，多中心城市为居住在远离市中心的居民提供了多个就业区位选择，解决了单中心城市向心性通勤造成的拥堵，降低了中心城区的通勤成本。然而多中心城市是否能提高城市整体通勤效率，最终提高城市空间利用效率，对这一问题的研究还没有一致结论。例如，Lucas 和 Rossi-Hansberg（2002）通过数值模拟得出，在集聚性很强和交通成本较低的单中心城市，通勤时间最长，就业和居住较为平衡的多中心城市则通勤时间较少；但也有研究认为，基于集聚经济优先的考量，单中心导致的职住分离是正常的市场机制。造成这一争议的主要原因在于多中心城市内部通勤模式的复杂性。Bertaud（2002）归纳了几种多中心城市通勤的理论模式，其中包括职住空间完全匹配的多中心通勤模式，类似于霍华德的“田园城市”思想介绍的，当城市发展超过一定规模以后，会在其附近形成新城，在新城内部公共服务设施配备齐全的情况下，能够吸引附近劳动力临近就业，提高了通勤效率和城市整体的产出效率。然而，现实中多中心城市的通勤模式并不一定遵循临近就业原则，甚至还存在另一种极端情况，即“钟摆式”通勤。孟繁瑜和房文斌（2007）通过实地调研北京市就业和居住空间分布情况，发现北京市内存在双重的城市空间失配现象，即城市郊区居民的主要工作岗位集中于市区内部和城市市区居民的工作岗位郊区化。类似的情况也出现在天津市主城区和新城滨海新区之间，滨海新区作为国务院批准的第一个国家综合改革创新区，受各类优惠政策引导，集聚了大量的企业，提供了丰富的就业岗位，但新城区周边劳动力可能并不具备新城内产业发展所需的技术能力，而新城内教育、医疗等基本公共服务配套建设往往与主城区存在较大差距，也难以吸引来自主城区的就业人员定居，最终以新城建设为主要形式的多中心结构，反而加剧了职住分离程度，造成空间利用效率更大的损失。基于此，本书提出，假设 3：多中心城市并不一定能够解决职住分离造成的空间利用效率损失，这主要取决于多中心城市内部复杂的通勤模式，在“钟摆式”通勤的极端模式下，多中心城市的职住分离可能造成更大的效率损失。

9.3.2　数据与变量说明

9.3.2.1　数据说明

城市职住空间主要是研究在城市内部地理单元上居住和就业在空间上的匹配情况。本书使用的居住人口数据来自于全国第六次人口普查微观数据库，就业数据来源于全国第二次经济普查微观数据库。人口普查是基于居住地的调查统计，而经济普查是基于工作地的调查统计，所以基于这两种数据库可以较准确地刻画居住和就业空间的匹配程度。而鉴于经济普查中就业数据统计的是第二产业和第三产业的法人单位从业人数，为了与此对应，本书将人口普查中从事农、林、牧、渔业和国际组织的从业人员剔除。对于第六次人口普查与第二次经济普查时间不一致问题，有研究认为，居住空间选址与就业空间选址的变动相对缓慢，因此2008年的就业空间分布可以较准确地反映2010年的就业情况。城市层面的解释变量来源于《中国城市统计年鉴》和《中国城市建设统计年鉴》等。

9.3.2.2　指标构建

测度职住分离的指标主要从两方面进行构建：其一是数量的平衡测度，指的是在给定的地域范围内就业岗位的数量和居住单元的数量是否相等，被称为平衡度（Balance）测量；其二是质量的平衡测度，即在给定的地域范围内居住并在当地工作的劳动者数量所占的比重，被称为自足性（Self-contained）测量。前者考虑就业岗位与居住人口的比值，而在现实中，一定范围内的居住人口还包含由于各种原因未参加工作的人口，因此平衡度测量更偏向于“名义”上的测度，与现实情况存在一定偏差；而自足性测量关注“本区域内居住的就业人口在本区域内的就业比重”，因此更能测度就业人口在职住空间上实际的分布情况。

根据以上原则，测量指标也可以大致分为两类，第一类重点衡量平衡度，另一类为自足性测量。衡量平衡度常用职住偏离度指数，计算公式如下：

$$SD=\frac{1}{2}\sum_{1}^{n}\left|\frac{Y_i/Y}{R_i/R}-1\right| \tag{9-11}$$

式中，n 为城市内部区县数目，Y_i 为区县 i 的居住人口，Y 为所在城市的总居住人口；R_i 为区县 i 的就业岗位数，R 为所在城市的总就业岗位数；SD 数值越大，说明城市内部职住分离越严重。

职住分离的“自足性”测量比较有代表性的是由 Martin（2001）提出，比较就业和人口分布情况的空间错配指数（Spatial Mismatch Index，SMI），具体计算公式如下：

$$SMI=\frac{1}{2}\sum_{1}^{n}\left|\frac{p_i}{p}-\frac{e_i}{e}\right| \tag{9-12}$$

其中 n 同样为城市内部区县数目，p_i 为居住在区县 i 的就业人数，p 为居住在该城市的总就业人数；e_i 为区县 i 的就业岗位数，e 为城市总就业岗位数。SMI 可以反映出就业人口居住和就业岗位之间的分离度，SMI 数值越大，说明职住空间分离越严重，反之，则职住空间越平衡。尽管 SMI 更加符合现实情况，但其分析不同区域背景下的职住空间平衡问题时存在缺陷，SMI 忽略了区域单元的空间结构，或者说忽略了通勤距离的问题。考虑一个生活在就业人口过剩地理单元中的劳动力，如果其相邻的地理单元出现劳动力短缺，那么此人可以在较近的通勤下满足就业；但如果相邻的地理单元同样出现就业人口过剩问题，那么此人不得不进行长距离通勤选择就业。基于此，Theys 等（2018）对 White（1988）提出的最小通勤成本模型进行了改进，创造了考虑距离权重的空间错配指数（Distance-weighted Spatial Mismatch Index，DSMI），具体公式如下：

$$
\begin{gathered}
\mathrm{DSMI}=\min_{s_{ij}} \sum\nolimits_{i,\ j} s_{ij} d_{ij} \\
s.t.: \sum_j \mathrm{s}_{ij}=\mathrm{s}_i,\ \forall i=1,\ 2,\ \ldots,\ n \\
\sum_j \mathrm{s}_{ij}=-\mathrm{s}_j,\ \forall j=1,\ 2,\ \ldots,\ n \\
\mathrm{s}_{ij} \geqslant 0,\ \forall i,\ j
\end{gathered}
\tag{9-13}
$$

其中，$\mathrm{s}_i=\frac{p_i}{p}-\frac{e_i}{e}$ 为区域 i 的超额就业人口比例，s_{ij} 为区域 i 向区域 j 的劳动力输出份额，n 为需要输出劳动力的区域数目，m 为需要输入劳动力的区域数目；限制条件设定了区域 i 向各个区域输出的劳动力总份额等于该区域（i）的超额劳动力份额，区域 j 从其他区域吸收的劳动力总份额等于该区域（j）适龄劳动力缺口。d_{ij} 为区域 i 到区域 j 的通勤距离，我们用各区县人民政府所在地之间的距离表示。假定在职住空间非均衡状态下，超额劳动力根据最小通勤成本原则就近选择工作地，即上述“线性规划最小化”问题。当然，DSMI 测度的是理想状况下城市能够达到的最小职住分离状态，就业人员以最小通勤为目标选择就业点，没有考虑居住在现实中人们多样化、个性化的职业地点选择偏好，以及复杂的现实因素导致的偏离，但是该指标测算的结果在城市之间进行横向比较弱化了现实因素的影响，具有一定的参考价值。

9.3.2.3 中国城市职住空间的描述性分析

本书以城市内部区县为研究单元，衡量城市整体的职住分离情况。之所以选择区县层面而不是更微观的街道层面为研究单元，主要考虑了两方面原因：一方面，在更加微观的街道层面，就业和居住空间是很难达到平衡的；另一方面，若仅限于街道层面，当地居民对于就业地点的选择会受到较大限制，与现实有较大出入，从中国城市内部交通通勤方式来看，区县内部或跨区通勤是较常见的情况。根据上述公式计算出 280 个城市[①] 的职住分离指标描述

① 本书剔除了东莞、中山等不设区城市以及拉萨等数据存在严重缺失的城市，最后研究样本为 280 个地级及以上城市。

性统计如表 9-9 所示：其中职住偏离度（SD）最小的城市为常州市，数值为 0.06，说明仅从就业岗位和居住人口的比值偏度来看，常州市是最接近职住平衡的城市；而从更精确的居住地就业人口和就业岗位之间的分离度 SMI 指标以及考虑了距离因素的 DSMI 指标来看，职住空间分离最小的城市为新余市，分别为 0.003 和 0.07。SD 指数和 SMI 指数最大的城市均为淮北市，数值达到 0.981 和 0.367，是职住空间偏离最严重的城市，然而在考虑距离因素后，DSMI 指数最大的城市为酒泉市，数值达到了 31.17，而淮北市的 DSMI 的指数仅为 2.155。这说明，像酒泉这样占地面积广（是淮北市面积的 70 倍）的城市，轻微的职住人口不平衡将导致整体空间上较大程度的分离。

按城区人口进行城市规模分类统计[①]显示，中等城市的 SD 指数最大，其次为大城市，最小的为小城市；大城市的 SMI 指数最大，就业人口职住平均分离程度最高，其次为中等城市，最小同样为小城市。因此，单从空间上的分离程度，不考虑距离因素来看，小城市的职住分离程度较小；而考虑距离因素的 DSMI 指标测算结果则明显不同，小城市的职住分离程度最高，其次为中等城市，而大城市的职住分离程度最小。这是由于，尽管大城市规模较大，在绝对空间上存在较大的就业和居住分离，但大城市往往在空间结构上发展更为成熟，有多个就业次中心供远离中心城区的就业人员选择，在就业人员遵循临近就业的前提下，可以降低职住分离程度。

中国城市职住空间的描述性统计 表 9-9

城市规模	指标	样本数	均值	标准差	最小值	最大值
全样本	SD	280	0.403	0.160	0.060	0.981
	SMI	280	0.121	0.056	0.003	0.367
	DSMI	280	5.423	3.798	0.070	31.170
小城市（<50 万）	SD	116	0.377	0.154	0.131	0.874
	SMI	116	0.108	0.051	0.003	0.299
	DSMI	116	6.270	4.671	0.070	31.170
中等城市（50 万~100 万）	SD	97	0.424	0.165	0.067	0.981
	SMI	97	0.127	0.059	0.046	0.367
	DSMI	97	5.178	2.843	0.822	14.483
大城市（>100 万）	SD	67	0.416	0.160	0.060	0.840
	SMI	67	0.135	0.057	0.036	0.297
	DSMI	67	4.310	2.934	1.014	13.388

① 本书根据 2014 年国务院印发的《关于调整城市规模划分标准的通知》将中国城市归为三类：城区常住人口 50 万以下为小城市，50~100 万的城市为中等城市，100 万以上的城市为大城市（包括特大城市、超大城市，鉴于样本数目较少，将其归为大城市）。城区常住人口数量来自于《中国城市建设统计年鉴 2010》，城区常住人口 = 城区人口 + 城区暂住人口。

9.3.3 实证检验与结果分析

9.3.3.1 计量模型构建

本书以 Ciccone 和 Hall（1996）以及 Ciccone（2002）改进的生产函数为出发点，利用扩展的柯布道格拉斯（Cobb–Douglas）生产函数验证职住分离对城市空间利用效率的影响，具体函数形式如下：

$$Q=AK^{\alpha}L^{\beta}H^{\gamma}N^{\delta} \tag{9-14}$$

式中，Q 为城市的经济总产出，根据扩展的柯布道格拉斯生产函数，其主要由固定资产投入（K）、劳动力投入（L）、人力资本投入（H）以及土地投入（N）所决定，A 代表了影响经济产出的其他外部因素。在本书中，我们将 A 视作衡量职住空间分离程度的变量。在规模报酬不变（$\alpha+\beta+\gamma+\delta=1$）的条件下，城市单位土地上的空间利用效率可以写作以下形式：

$$\frac{Q}{N}=A\left(\frac{K}{N}\right)^{\alpha}\left(\frac{L}{N}\right)^{\beta}\left(\frac{H}{N}\right)^{\gamma} \tag{9-15}$$

方程左边 Q/N 为城市的空间利用效率，相比以往的劳动产出效率，空间利用效率可以更直观地反映城市在有限空间上的产出效率，这里用城市第二、三产业产出与城市建成区面积的比值表示。方程右边 K/N 为地均固定资产投入，K 为城市资本存量；L/N 为劳动力密度，L 为城市第二、三产业就业人数；H/D 为地均人力资本投入，H 为在校大学生人数。对方程两边取对数，可以将方程的乘数形式转换为线性形式：

$$\begin{aligned}\ln GDP_i&=\ln\left(\frac{Q_i}{N_i}\right)\\&=\theta_0+\sum_j\theta_{j+1}\ln X_{ij}+\alpha\ln\left(\frac{K_i}{N_i}\right)+\beta\ln\left(\frac{L_i}{N_i}\right)+\gamma\ln\left(\frac{H_i}{N_i}\right)+\theta_1 DSMI_i+\varepsilon_i\end{aligned} \tag{9-16}$$

其中，$DSMI_i$ 为前文计算得出的城市 i 的职住分离指数，之所以选择 DSMI 作为主要的职住空间分离指数，是由于考虑距离的职住空间分离更能反映出通勤距离的重要性，进而对城市的空间效率产生影响。X_{ij} 为影响城市职住分离的其他控制变量，ε_i 为误差项。

9.3.3.2 基准回归结果

本书的研究基于 2008 年第二次经济普查微观数据与 2010 年第六次人口普查微观数据匹配的截面数据，因此采用截面 OLS 回归，结果如表 9–10 所示。模型（1）基于基础计量模型估计了职住分离程度对城市空间利用效率的影响，结果显示，职住分离程度对城市空间利用效率的影响在 5% 的置信水平下显著为负，说明职住分离对城市空间利用效率有明显的不利影响。鉴于直辖市的特殊性可能会对回归结果产生影响，并且为保证城市层面的一般化，模型（2）进一步加入了是否为直辖市和是否为省会城市或计划单列市的虚拟变量，职住分离程度对城市空间利用效率的影响依然显著为负。通勤成本往往受通勤距离、交通状况和通勤方式等多方面因素综合影响，例如通勤距离越长通勤成本越高，交通基础设施配备越齐全可以降低通勤成本，相比小汽车出行，公共汽车的出行方式可以降低拥挤程度，从而降低通勤成本。本书的核心解释变量DSMI已经考虑了通勤距离因素，因此，在模型（3）中加入DSMI与城市人均道路面积（对数）的交叉项，衡量交通基础设施的配备情况对通勤成本的影响，在模型（4）中加入DSMI与城市万人公共汽车拥有量（对数）的交叉项，衡量公共交通设施的配备情况对通勤成本的影响。结果显示，加入交叉项后，职住分离指数对城市空间利用效率的负向作用依然显著为负，且系数明显增大，显著性提高，而交叉项系数均显著为正向，说明交通基础设施的完善和公共交通出行方式可以明显降低职住分离程度对城市空间利用效率的负向作用。其他影响城市空间利用效率的指标中，固定资产投入和劳动力投入均对空间利用效率起到促进作用，人力资本投入对城市空间利用效率的作用并不显著。

职住空间分离对城市空间利用效率的影响　　**表9-10**

因变量：城市空间利用（对数）	（1）	（2）	（3）	（4）
	lnGDP	lnGDP	lnGDP	lnGDP
DSMI	−0.0092**	−0.0085**	−0.0528***	−0.0390***
	（0.0040）	（0.0041）	（0.0114）	（0.0084）
地均固定资产投入（对数）	0.6989***	0.7027***	0.6830***	0.6943***
	（0.0513）	（0.0511）	（0.0470）	（0.0505）
地均劳动力投入（对数）	0.2190***	0.2240***	0.2587***	0.2398***
	（0.0532）	（0.0539）	（0.0475）	（0.0511）
地均人力资本投入（对数）	−0.0049	−0.0069	−0.0117	−0.0141
	（0.0099）	（0.0103）	（0.0098）	（0.0103）
是否为直辖市（是=1）		0.1943**	0.2117***	0.1535**
		（0.0812）	（0.0651）	（0.0677）
是否为省会城市或计划单列市（是=1）		0.0532	0.0362	−0.0036
		（0.0476）	（0.0455）	（0.0458）
DSMI×人均道路面积（对数）			0.0205***	
			（0.0052）	
DSMI×万人公共汽车拥有量（对数）				0.0184***
				（0.0041）
常数项	5.7270***	5.6431***	5.6470***	5.6865***
	（0.4656）	（0.4646）	（0.4740）	（0.4346）
样本量	280	280	280	280
R2	0.7290	0.7318	0.7551	0.7571

注：括号内为标准误差，* P<0.1，** P<0.05，*** P<0.01。

9.3.3.3 内生性与稳健性检验

为了进一步确保模型的稳健性，模型（1）用测度城市产出效率的另一常用指标劳动生产率替换模型的被解释变量重新进行模型估计；模型（2）和（3）将被解释变量分别滞后一期和两期（以 2011 年、2012 年的城市空间利用效率）重新进行模型估计，滞后的被解释变量还可以消除解释变量和被解释变量由于同期相互影响而造成的模型内生性问题，即职住分离可以影响城市空间利用效率，反过来，城市空间利用效率也可能影响到城市的职住空间结构，将城市空间利用效率滞后可以有效避免这种情况的发生；模型（4）和（5）分别用前文另外两种方法计算出的职住分离指标 SD 和 SMI 替换模型的核心解释变量；鉴于基准模型中，城市行政等级对模型产生了显著影响，在模型（6）中，我们剔除了直辖市和省会城市或计划单列市的样本进行模型的重新估计。稳健性检验的结果如表 9-11 所示，无论是替换被解释变量还是核心解释变量，以及被解释变量滞后和样本重新选择后的模型结果均保持一致，即职住分离对城市产出效率的影响作用显著负向，可以认为本书的模型较为稳健。

模型的稳健性检验　　表 9-11

变量	（1）替换因变量	（2）因变量滞后一期	（3）因变量滞后二期	（4）替换核心解释变量	（5）替换核心解释变量	（6）样本重新选择
I	-0.0832***	-0.0568***	-0.0503***	-1.1638***	-2.3331***	-0.0522***
	（0.0178）	（0.0103）	（0.0106）	（0.2284）	（0.7284）	（0.0124）
I× 人均道路面积（对数）	0.0240**	0.0117*	0.0114*	0.2386**	0.5497	0.0116
	（0.0099）	（0.0068）	（0.0069）	（0.1000）	（0.3468）	（0.0072）
I× 万人公共汽车拥有量（对数）	0.0107	0.0146***	0.0132**	0.2098**	0.6698**	0.0116**
	（0.0070）	（0.0053）	（0.0051）	（0.0878）	（0.3064）	（0.0057）
控制变量	是	是	是	是	是	是
Observations	280	280	280	280	280	245
R-squared	0.2585	0.7588	0.7238	0.7814	0.7810	0.7867

注：括号内为标准误差，* P<0.1，** P<0.05，*** P<0.01。限于篇幅，在该部分及以后部分不再报告控制变量结果。为书写方便，表中用 I 表示职住分离指数（DSMI、SD、SMI）统称。

9.3.4 城市异质性分析

9.3.4.1 不同城市规模的异质性分析

为对假说 2 进行验证，在该部分，我们将城市规模按城区常住人口划分为大、中、小三类城市样本，并分别利用计量模型估计了职住分离程度对城市空间利用效率的影响，结果如表 9-12 所示，与基准回归一致，大、中、小城市职住分离程度对城市空间利用效率的影响作用均显著为负。但比较系数大小发现，随着城市规模的增大，职住分离程度对空间利用效率的负向作用逐渐增大，且相比中、小城市，大城市职住空间分离程度对城市空间利用效率的影响显著性水平进一步提升。这可能是由于小城市规模小，城区人口密度较低，且通勤范围有限，一定程度的职住分离并不会对空间利用效率产生较大影响；而随着城区人口规模的上升，一方面推高了城区周边的房价和各种消费品价格，使得居住空间进一步向郊区推移，增加了通勤距离；另一方面，在有限空间上，人口规模的上升增加了城区通勤高峰期的拥堵延时成本，加剧了空间利用效率的损失。

不同城市规模职住分离对空间利用效率的影响　　表 9-12

因变量：地均生产率	（1）	（2）	（3）
	小城市	中等城市	大城市
DSMI	–0.0375**	–0.0439**	–0.0831***
	（0.0146）	（0.0171）	（0.0277）
DSMI × 人均道路面积（对数）	0.0114	0.0040	–0.0047
	（0.0090）	（0.0078）	（0.0227）
DSMI × 万人公共汽车拥有量（对数）	0.0068	0.0129	0.0353*
	（0.0067）	（0.0084）	（0.0178）
控制变量	是	是	是
Observations	116	97	67
R–squared	0.7593	0.8591	0.7843

注：括号内为标准误差，* P<0.1，** P<0.05，*** P<0.01。

9.3.4.2 城市通勤模式的异质性分析

根据职住空间平衡的“自足性”定义，当城市内部单元（区县）的就业人口超过当地的就业岗位时（$s_i > 0$），该地区就会向外输出劳动力，我们将其称作居住主导区；相反，当就业岗位超过当地的就业人口时（$s_i < 0$），就需要外来劳动力的输入，我们将其称为就业主导区。结合 Bertaud（2002）划分的城市通勤模式，本书根据各个城市居住主导区和就业主导区的规模，将城市通勤模式划分为三类，如图 9-8 所示：第一类为传统的单中心向心式通勤模式（图 a），该模式下，城市只有一个就业主导区，即传统的城市中心 CBD，就业人员从中心以外的地区进入 CBD，形成向心式通勤；第二类为单中心主导下的混合通勤模式（图 b），该模式下，城市至少有两个就业主导区，但传统的就业中心（CBD）仍占主导地位；第三类为多中心通勤模式，这种模式较为复杂，本书以两种极端情况为例：第一种是“城市村”式的自足性多中心邻近式通勤模式（图 c），此时，城市传统的 CBD 已失去主导地位，对劳动力的吸引力度丧失优势，城市空间结构更趋于均衡，但这一模式过分强调本地职住的“自足性”平衡，

现实中较少出现这种情形。而另一种可能出现极端现象，即多中心钟摆式通勤模式（图 d），劳动者可能由于工资收入、房价水平以及公共服务产品等空间分配不均衡而不会选择临近就业，从而增加了通勤成本，造成了空间利用效率的损失。

我们通过以下方式对城市样本进行分类：对于单中心向心式通勤模式往往较容易识别，当城市仅有一个就业主导区，其余均为居住主导区，则通勤模式为单中心向心式通勤；而就业主导区数目等于居住主导区数目的城市表现为极端的多中心通勤模式；对于介于单中心和极端多中心之间的混合通勤模式，本书通过构建均衡指数 B 对剩余城市的通勤模式进行划分：

$$B=\left|\frac{n^-}{n}-\frac{1}{2}\right|\times S \tag{9-17}$$

其中，n 表示城市内部区县总数目，n^- 表示就业主导型区县数目，当 n^-/n 越接近 1/2，说明城市内部居住主导型区县与就业主导型区县的数目越均衡，反之亦然；S 表示就业岗位最多的区县占城市总就业岗位的份额，用来衡量 CBD 主导优势。最终，均衡指数 B 越大，说明城市通勤越倾向于单中心主导的通勤模式。

$$\text{通勤模式：}\begin{cases} n^-=1\text{，单中心向心式通勤 [图 9-8（a）]} \\ B\neq 0\text{ 且 }n^-\neq 1\text{，单中心主导下的混合式通勤 [图 9-8（b）]} \\ B=0\text{ 或 }n^-=n^+\text{，多中心邻近式通勤 [图 9-8（c）]} \end{cases}$$

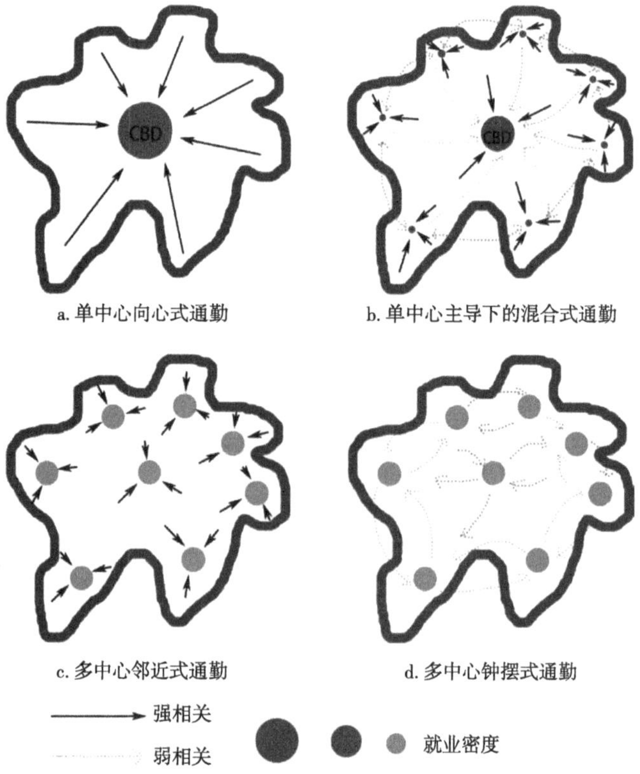

图 9-8　城市内部的通勤模式

其中 n^- 和 n^+ 分别为就业主导区和居住主导区数目。Bertaud（2004）曾指出，没有城市是百分之百单中心的，也很少有城市的是完全多中心的，更多的城市结构位于这二者之间。通过计算，中国大多数城市正经历就业郊区化现象，但传统 CBD 仍是最主要的就业主导区，也就是说，中国城市大部分处于单中心主导下的混合通勤模式。

表 9-13 为考虑了城市通勤模式差异性的回归结果，其中模型（1）为传统的单中心通勤模式下职住分离程度对城市空间利用效率的影响；模型（2）为混合通勤模式下的结果，并按照 B 值从大到小按三分位划分为三个等级，越大的组表示越趋向于单中心主导的通勤；模型（3）为极端多中心通勤模式下的结果。模型估计结果显示，各类通勤模式下，职住分离程度对城市空间利用效率的影响均为负向，但无论从系数大小还是显著性程度来看，单中心的通勤模式下，特别是临近于单中心主导的混合模式下，职住分离对城市空间利用效率的影响较小；而越倾向于多中心的通勤模式，特别是接近极端的多中心通勤模式下，职住分离对空间利用效率的负向影响较大。造成这一结果的原因可能是因为，尽管多中心是解决向心式通勤的一种方式，可以有效缓解中心城区的交通拥挤，但多中心通勤模式也增加了职住空间结构性“失配”的可能性，增加通勤时间和成本，极端的例子就是多中心“钟摆式”通勤。对于中国大规模的新城建设和开发区设立，尽管可以分担中心城区的压力，但可能加剧了职住空间分离，造成效率损失。新城附近看似庞大的劳动力群体却未必能符合当地的企业需求，新城的建设反而增加了就业人员的通勤成本。类似于第二次世界大战后的英国城市，新城建设并没有解决当地的就业，反而许多新城变成了“卧城”，加剧了职住空间分离程度以及人们的通勤距离，造成了新城和原有中心城市的交通拥堵，进而降低了城市的空间利用效率。

城市通勤模式的异质性分析 **表 9-13**

因变量：地均生产率	（1）单中心模式	（2）混合模式（三分位）			（3）极端多中心模式
	$n^-=1$	B>0.018	0.0086<B ≤ 0.018	0<B ≤ 0.0086	B=0 或 $n^-=n^+$
DSMI	-0.0406***	-0.0440	-0.0446***	-0.1218***	-0.1131***
	（0.0132）	（0.0335）	（0.0101）	（0.0280）	（0.0221）
DSMI × 人均道路面积（对数）	-0.0186	0.0036	0.0240**	0.0302*	0.0296***
	（0.0163）	（0.0079）	（0.0118）	（0.0169）	（0.0094）
DSMI × 万人公共汽车拥有量（对数）	0.0439**	0.0123	-0.0072	0.0226*	0.0132
	（0.0186）	（0.0090）	（0.0112）	（0.0118）	（0.0094）
控制变量	是	是	是	是	是
Observations	33	66	66	65	49
R-squared	0.8095	0.6991	0.7484	0.8741	0.8460

注：括号内为标准误差，* P<0.1，** P<0.05，*** P<0.01。

9.3.5 结论与启示

本书基于第六次全国人口普查和第二次全国经济普查微观数据，以区县为研究单元，研究了中国地级及以上城市的职住空间分离情况，并深入探讨了其对城市空间利用效率的影响。研究结果发现：第一，传统的职住分离指标测度不同占地面积城市的职住分离程度时存在偏差，考虑了距离的职住分离度指标更加符合现实情况；在最小化通勤距离的前提下，小城市的职住分离程度最高，中等城市次之，大城市的职住分离程度最小，这一现象与大城市往往具有发展成熟的空间结构相关。第二，通过建立计量模型估计职住分离程度对空间利用效率的影响发现，职住分离对城市空间利用效率有明显的负向作用，即职住分离是影响城市空间利用效率的不利因素，这一结果在更换城市效率指标、职住分离测度方式以及考虑滞后期作用后依然成立。第三，不同规模的城市职住分离对空间利用效率的影响存在差异，尽管大、中、小城市职住分离对空间利用效率的影响均显著为负，但从系数大小和显著性水平来看，随着城市规模的增大，职住分离对城市空间利用效率的负向作用逐渐增强。第四，在考虑城市通勤模式对这一机制的影响时，得出了与传统思想不一致的结论，即多中心结构通勤模式反而会加剧职住分离对城市空间利用效率的负向作用，这说明中国多中心城市结构不能从根本上解决各个区域的“自给自足，职住平衡”。

职住分离是城市发展到一定阶段，在空间演变中必然经历的一种现象，这种空间结构会造成一定的效率损失，根据本书的研究结果，可以得到以下几点政策启示：①交通基础设施的完善可以有效地缓解职住分离造成的空间利用效率损失，在职住空间分离较为严重的城市，应加强路网建设，完善城市内部的互联互通能力；公共交通的出行方式同样可以缓解出行拥挤，因此，倡导公共交通的出行方式，有利于缓解职住分离造成的空间利用效率损失。②大城市在疏解中心城区产业和人口迁出时，要综合考虑就业区和居住区的空间匹配，避免造成政策导向下的职住分离加剧。③尽管多中心结构能够从理论上缓解中心城区的通勤压力，但在以新城建设为主的多中心结构对于职住空间平衡的促进作用有限，甚至可能增加通勤成本，损失空间利用效率。在新城建设中要综合考虑就业岗位与当地生活公共服务的配套建设，既要做到吸引就业，也要留住就业人口，引导城市公共资源在空间上的合理配置，努力打造多中心邻近式通勤模式，提高城市运行效率。

9.4 信息技术时代城市制造业空间布局演变的新规律

9.4.1 信息技术革命与制造业发展

9.4.1.1 信息技术革命及其基本特征

20 世纪 60 年代以来，西方工业社会爆发了信息技术革命。理论界通常将其理解为新一轮工业革命，只是对这一轮工业革命的提法意见不一，普遍的观点认为人类已经经历了两次工业革命，正在经历第三次工业革命，特别是进入 21 世纪后，第三次工业革命成为全球讨论的焦点，人类进入智能化和个性化时代，以新能源的开发、智能技术、电子工业、计算机工业、生物工程、海洋工程和太空产业等发明和应用为主要标志。此外，胡鞍钢（2013）认为，中国正在进入第四次工业革命——绿色工业革命。英国《金融时报》新闻记者彼得·马什在《新工业革命》一书中指出，1780—1850 年的 70 年是制造业发展的第一阶段，也就是所谓的第一次工业革命，使英国成为制造业强国，这与主流学派的观点基本吻合。1840—1890 年发生的“运输革命”被认为是第二次工业革命。这一时期与第一次工业革命略有重叠，其典型标志是出现了新的交通工具，包括蒸汽机驱动的火车和铁壳或钢壳船。1860—1930 年的“科学革命”是第三次工业革命，廉价钢材就是这一时期的成果之一。1950—2000 年进入所谓的“计算机革命”是第四次工业革命。进入 21 世纪以来，正式进入新的工业革命，制造业个性化量产和差异化生产成为其主要特征。

1. 信息技术革命出现的原因

工业革命的产生必然伴随着复杂的社会背景，第一次工业革命发生于英国的手工业生产已经不能满足市场的需要，因此，对手工业生产提出了技术改革的要求；自然科学与工业生产的紧密结合则带来了第二次工业革命。2008 年金融危机以后，欧美国家的经济都遭受了不同程度的创伤，欧盟提出“再工业化”战略，美国等国家也在积极筹备重操旧业，努力使制造业回归国家战略地位。在此背景下，工业革命再次成为世界舆论界关注的焦点。具体来说，以信息技术为核心的新一轮工业革命的出现主要有以下几方面的因素：

第一，欧美“再工业化”促使新的发展理念产生。纵观英国发展史，英国由第一次工业革命后建立的“日不落帝国”逐渐衰退，除在第二次世界大战中受到重创外，根本原因是英国利用工业化积累起来雄厚的资本，大力发展以金融行业为主的服务业，逐渐抛弃了工业这一经济的支柱。同样的，后期依靠工业发展起来的欧美国家，在 20 世纪中后期纷纷抛弃工业，将劳动力和资本大量向第三产业转移，以至于 2008 年金融危机之后，欧美国家经济经历了重创。金融危机之后，发达国家意识到过分依赖金融行业带动经济扩张的路径是错误的，于是开始有意重新树立工业作为经济支柱。之后，新一轮工业革命愈演愈烈，逐步进入人们的视线。

第二，能源危机和环境恶化促使新的生产方式的出现。尽管前两次工业革命推动了生产的发展，带动了世界的进步，可是随之而来的负面影响也是巨大的。第一次工业革命的主要能源煤炭、第二次工业革命的主要能源石油都是不可再生资源，在使用过程中会排放大量的有毒化合物，而且当时技术水平落后，造成资源的极度浪费和环境污染，化石能源的枯竭，大自然的报复逐渐显威，全球变暖已经影响到人们的生活甚至生存。由于资源和环境的“倒逼”效应，人们不得不改变传统生产方式，发掘新能源、新材料，新一轮工业革命随之而来。

第三，个性化产品和服务的需求促使新的创新理念萌芽。随着生活水平和收入水平的提高，人们对产品和服务的需求也越来越挑剔，在这个个性化的年代里，人们开始追求与众不同、开始注重个性化魅力。女士们追求与众不同的着装，男士们追求吸引眼球的发型，这些都对现有的理念提出了挑战。消费者由过去询问企业“你们有什么”，转为现在“我需要什么”。过去无差异的大规模生产已经不能满足消费者的需求，新的工业革命带来全新的创新理念。

第四，新技术革命带来了新技术、新材料的突破式发展。第二次工业革命之后，互联网走进了历史的舞台，各种新能源、新材料被发现，各种生产技术取得群体突破，经济体系运转效率得到了极大的提升，新能源、新材料、互联网等正在合力推动人类社会的跨越式发展，特别是3D打印技术的出现，连接虚拟世界与现实生活成为可能，满足了人们日益膨胀的个性化需求，引爆了新一轮工业革命。

2. 信息技术革命的特征

每一次工业革命必然伴随着能源、技术、生产方式的巨大变革，第一次工业革命主要以煤炭为燃料，蒸汽机的广泛使用是其主要特征；第二次工业革命的能源主要以石油为主，人类进入了电气化时代。信息技术革命同样在能源、生产方式等方面有着重大变革：

第一，能源网络化。能源作为21世纪最重要的战略物资，既是人类继续进步的基石，也是制约人类发展的最大难题之一。随着化石能源的枯竭，各国纷纷投入到新能源探索中，但是目前可大量采集使用的太阳能、风能存在着品质不稳定、过于分散、转换利用率低、不便储存等问题。成功地将互联网应用于新能源的开发和利用，使清洁能源全面替代化工能源成为可能，有着“广域智能机器人”美誉的智能电网的出现让世界进入“能源互联网”时代 。人们可以在家里、办公室或工厂里生产绿色能源，自给自足，多余的能源转换为氢气储存，或者通过互联网按照市场价格出售给电力公司，而需要大量用电的机械工业，在自身生产能源不足的情况下，也能通过网络购买到所需的能源。互联网的引入，使得原本集中式、单向的能源系统转换成更多消费者参与的能源系统，在这个网络中，人们既是生产者又是消费者，通过网络达成信息共享，大大提高了生产效率，降低了交易成本。

第二，生产智能化。彼得·马什将制造业分为五个阶段，即少量定制阶段、少量标准化阶段、大批量标准化阶段、大批量定制阶段以及个性化量产阶段。当前全球制造业正从大批量定制阶段向个性化量产阶段过渡，3D技术在日常生活中的普及成为这一过渡的技术支撑。生产的智能化实现了针对不同消费者不同的个性化需求进行量化生产。

第三，组织分散化。第一次工业革命使英国建立了“日不落帝国”，第二次工业革命使美国一跃成为全球霸主，前两次工业革命仿佛只是个别国家或地区的工业革命。而新一轮工业革命最大的特征就是分散化，在经济全球化的背景下，其影响将均匀地遍及全球。这一分散化特征似乎与传统经济理论中的生产集聚、集群模式不相适应，但这两个概念是相辅相成的：从全球供应链的角度看，新一轮工业革命要求各个供应链节点均匀的分散在发达国家和发展中国家，以充分利用各地区的比较优势；而以各个供应链节点为视角，集中在小范围的专门化生产将有利于提高生产效率。分散中包含集聚，以集聚为节点，构成分散的全球供应链组织模式。

第四，工厂家庭化。工业革命以来，各式各样的工厂开始在全球各地生根发芽，各个工厂建有厂房、车间进行生产、加工，办公室进行规划、设计，产品通过销售人员出售，然后购买原材料，再生产，再销售。这是传统实体工厂的一般生产模式。新一轮工业革命使得生产重新回归到家庭作坊式生产模式，每家每户都是一个小型工厂，3D 打印技术的普及使得他们通过互联网可以共享信息、购进原材料、售出产品，这种虚拟工厂减少了建造大规模工厂和置办大型机械的麻烦，人们在家里就可以制造自己需要的产品，通过互联网完成交易，实现了现实世界与虚拟世界的完美结合。

第五，发展生态化。尽管前两次工业革命为人类进入工业文明奠定了基础，但是也带来了严重的副作用，工厂以肆意消耗自然资源、严重环境污染为代价进行生产，造成了资源浪费、环境恶化。新一轮工业革命将是一场全新的绿色工业革命，是以提高资源利用率、减少污染物排放为基本原则，经济增长与不可再生资源完全脱钩的一场变革。新能源、新材料的大量涌现为未来发展生态化提供了支撑。

9.4.1.2　信息技术对中国制造业发展提出的挑战

信息技术革命带来的是一种全新的生产方式，对当前中国制造业的形势既有机遇又有挑战，总的来说，主要有如下几点挑战：

第一，生产智能化对中国劳动力素质提出了挑战。信息技术革命带来的机械化、智能化生产，使得制造业对一线生产工人的需求下降，机器自动化的发展对工人的技术水平要求越来越高，加之人口红利消失后，中国典型的劳动密集型产业成本支出增加。因此，劳动力素质将成为未来中国制造业发展的限制因素。

第二，需求个性化对中国企业的生产模式提出了挑战。大规模的无差异生产是过去中国制造业参与国际竞争的优势所在，凭借着廉价的劳动力、丰富的资源，中国迅速发展成为“世界工厂”。然而，随着人们生活水平的不断上升，技术的更新换代，个性化需求逐渐成为人们的主流需求，这使得中国制造规模化无差别生产的优势面临危机。

第三，组织分散化对中国的出口拉动型经济提出了挑战。未来制造业将更加强调本土生产，生产地即消费地，不再需要长途运输。高成本地区所具备的先进技术、与重要的消费市场临近等优势可以在很大程度上冲抵高成本的劣势。中国是贸易大国，对外贸易依存度高达 50%，信息技术革命的分散化特征，引起高端制造业国际投资“回溯”，使得中国依靠大量出口拉动经济的优势不复存在。

第四，工厂家庭化对中国的体制机制提出了挑战。信息技术革命使得家庭工厂遍地开花，逐步取代规模烦冗的大型工厂。在我国，大量的制造业基本上都是国企，现在国企提出新创意需要政府审批，惯性作用仍然很大，滞后于创新速度，落后的观念和制度体系已经对中国制造业发展造成限制。

第五，发展生态化对中国的动力机制提出了挑战。改革开放以来，中国的工业化以惊人的速度发展着，仅用了30年的时间完成了西方国家200多年走完的路，但是众所周知，中国的高速发展是以高消耗、高污染为代价的粗放型发展形势，30年的时间造成了资源的过度消耗、环境的严重污染。在未来的发展中，随着能源危机显现、环境恶化带来的负面影响使得中国的能源机制不得不做出转变，否则在不久的将来，中国的工业化将面临停滞不前的窘境。

第六，发达国家“再工业化”对中国制造竞争力提出了挑战。发达国家重提“再工业化”，中国制造业竞争压力增大。2008年金融危机之后，发达国家政府开始意识到过分地依赖金融行业进行经济扩张是危机的原因之一，并努力将制造业重新拉回国家经济发展的重要地位。发达国家一直处在制造业产业链的顶端，掌握着核心技术，并且本身经历了两次工业革命的洗礼，已经有了雄厚的工业资本和技术支持，发达国家重新参与到制造业竞争中来，将对中国制造业发展造成巨大冲击。

尽管信息技术革命对中国制造业提出了诸多挑战，中国方面也并不是优势尽失。例如，人力资源始终是未来制造业不可忽视的因素，况且，中国作为一个消费大国，有着巨大的国内市场，随着经济结构的快速转型以及大量人口对个性化产品和服务的需求增加，将加快中国第二、三产业的深入融合，推动经济发展方式从依靠投资驱动的粗放型增长向依靠创新驱动的集约型增长转变。

9.4.1.3 信息技术时代中国制造业的出路

2010年，得益于廉价的劳动力和丰富的资源等成本优势，中国超越了美国成为全球最大的制造业国家，这一年，中国制造业占世界的比重近20%，这一数据在1990年仅为3%。面对信息技术革命对制造业的冲击，中国必须抓住机遇，做好充足的准备，加快制造业转型升级，积极迎接新一轮工业革命的洗礼。

第一，制造业向智能化发展。信息、材料和能源被誉为当代文明的三大支柱，也是构成工业文明主要因素，信息智能化、材料智能化和能源智能化是制造业向智能化发展的基础。信息智能化是指大数据时代，通过高速互联网，形形色色的消费者所具有的消费偏好、消费水平、信誉状况等信息都在人们不经意的社会活动中反馈到生产者方面，然后生产商根据互联网的分类整理，有针对地生产出各种商品，并高效地将信息传递给有需求的消费者，既提高了生产效率，又不会给消费者造成困扰。智能材料是新一轮工业革命的关键性材料，将直接影响个性化产品的质量。而所谓的能源智能化，是指未来的新能源在节能清洁、回收利用等方面的智能化发展，不仅包括可再生能源例如太阳能、风能、海洋能，还包括通过科技变废为宝的新型能源例如秸秆、垃圾等。

第二，制造业向个性化发展。彼得·马什认为制造业的未来是个性化量产和差异化生产的时代，个性化生产和服务对中国制造的标准化、规模化生产提出了挑战。个性化生产是利用互联网互动性的特征，根据消费者的具体要求，有针对性进行生产的策略。随着新一轮工业革命的推进，求新、求异的个性化消费已成为许多人的追求。这就要求国内企业顺应潮流，积极转型，改变生产模式，根据不同消费者的不同需求，快速反应，低成本而高效率地满足人们的需求。

第三，制造业向绿色化发展。我国的制造业长期依靠高投入、高消耗、高污染的劳动密集型生产，存在“技术受制于人、资源环境约束强化、区域发展不平衡”的问题。随着我国经济的高速发展，对于能源的消耗也水涨船高，国内生产对能源特别是石油进口依赖与日俱增，由过去的向外出口到现在大量依赖进口，使得能源对我国的经济发展构成了潜在威胁，以石油为主的化石燃料参与生产会释放大量的污染物，增加了中国的环境压力。在新工业革命形势下，中国制造业应向低消耗、低污染、高效率的低碳型方向发展，加快发展新能源，代替化石燃料。

第四，制造业服务化发展。过去 40 年，中国制造业通过对廉价劳动力和资源的过度使用，以及通过汇率等手段进行价值低估从而在国际市场上获得显著的价格竞争力，以实现自身快速的规模扩张。近年来，人口红利消失、化石能源的枯竭使得中国制造业不得不进行转型。2008 年金融危机，发达国家的惨痛经历告诉我们，完全放弃制造业转而依靠服务业带动经济发展是不可行的。制造业向服务业的转型不能是简单地将经济重心由发展单纯的制造部门向服务部门的横向转换，而是在原有庞大的制造业基础上通过制造业和服务业实质性融合实现制造业的飞跃和相关服务行业的互动发展。

9.4.2 中国城市信息技术发展特征分析

该部分借鉴黄群慧等（2019）的方法，采用互联网综合发展指数表征城市信息技术发展水平。具体从互联网应用和产出角度，选择互联网普及率、互联网相关从业人员、互联网相关产出和移动互联网用户数四个维度的指标。其中，互联网普及率采用每百人互联网人数代表，互联网相关从业人员采用计算机服务和软件业从业人员占单位从业人员比重代表，互联网相关产出采用人均电信业务总量代表，移动互联网用户数采用每百人移动电话数代表。所有数据均来自《中国城市统计年鉴》和各类公开信息。在具体计算过程上，先将四个指标进行标准化处理，在此基础上采用熵权法综合成一个指标代表互联网综合发展指数。将熵权法计算得到各个城市互联网综合发展指数按年份取均值，得到如图 9-9 所示的城市互联网发展指数，可以明显看到，自 2004—2013 年，中国城市互联网发展迅速，指数呈稳步上升趋势。

为了比较中国城市互联网发展水平在地域之间的差异，进一步将计算得到的互联网综合发展指数按东、中、西部地区取均值，得到如图 9-10 所示的 2004—2013 年中国东、中、西部城市互联网发展水平。从图中可以看到，东、中、西部城市互联网发展水平一直存在明显

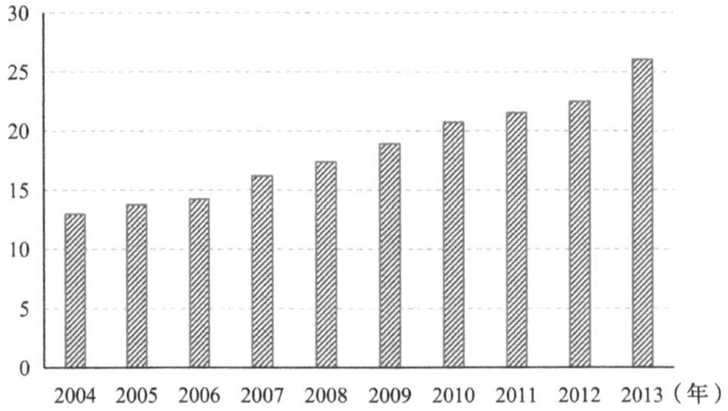

图 9-9　城市互联网发展指数（2004—2013 年）

差距，其中东部城市互联网综合发展水平远高于中西部地区，而西部地区的互联网综合发展水平高于中部地区。

从表 9-14 中可以进一步发现，在互联网综合发展指数排前 10 位的城市中，仅西安属于西部城市，其余 9 个城市均位于东部地区；前 15 位城市中，也仅增加了呼和浩特市一座西部城市，其余 13 个城市均位于东部，且中部地区并未有进入前 15 位的城市。

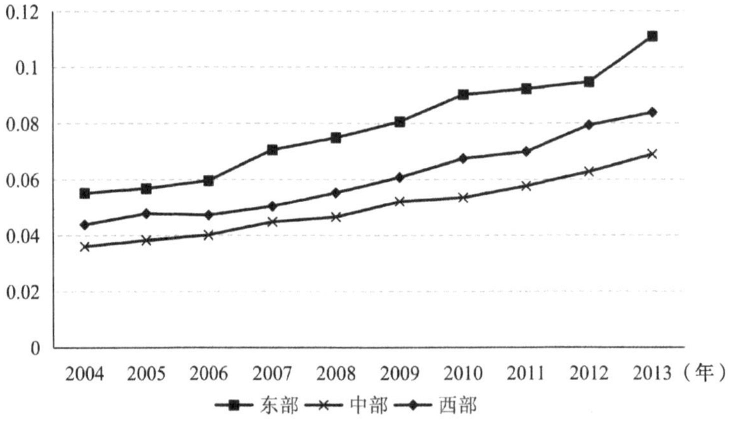

图 9-10　中国东、中、西部城市互联网发展水平

互联网综合发展指数前 15 位城市　　表 9-14

位序	城市	互联网综合发展指数	位序	城市	互联网综合发展指数
1	深圳市	4.749	9	杭州市	1.603
2	东莞市	3.067	10	佛山市	1.504
3	北京市	2.871	11	海口市	1.503
4	上海市	2.072	12	厦门市	1.429
5	广州市	2.039	13	呼和浩特市	1.386
6	中山市	1.918	14	大连市	1.303
7	珠海市	1.716	15	南京市	1.292
8	西安市	1.607			

9.4.3 信息技术时代城市制造业空间布局演变的内在逻辑

信息技术的发展与广泛应用对传统产业空间造成了剧烈冲击，一方面，信息技术本身在地理空间上的分布差异会加剧空间的不平衡程度；另一方面，信息技术通过影响生产、生活、消费方式间接造成空间重塑。许学强等（2022）总结了信息技术产业本身的区位表现，一方面为集中区位，专门进行信息技术产品从构思、设计、样本制作、实验性生产以及产品的关键零部件生产，形成了一些新增长中心，如以生产半导体和计算机为主的美国的硅谷和波士顿，以生产航天航空器原件为主的美国的达拉斯—沃思堡、休斯敦，日本的筑波，英国从伦敦向西南至布里斯托的高技术走廊等。考察这些新增长中心，可以发现它们具有一些共同的发展条件：有一流的研究大学或研究与开发机构，如麻省理工学院和哈佛大学位于波士顿，硅谷围绕斯坦福大学，筑波临近筑波大学；有组织完善的金融网络和大量富有家庭，使风险资本异常活跃；是国家和国际电子通信网络和航空运输网络中的节点，形成了网络化的生产环境；具有较高的生活质量，能吸引大量高质量劳动力；其研究与开发往往同军事合同有着密切关系，因而有良好的产品市场。另一方面为分散区位，主要进行装配工序生产，分散在较大区域范围内，如美国华盛顿州、俄勒冈州、新墨西哥州进行的半导体装配设备的生产，英国苏格兰、威尔士等地区进行的信息技术产业中以装配工序为主的活动。不仅如此，信息技术广泛应用，特别是现代国际交通和电子通信网络的形成，使得这种分散跨越国界，走向全球化，分散到发展中国家。从许多实例分析可见，这类产业的区位要求是有一个宽松的投资环境、接近发达的交通和通信网络、廉价的劳动力和土地等。

城市居民接近和使用信息通信技术的数字鸿沟日益受到重视，在信息技术时代，信息接入的不平等直接意味着经济收入和社会地位的不平等。信息技术的发展使得城市精英群体变得更加强势，对传统物质空间的控制愈加强烈。网络拥有者与未拥有者之间的差异增加了不平等来源和社会排斥，其复杂的互动进程扩大了信息社会所承诺的状况与真实世界之间的鸿沟。因为信息网络的物质载体——信息化基础设施往往是已有电话网络或有线电视系统的更新，它总是优先布局在城市经济发达的地段，然后逐步扩散，不同城区间的居民家庭在接入信息设施时存在显著的差异。低收入的居民社区很难优先吸引到对新的通信基础设施的投资，而贫民窟将是最后获取接入信息社会权利的角落。尽管早期研究认为中国地理区域巨大的“数字鸿沟”扩大了地区差距，加剧了空间不平衡程度，但随着中国互联网普及率的快速提升，以及“基础设施奇迹”带来互联网接入设施覆盖性的扩展、使用设施的便利化，使得“数字鸿沟”得以填平。针对信息技术间接造成的空间重塑的研究主要存在以下三种观点：

第一，信息技术促进了产业空间的分散化布局。在前工业时代，居民的生活节奏较慢，城市各种功能混在一起。工业时代使城市的物质空间趋于刚性，城市的建筑物与工业产品都是标准化的产物，整体空间布局与“电脑主板”的差距越来越小。而信息技术创造的虚拟空间使城市居民日常生活和工作空间充满了弹性，现实物质世界中的商店、书店、影院、医院等服务实体，都能在虚拟环境中找到替代者，信息技术的发展已使得部分城市功能虚拟化，物质场所不再是居民唯一的选择。通信工具的远距离相互作用部分取代现实工作活动中发生的实际位移，远程活动的成分开始增加。信息化使得居民在家中可以完成大多数的工作和游憩等活动，原本具有单一功能的家在城市居民生活中的地位变得愈加重要，传统功能分区的界限变得模糊，并趋于复合化。现有研究关注信息技术的空间分散机制主要来源于三方面：一是信息技术使得企业更容易分解部门功能，根据部门活动的不同选择最优区位，而信息技术降低了管理和研发部门与生产车间空间分离产生的信息传递成本，促进企业内部空间组织的最优布局；二是传统工业经济时代，因专业化分工带来的报酬递增往往被交易费用抵消，互联网的出现增加了企业空间选址的自由度，不仅降低了企业迁出的机会成本，也放大了以房价、职工工资为表征的拥挤成本的分散力；三是伴随通信技术进步、数据分析技术的提高，使得知识大范围外溢更容易，企业不再受制于市场规模的影响，即使在偏远落后地区也能越来越准确地获得更广阔的市场，分享先进地区更多的创新成果，从而降低了空间经济的集聚程度。

第二，信息技术促使产业空间更加集聚。信息技术促进产业空间集聚的引力机制同样可以归纳为三方面：一是信息技术和面对面交流是互补而非完全替代关系，尽管互联网能够有效减少形式知识（Explicit knowledge）的传播障碍，降低远距离的信息传递成本，但暗默知识（Tacit knowledge）、制度因素的存在，协作、商誉和信任等关系管理的需要，使得地理距离和经济集聚力不会消亡。为了获取复杂易变的形式知识和具有时空黏滞性的暗默知识，空间邻近知识发源地的面对面互动交流显得尤为重要；二是随着信息技术不断嵌入生产、生活，不但没有减少企业业务往来的重要性，反而增加了企业单位时间的业务量，放大了业务处理时间和响应时间的重要性，运输成本的重要性不断让位于时间成本的重要性，从而更加突出企业向中心集聚的重要性；三是信息技术能够通过“协同效应”和“效率效应”等多种渠道降低企业的生产成本，从而抵消过度集聚产生的拥挤效应，利润增加吸引企业进驻。

第三，信息技术冲击下产业空间呈现集聚和分散的双重特点。该种观点认为信息技术对产业空间的影响是一个需要具体分析和经验研究的问题。一方面，在互联网冲击下，不同空间尺度出现“大分散、小集聚”“总体集聚、局部扩散”等集聚与分散同时存在的空间形态。另一方面，信息技术对产业空间布局的影响是动态的，而这一动态调节机制与拥挤成本相关，即当拥挤成本较低时，信息技术促进制造业空间集聚，当拥挤成本较高时，信息技术推动制造业空间扩散。特别是进入信息社会，准确、快捷的信息网络将部分取代物质交通网络的主体地位，空间区位影响力削弱。网络的“同时效应”使不同地段的空间区位差异缩小，城市各功能单位的距离约束变弱，空间出现网络化的特征。网络化的趋势使得城市空间形散而神不散，城市结构正是在网络的作用下，以前所未有的紧密程度联系着。

9.4.4 信息技术影响城市制造业空间布局的现实证据

9.4.4.1 模型设定

在上文的理论分析中，信息技术对城市制造业空间布局会产生影响，但影响方式是非线性且动态的。该部分将通过建立计量模型，实证检验信息技术对城市制造业空间布局的影响。根据前文的理论分析，信息技术对于城市制造业布局的影响是动态变化的，因此，该部分参照吴思栩等（2022）的建模方式，在回归模型中引入互联网发展水平的二次项，以在统一的实证框架下考察信息技术的影响在边际和方向上的变化特征，这有利于避免人为设定临界点进行分样本估计所造成的估计偏差。鉴于二次项函数形式的模型设定存在无法捕捉具有多个转折点的复杂非线性关系的局限性，该部分首先对样本数据进行了初步的散点图分析，发现互联网发展水平与城市制造业布局具有明显的二次项函数关系（图 9-11）。

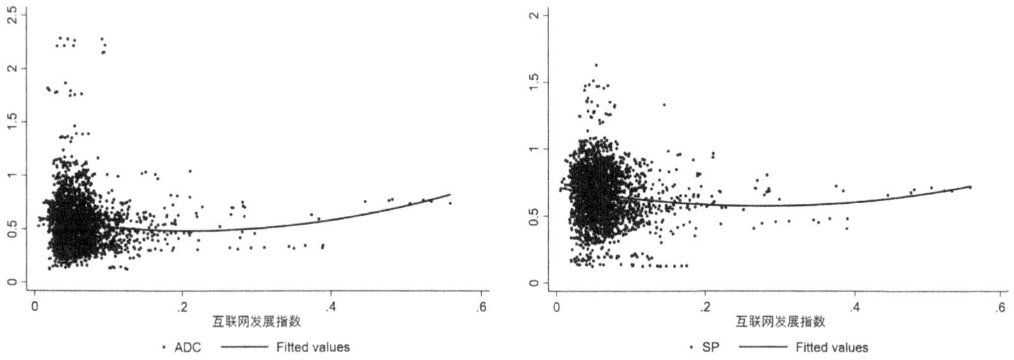

图 9-11 互联网发展与城市制造业布局散点图

因此，构建以下计量模型：

$$\mathrm{Spa}_{c,\ t}=\alpha_0+\alpha_1\mathrm{IT}_{c,\ t}+\alpha_2\left(\mathrm{IT}_{c,\ t}\right)^2+\alpha_3X_{c,\ t}+\rho_c+\upsilon_t+\varepsilon_{c,\ t} \tag{9-18}$$

其中，$\mathrm{Spa}_{c,\ t}$ 为城市 c 在第 t 年的制造业布局，IT 代表信息技术水平，X 代表可能影响城市制造业布局的一系列控制变量，ρ_c 为城市个体固定效应，υ_t 为时间固定效应，$\varepsilon_{c,\ t}$ 表示随机扰动项。

9.4.4.2 变量说明

（1）因变量。城市制造业布局选用前文计算得到的离心性指数（ADC）和空间分离度指数（SP），由于聚集性指数 LC 仅能够表征城市制造业整体上的均匀分布情况，并不能体现出制造业区位的变化，该部分构建空间分离指数与聚集性指数的交叉项，引入中心性指数 UCI=SP × LC，衡量城市制造业布局。

（2）自变量。互联网综合发展指数（IT），在前文中已详细介绍，在此不再赘述。

（3）控制变量。为了尽可能降低遗漏变量导致的模型偏误，模型中从以下几个方面考虑加入控制变量。①考虑交通基础设施的影响，加入城市人均铺设道路面积（lnROAD）、万人公共汽车数量变量（lnBUS），由于这两项指标的统计仅在市辖区层面，因此书中用的数据也是市辖区层面。②考虑与城市空间结构密切相关的人口因素，人口密度变量（lndense），为常住人口数量/行政区域面积。③考虑经济发展因素，分别加入人均GDP（lnGDP）、产业结构（ManuP）和劳动力收入（lnwage）变量，其中人均GDP为以2004年为基期进行价格平减的人均实际GDP；产业结构采用制造业比重衡量；劳动力收入采用城镇职工平均工资衡量。④考虑政府政策干预，采用政府公共财政支出占公共财政收入的比重（Gov）表示。⑤考虑城市的开放程度，采用城市实际利用外资占GDP的比重（FDI）衡量。

变量的描述性统计如表9-15所示。

变量的描述性统计　　表9-15

stats	N	mean	sd	min	max
UCI	2810	0.184	0.087	0	0.678
IT	2810	0.064	0.044	0.005	0.558
lnROAD	2810	2.102	0.619	−3.912	4.686
lnBUS	2810	1.673	0.768	−1.139	4.745
lndense	2810	5.711	0.908	1.548	7.869
lnGDP	2810	9.96	0.769	4.595	13.06
ManuP	2810	0.247	0.134	0.006	0.724
lnwage	2810	10.11	0.465	8.733	12.67
Gov	2810	2.745	2.008	0.649	39.03
FDI	2810	0.003	0.003	0	0.022

9.4.4.3 信息技术对城市制造业布局的影响分析

1. 基准结果分析

基准回归结果如表9-16所示，模型（1）-（2）为信息技术发展对城市制造业离心性布局的影响，模型（3）-（4）为信息技术发展对城市制造业空间分离布局的影响，模型（5）-（6）为信息技术发展对城市制造业多中心布局的影响。其中，模型（2）、（4）、（6）为加入信息技术发展二次项的回归结果。由模型（1）和（3）可知，代表信息技术发展水平的IT系数在1%的置信水平下显著为正，说明城市的信息技术发展，促进了制造业的离心性布局和空间分离布局；模型（5）结果显示，IT系数同样在1%的置信水平下显著，说明信息技术发展显著促进了城市制造业的多中心布局。综合模型（1）、（3）、（5）的结果，可以认为，信息技术的发展能够显著促进制造业离开城市中心，呈空间分离的形态布局，但离开城市中心后，制造业并不是无序布局，而是重新集聚形成次中心，整体上呈现多中心形态。在考虑信息技术的二次项后，三个模型的二次项系数均为负值，说明信息技术对城市制造业布局的影响是非线性的，但最高仅在 10% 的置信水平下显著，表明当前信息技术发展对城市制造业布局的影响还未出现明显拐点。

其他控制变量中，代表交通基础设施的人均道路铺装面积和万人公共汽车数量两项指标的系数在 1% 的置信水平下显著为负，这是因为，现有统计指标仅统计了市辖区层面的数据，而市辖区公共交通设施的完备性有利于缓解中心城区的拥挤效应，故降低了制造业企业迁出的动力。人口密度的系数为正向，但不够显著，说明人口密度越高对城市制造业离心性布局有一定的促进作用。代表城市经济发展水平的人均 GDP 和制造业比重指标均显著为负，说明城市经济水平越高，越不利于制造业扩散。这可能是由于经济水平越高的城市，制造业本身完成转型升级的程度越高，从而能够有效降低拥挤成本进而提高生产效率，进而失去迁出中心城区的动力。

信息技术对城市制造业空间布局的影响　　表 9-16

变量	（1）	（2）	（3）	（4）	（5）	（6）
	ADC	ADC	SP	SP	UCI	UCI
IT	0.149***	0.165*	0.154***	0.288***	0.130***	0.208***
	（0.047）	（0.091）	（0.043）	（0.082）	（0.031）	（0.059）
ITsq		−0.042		−0.355*		−0.211
		（0.206）		（0.187）		（0.136）
lnROAD	−0.008**	−0.008**	−0.010***	−0.010***	−0.002	−0.002
	（0.004）	（0.004）	（0.003）	（0.003）	（0.002）	（0.002）
lnBUS	−0.012***	−0.012***	−0.009***	−0.009***	−0.003	−0.003
	（0.004）	（0.004）	（0.003）	（0.003）	（0.002）	（0.002）
lndense	0.002	0.002	0.002	0.002	0.007*	0.008*
	（0.007）	（0.007）	（0.006）	（0.006）	（0.004）	（0.004）
lnGDP	−0.016**	−0.016**	−0.014**	−0.014**	−0.008**	−0.008**
	（0.006）	（0.006）	（0.006）	（0.006）	（0.004）	（0.004）
ManuP	−0.094***	−0.094***	−0.073***	−0.070***	−0.013	−0.011
	（0.027）	（0.027）	（0.025）	（0.025）	（0.018）	（0.018）
lnwage	0.000	0.000	0.003	0.002	−0.019***	−0.019***
	（0.008）	（0.008）	（0.008）	（0.008）	（0.006）	（0.006）
Gov	−0.001	−0.001	−0.000	−0.000	0.000	0.000
	（0.001）	（0.001）	（0.001）	（0.001）	（0.001）	（0.001）
FDI	0.512	0.506	0.492	0.457	0.097	0.075
	（0.602）	（0.602）	（0.536）	（0.536）	（0.393）	（0.393）

续表

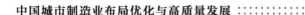

变量	（1）	（2）	（3）	（4）	（5）	（6）
	ADC	ADC	SP	SP	UCI	UCI
Constant	0.753***	0.753***	0.805***	0.806***	0.416***	0.417***
	（0.107）	（0.107）	（0.097）	（0.097）	（0.070）	（0.070）
城市固定效应	是	是	是	是	是	是
时间固定效应	是	是	是	是	是	是
R^2	0.970	0.970	0.966	0.966	0.899	0.899

注：***、** 和 * 分别代表显著性水平为 1%、5% 和 10%，小括号内数值为标准差。

2. 内生性分析

基准模型估计结果的稳健性可能受到内生性问题的干扰，主要表现在两个方面：第一，在人口越密集的城市内部，信息技术的应用也相对更密集，因此可能由于自变量与因变量之间互为因果导致内生性；第二，城市政府对电信基础设施的投资，往往伴随着对交通以及其他影响空间布局的基础设施的投资，而这些遗漏变量很难完全控制，因此可能由于遗漏变量导致模型的内生性问题。因此，该部分借鉴黄群慧等（2019）的方法，选取历史上各城市 1984 年每百人固定电话数量作为信息技术发展的工具变量，对模型进行两阶段最小二乘估计（2SLS）。但由于工具变量非时变，可能被模型中城市固定效应消除，因此，借鉴 Nunn 和 Qian（2014）的设置方法，构造了各城市 1984 年每百人固定电话数量与上一年全国互联网投资额（与时间相关）的交互项，作为城市信息技术发展指数的工具变量。

2SLS 的估计结果如表 9-17 所示，在第一阶段的回归结果中，工具变量的系数在 1% 的置信水平下显著为正，说明工具变量与信息技术指数存在显著相关性，满足了工具变量与自变量相关的假设。弱工具变量检验的 F 统计值大于 10% 的阈值，排除了弱工具变量的可能性，识别不足检验 LM 统计量的 p 值为 0，拒绝了工具变量识别不足的假设，说明本书选择的工具变量是合适的。第二阶段的回归结果显示，信息技术 IT 的系数均在 1% 的置信水平下显著为正，与基准回归结果一致，从而模型通过了内生性检验，较为稳健。

内生性分析 **表 9-17**

第一阶段			
变量	IT	IT	IT
工具变量（IV）	0.013***	0.013***	0.013***
	（0.001）	（0.001）	（0.001）

续表

第二阶段			
变量	ADC	SP	UCI
IT	0.596***	0.617***	0.702***
	(0.201)	(0.191)	(0.142)
lnROAD	-0.002	-0.004	0.002
	(0.004)	(0.004)	(0.003)
lnBUS	-0.010**	-0.012***	-0.000
	(0.004)	(0.004)	(0.003)
lndense	-0.002	-0.000	0.006
	(0.007)	(0.007)	(0.005)
lnGDP	-0.007	-0.005	0.003
	(0.009)	(0.008)	(0.006)
ManuP	-0.073**	-0.049	0.048*
	(0.034)	(0.032)	(0.025)
lnwage	-0.001	0.002	-0.014**
	(0.009)	(0.008)	(0.006)
Gov	-0.001	-0.001	0.000
	(0.001)	(0.001)	(0.001)
FDI	0.130	0.691	0.478
	(0.643)	(0.588)	(0.458)
城市固定效应	是	是	是
时间固定效应	是	是	是
R^2	-0.018	-0.031	-0.122
识别不足检验（LM 值）	130.54	127.17	140.18
（P 值）	(0.000)	(0.000)	(0.000)
弱工具变量检验（F 值）	123.01	119.61	132.85
（10% 阈值）	16.38	16.38	16.38

注：***、** 和 * 分别代表显著性水平为 1%、5% 和 10%，小括号内数值为标准差。

9.4.5 结论与启示

该部分主要介绍了信息技术革命的时代特征以及制造业发展所面临的机遇与挑战，总结了信息技术革命时代制造业的发展方向。通过构建互联网综合发展指数，实证分析了中国城市信息技术发展特征与规律，并构建了计量模型，检验了信息技术对城市制造业布局的影响，得到了以下结论：

第一，中国信息技术水平在研究期内呈现稳定快速的增长趋势。东、中、西部城市互联网发展水平一直存在明显差距，其中东部城市互联网综合发展水平远高于中西部地区，而西部地区的互联网综合发展水平高于中部地区。具体到城市排名，在互联网综合发展指数排前 10 位的城市中，仅西安属于西部城市，其余 9 个城市均位于东部地区；前 15 位城市中，也仅增加了呼和浩特市一座西部城市，其余 13 个城市均位于东部，且中部地区并未有进入前 15 位的城市。

第二，实证研究的结果显示，城市的信息技术发展水平越高，促进了制造业的离心性布局和空间分离布局，并且信息技术发展并非导致城市制造业布局更加分散，而是促进了城市制造业的多中心布局。也就是说，信息技术的发展能够显著促进制造业离开城市中心，呈空间分离的形态布局，但离开城市中心后，制造业并不是一般分散的无序布局，而是重新集聚形成次中心，整体上呈现多中心形态。信息技术对城市制造业布局的影响是非线性的，但当前信息技术发展对城市制造业布局的影响还未出现明显拐点。

结合该部分得到的结论，可以得到以下政策启示：

第一，信息技术并非主导城市制造业向更加分散的形态布局，而是在降低拥挤效应的同时，促进了城市制造业多中心布局的发展。因此，在城市产业布局规划中，政府不能一味地以城市建成区蔓延的方式来安排土地供给、功能区布局和基础设施，而是更科学的遵循城市产业的发展规律，有序引导各类产业布局。

第二，借助信息技术优势，为其打造知识创造和信息交流中心的城市功能定位营造更为适宜的环境，积极布局建设区域性创新高地，并以信息化、数字化进一步推动制造业转型升级。

参考文献

[1] 安虎森 . 产业空间分布、收入差异和政府的有效调控 [J]. 广东社会科学，2007（4）：33-41.

[2] 安同良，杨晨 . 互联网重塑中国经济地理格局：微观机制与宏观效应 [J]. 经济研究，2020，55（2）：4-19.

[3] 彼得 · 马什 . 新工业革命 [M]. 北京：中信出版社，2013：57-75.

[4] 毕青苗，陈希路，徐现祥，等 . 行政审批改革与企业进入 [J]. 经济研究，2018，53（2）：140-155.

[5] 蔡跃洲，张钧南 . 信息通信技术对中国经济增长的替代效应与渗透效应 [J]. 经济研究，2015，50（12）：100-114.

[6] 曹广忠，刘涛 . 北京市制造业就业分布重心变动研究——基于基本单位普查数据的分析 [J]. 城市发展研究，2007，14（6）：8-14.

[7] 曹玉红，宋艳卿，朱胜清，等 . 基于点状数据的上海都市型工业空间格局研究 [J]. 地理研究，2015，34（9）：1708-1720.

[8] 钞小静，廉园梅，罗鎏锴 . 新型数字基础设施对制造业高质量发展的影响 [J]. 财贸研究，2021，32（10）：1-13.

[9] 陈良文，杨开忠，沈体雁，等 . 经济集聚密度与劳动生产率差异——基于北京市微观数据的实证研究 [J]. 经济学（季刊），2008，8（1）：99-114.

[10] 陈强 . 高级计量经济学及 Stata 应用（第二版）[M]. 北京：高等教育出版社，2014.

[11] 陈强远，钱学锋，李敬子 . 中国大城市的企业生产率溢价之谜 [J]. 经济研究，2016（3）：110-122.

[12] 陈诗一，陈登科 . 雾霾污染、政府治理与经济高质量发展 [J]. 经济研究，2018，53（2）：20-34.

[13] 陈小晔，孙斌栋 . 上海都市区制造业就业格局的演化及影响因素 [J]. 人文地理，2017，32（4）：95-101.

[14] 陈秀山，徐瑛 . 中国制造业空间结构变动及其对区域分工的影响 [J]. 经济研究，2008

（10）：104–116.

[15] 陈昭，刘映曼．政府补贴、企业创新与制造业企业高质量发展 [J]. 改革，2019（8）：140–151.

[16] 楚波，梁进社．基于 OPM 模型的北京制造业区位因子的影响分析 [J]. 地理研究，2007，26（4）：723–734.

[17] 崔功豪，武进．中国城市边缘区空间结构特征及其发展——以南京等城市为例 [J]. 地理学报，1990，45（4）：399–411.

[18] 单春霞，李倩，丁琳．知识产权保护、创新驱动与制造业高质量发展——有调节的中介效应分析 [J]. 经济问题，2023（2）：51–59.

[19] 樊杰．中国主体功能区划方案 [J]. 地理学报，2015，70（2）：186–201.

[20] 范剑勇，冯猛，李方文．产业集聚与企业全要素生产率 [J]. 世界经济，2014（5）：51–73.

[21] 范剑勇．产业集聚与地区间劳动生产率差异 [J]. 经济研究，2006（11）：72–81.

[22] 方时姣，张柯．长江经济带城市蔓延对能源碳排放的影响研究——来自夜间灯光的经验证据 [J]. 学习与实践，2022（10）：30–39.

[23] 傅十和，洪俊杰．企业规模、城市规模与集聚经济——对中国制造业企业普查数据的实证分析 [J]. 经济研究，2008（11）：112–125.

[24] 高丽娜，宋慧勇．创新驱动、人口结构变动与制造业高质量发展 [J]. 经济经纬，2020，37（4）：81–88.

[25] 郭家堂，骆品亮．互联网对中国全要素生产率有促进作用吗 ?[J]. 管理世界，2016（10）：34–49.

[26] 郭克莎．我国技术密集型产业发展的趋势、作用和战略 [J]. 产业经济研究，2005（5）：1–12.

[27] 韩峰，柯善咨．追踪我国制造业集聚的空间来源：基于马歇尔外部性与新经济地理的综合视角 [J]. 管理世界，2012（10）：55–70.

[28] 贺灿飞，胡绪千 .1978 年改革开放以来中国工业地理格局演变 [J]. 地理学报，2019，74（10）：1962–1979.

[29] 贺灿飞，刘洋．产业地理集聚与外商直接投资产业分布——以北京市制造业为例 [J]. 地理学报，2006，61（12）：1259–1270.

[30] 胡安俊，孙久文．空间层次与产业布局 [J]. 财贸经济，2018（10）：131–144.

[31] 胡安俊，孙久文．中国制造业转移的机制、次序与空间模式 [J]. 经济学（季刊），2014，13（4）：1533–1556.

[32] 黄群慧，余泳泽，张松林．互联网发展与制造业生产率提升：内在机制与中国经验 [J]. 中国工业经济，2019（8）：5–23.

[33] 埃比尼泽·霍华德.明日的田园城市[M].金经元，译.北京：商务印书馆，2017.
[34] 季鹏，袁莉琳.北京高技术制造业多中心结构演变特征与地区全要素生产率的空间分布[J].地域研究与开发，2018，37（6）：18–22，28.
[35] 江曼琦，大城市中心市区工业疏解的思考——以天津市为例[J].经济地理，1994，14（1）：65–69，6.
[36] 江曼琦，席强敏.制造业在世界大都市发展中的地位、作用与生命力[J].南开学报（哲学社会科学版），2012（2）：124–132.
[37] 江艇，孙鲲鹏，聂辉华.城市级别、全要素生产率和资源错配[J].管理世界，2018（3）：38–50，77.
[38] 江小国，何建波，方蕾.制造业高质量发展水平测度、区域差异与提升路径[J].上海经济研究，2019（7）：70–78.
[39] 江小涓.服务全球化的发展趋势和理论分析[J].经济研究，2008（2）：4–18.
[40] 蒋殿春，王晓娆.中国R&D结构对生产率影响的比较分析[J].南开经济研究，2015（2）：59–73.
[41] 蒋丽，吴缚龙.广州市就业次中心和多中心城市研究[J].城市规划学刊，2009（3）：75–81.
[42] 柯善咨，赵曜.产业结构、城市规模与中国城市生产率[J].经济研究，2014（4）：76–88，115.
[43] 孔令池.中国制造业布局特征及空间重塑[J].经济学家，2019（4）：41–48.
[44] 寇冬雪.产业集聚模式与环境污染关系研究[J].经济经纬，2021，38（4）：73–82.
[45] 李国平，孙铁山.网络化大都市：城市空间发展新模式[J].城市发展研究，2013（5）：83–89.
[46] 李小建，李国平，曾刚.经济地理学[M].北京：高等教育出版社，1999.
[47] 李晓华.新工业革命对产业布局的影响及其表现特征[J].西安交通大学学报（社会科学版），2021，41（2）：1–10.
[48] 梁琦.中国制造业分工、地方专业化及其国际比较[J].世界经济，2004（12）：32–40.
[49] 梁若冰，席鹏辉.轨道交通对空气污染的异质性影响——基于RDID方法的经验研究[J].中国工业经济，2016（3）：83–98.
[50] 林毅夫，向为，余淼杰.区域型产业政策与企业生产率[J].经济学（季刊），2018，17（2）：781–800.
[51] 刘海洋，刘玉海，袁鹏.集聚地区生产率优势的来源识别：集聚效应抑或选择效应？[J].经济学（季刊），2015，14（3）：1073–1092.
[52] 刘红光，刘卫东，刘志高.区域间产业转移定量测度研究[J].中国工业经济，2011（6）：

79–88.

[53] 刘涛，曹广忠．北京市制造业分布的圈层结构演变——基于第一、二次基本单位普查资料的分析 [J]. 地理研究，2010，29（4）：716–726.

[54] 刘霄泉，孙铁山，李国平．基于局部空间统计的产业集群空间分析——以北京市制造业集群为例 [J]. 地理科学，2012，32（5）：530–535.

[55] 刘霄泉，孙铁山，李国平．北京市域制造业的空间演化特征 [J]. 地理研究，2018，37（8）：1575–1586.

[56] 刘小玄，李双杰．制造业企业相对效率的度量和比较及其外生决定因素（2000—2004）[J]. 经济学（季刊），2008，7（3）：843–868.

[57] 刘鑫鑫，惠宁．数字经济对中国制造业高质量发展的影响研究 [J]. 经济体制改革，2021（5）：92–98.

[58] 刘修岩，李松林，秦蒙．城市空间结构与地区经济效益——兼论中国城镇化发展道路的模式选择 [J]. 管理世界，2017（1）：51–64.

[59] 刘修岩．集聚经济与劳动生产率：基于中国城市面板数据的实证研究 [J]. 数量经济技术经济研究，2009（7）：109–119.

[60] 刘志彪，凌永辉．结构转换、全要素生产率与高质量发展 [J]. 管理世界，2020，36（7）：15–29.

[61] 卢明华，李丽．北京电子信息产业及其价值链空间分布特征研究 [J]. 地理研究，2012，31（10）：1861–1871.

[62] 鲁晓东，连玉君．中国工业企业全要素生产率估计：1999–2007[J]. 经济学（季刊），2012，11（2）：541–558.

[63] 罗勇，曹丽莉．中国制造业集聚程度变动趋势实证研究 [J]. 经济研究，2005（8）：106–127.

[64] 吕卫国，陈雯．制造业企业区位选择与南京城市空间重构 [J]. 地理学报，2009，64（2）：142–152.

[65] 毛其淋，盛斌．中国制造业企业的进入退出与生产率动态演化 [J]. 经济研究，2013（4）：81–94.

[66] 毛中根，武优勐．我国西部制造业分布格局、形成动因及发展路径 [J]. 数量经济技术经济研究，2019（3）：3–19.

[67] 孟斌，湛东升，郝丽荣．基于社会属性的北京市居民通勤满意度空间差异分析 [J]. 地理科学，2013，33（4）：410–417.

[68] 孟辉，白雪洁．新兴产业的投资扩张、产品补贴与资源错配 [J]. 数量经济技术经济研究，2017（6）：20–36.

[69] 孟晓晨，吴静，沈凡卜．职住平衡的研究回顾及观点综述 [J]. 城市发展研究，2009，16（6）：23–28.

[70] 聂辉华，江艇，杨汝岱．中国工业企业数据库的使用现状和潜在问题 [J]. 世界经济，2012（5）：142–158.

[71] 潘文卿，刘庆．中国制造业产业集聚与地区经济增长——基于中国工业企业数据的研究 [J]. 清华大学学报（哲学社会科学版），2012，27（1）：137–147.

[72] 彭树涛，李鹏飞．中国制造业发展质量评价及提升路径 [J]. 中国特色社会主义研究，2018（5）：34–40.

[73] 钱学峰，黄玖立，黄云湖．地方政府对集聚租征税了吗？——基于中国地级市企业微观数据的经验研究 [J]. 管理世界，2012（2）：19–29.

[74] 秦波．上海市产业空间分布的密度梯度及影响因素研究 [J]. 人文地理，2011，26（1）：39–43.

[75] 秦蒙，刘修岩，李松林．城市蔓延如何影响地区经济增长？——基于夜间灯光数据的研究 [J]. 经济学（季刊），2019，18（2）：527–550.

[76] 秦蒙，刘修岩，仝怡婷．蔓延的城市空间是否加重了雾霾污染——来自中国 PM2.5 数据的经验分析 [J]. 财贸经济，2016（11）：146–160.

[77] 邱泽奇，张樹沁，刘世定等．从数字鸿沟到红利差异——互联网资本的视角 [J]. 中国社会科学，2016（10）：93–115.

[78] 申广军，姚洋，钟宁桦．民营企业融资难与我国劳动力市场的结构性问题 [J]. 管理世界，2020（2）：41–58.

[79] 沈鸿，向训勇．专业化相关多样化与企业成本加成——检验产业集聚外部性的一个新视角 [J]. 经济学动态，2017（10）：81–98.

[80] 沈能，赵增耀，周晶晶．生产要素拥挤与最优集聚度识别——行业异质性的视角 [J]. 中国工业经济，2014（5）：83–95.

[81] 施炳展，李建桐．互联网是否促进了分工：来自中国制造业企业的证据 [J]. 管理世界，2020，36（4）：130–149.

[82] 石敏俊，逄瑞，郑丹，等．中国制造业产业结构演进的区域分异与环境效应 [J]. 经济地理，2017，37（10）：108–115.

[83] 孙斌栋，潘鑫，宁越敏．上海市就业与居住空间均衡对交通出行的影响分析 [J]. 城市规划学刊，2008（1）：77–82.

[84] 孙楚仁，陈瑾．企业生产率异质性是否会影响工业集聚 [J]. 世界经济，2017（2）：52–77.

[85] 孙磊，张晓平．北京制造业空间布局演化及重心变动分解分析 [J]. 地理科学进展，2012，31（4）：491–497.

[86] 孙浦阳，韩帅，许启钦 . 产业集聚对劳动生产率的动态影响 [J]. 世界经济，2013（3）：33–53.

[87] 孙铁山 . 北京市居住与就业空间错位的行业差异和影响因素 [J]. 地理研究，2015，34（2）：351–363.

[88] 孙元元，张建清 . 中国制造业省际间资源配置效率演化：二元边际的视角 [J]. 经济研究，2015（10）：89–103.

[89] 田晖，程倩，李文玉 . 进口竞争、创新与中国制造业高质量发展 [J]. 科学学研究，2021，39（2）：222–232.

[90] 汪彩君，邱梦 . 规模异质性与集聚拥挤效应 [J]. 科研管理，2017，38（4）：348–354.

[91] 汪明峰 . 互联网使用与中国城市化——“数字鸿沟”的空间层面 [J]. 社会学研究，2005（6）：112–135.

[92] 王非暗，王钰，唐韵，等 . 制造业扩散的时刻是否已经到来 [J]. 浙江社会科学，2010（9）：2–10，125.

[93] 王贵东 . 中国制造业企业的垄断行为：寻租型还是创新型 [J]. 中国工业经济，2017（3）：83–100.

[94] 王桂新，魏星 . 上海从业劳动力空间分布变动分析 [J]. 地理学报，2007，62（2）：200–210.

[95] 王卉彤，刘传明，赵浚竹 . 交通拥堵与雾霾污染：基于职住平衡的新视角 [J]. 财贸经济，2018，39（1）：147–160.

[96] 王峤，刘修岩，李迎成 . 空间结构、城市规模与中国城市的创新绩效 [J]. 中国工业经济，2021（5）：114–132.

[97] 王俊，陈国飞 . “互联网 +”、要素配置与制造业高质量发展 [J]. 技术经济，2020，39（9）：61–72.

[98] 王可，李连燕 . “互联网 +”对中国制造业发展影响的实证研究 [J]. 数量经济技术经济研究，2018，35（6）：3–20.

[99] 王如玉，梁琦，李广乾 . 虚拟集聚：新一代信息技术与实体经济深度融合的空间组织新形态 [J]. 管理世界，2018（2）：13–21.

[100] 王旭辉，孙斌栋 . 特大城市多中心空间结构的经济绩效——基于城市经济模型的理论探讨 [J]. 城市规划学刊，2011（6）：20–27.

[101] 王燕，徐妍 . 中国制造业空间集聚对全要素生产率的影响机理研究——基于双门限回归模型的实证研究 [J]. 财经研究，2012，38（3）：135–144.

[102] 王铮，赵晶媛，刘筱等 . 高技术产业空间格局演变规律及相关因素分析 [J]. 科学学研究，2006，24（2）：227–232.

[103] 威廉·阿朗索 . 区位和土地利用：地租的一般理论 [M]. 梁进社，等译，北京：商务印书馆，2010.

[104] 魏后凯，白玫 . 中国企业迁移的特征、决定因素及发展趋势 [J]. 发展研究，2009（10）：9–18.

[105] 魏守华，陈扬科，陆思桦 . 城市蔓延、多中心集聚与生产率 [J]. 中国工业经济，2016（8）：58–75.

[106] 文东伟，冼国明 . 中国制造业产业集聚的程度及其演变趋势：1998–2009 年 [J]. 世界经济，2014（3）：3–31.

[107] 吴三忙，李善同 . 中国制造业空间分布分析 [J]. 中国软科学，2010（6）：123–131，150.

[108] 吴思栩，孙斌栋，张婷麟 . 互联网对中国城市内部就业分布的动态影响 [J]. 地理学报，2022，77（6）：1446–1460.

[109] 席强敏，季鹏 . 京津冀高技术制造业空间结构演变的经济绩效 [J]. 经济地理，2018，38（11）：112–122.

[110] 席强敏 . 企业迁移促进了全要素生产率提高吗？——基于城市内部制造业迁移的验证 [J]. 南开经济研究，2018（4）：176–193.

[111] 谢小平，汤萱，傅元海 . 高行政层级城市是否更有利于企业生产率的提升 [J]. 世界经济，2017，40（6）：120–144.

[112] 徐华亮 . 中国制造业高质量发展研究：理论逻辑、变化态势、政策导向——基于价值链升级视角 [J]. 经济学家，2021（11）：52–61.

[113] 徐康宁，王剑 . 自然资源丰裕程度与经济发展水平关系的研究 [J]. 经济研究，2006（1）：78–89.

[114] 徐维祥，张筱娟，刘程军 . 长三角制造业企业空间分布特征及其影响机制研究：尺度效应与动态演进 [J]. 地理研究，2019，38（5）：1236–1252.

[115] 徐维祥，周建平，刘程军 . 数字经济发展对城市碳排放影响的空间效应 [J]. 地理研究，2022，41（1）：111–129.

[116] 许学强，周一星，宁越敏 . 城市地理学（第三版）[M]. 北京：高等教育出版社，2022.

[117] 杨凡，杜德斌，段德忠，等 . 城市内部研发密集型制造业的空间分布与区位选择模式——以北京、上海为例 [J]. 地理科学，2017，37（4）：492–501.

[118] 杨仁发 . 产业集聚能否改善中国环境污染 [J]. 中国人口·资源与环境，2015，25（2）：23–29.

[119] 杨汝岱，朱诗娥 . 产业政策、企业退出与区域生产效率演变 [J]. 学术月刊，2018，50（4）：33–45.

[120] 杨汝岱 . 中国制造业企业全要素生产率研究 [J]. 经济研究，2015（2）：61–74.

[121] 杨耀武，张平 . 中国经济高质量发展的逻辑、测度与治理 [J]. 经济研究，2021，56（1）：26–42.

[122] 叶宁华，包群，邵敏 . 空间集聚、市场拥挤与中国出口企业的过度扩张 [J]. 管理世界，2014（1）：58–72.

[123] 张杰，唐根年 . 浙江省制造业空间分异格局及其影响因素 [J]. 地理科学，2018，38（7）：1107–1117.

[124] 张军扩，侯永志，刘培林，等 . 高质量发展的目标要求和战略路径 [J]. 管理世界，2019，35（7）：1–7.

[125] 张莉，朱光顺，李世刚，等 . 市场环境、重点产业政策与企业生产率差异 [J]. 管理世界，2019（3）：114–126.

[126] 张晓平，孙磊 . 北京市制造业空间格局演化及影响因子分析 [J]. 地理学报，2012，67（10）：1308–1316.

[127] 张鑫宇，张明志 . 要素错配、自主创新与制造业高质量发展 [J/OL]. 科学学研究，2022.

[128] 章文，王佳璆 . 基于 PCA–SOM 的深圳产业空间结构 [J]. 地理研究，2014，33（9）：1736–1746.

[129] 赵璐，赵作权 . 中国制造业的大规模空间集聚与变化——基于两次经济普查数据的实证研究 [J]. 数量经济技术经济研究，2014（10）：110–121，138.

[130] 赵渺希 . 多中心城市就业—居住的非完全结构匹配模型 [J]. 地理研究，2017，36（8）：1531–1542.

[131] 赵涛，张智，梁上坤 . 数字经济、创业活跃度与高质量发展——来自中国城市的经验证据 [J]. 管理世界，2020，36（10）：65–76.

[132] 郑国 . 北京市制造业空间结构演化研究 [J]. 人文地理，2006，21（5）：84–88.

[133] 郑思齐，徐杨菲，张晓楠，等 ."职住平衡指数"的构建与空间差异性研究：以北京市为例 [J]. 清华大学学报（自然科学版），2015，55（4）：475–483.

[134] 钟国平 . 快速工业化城市职住空间平衡与过剩通勤研究——以中山为例 [J]. 人文地理，2016，31（3）：60–66.

[135] 周柯，周雪莹 . 空间视域下互联网发展、技术创新与产业结构转型升级 [J]. 工业技术经济，2021，40（11）：28–37.

[136] ALDER S，SHAO L，ZILIBOTTI F. Economic Reforms and Industrial Policy in A Panel of Chinese Cities [J]. Journal of Economic Growth，2016，4（21）：305–349.

[137] ALONSO W. Location and Land Use. Toward a General Theory of Land Rent [D]. Harvard University Press，Cambridge，MA. 1964.

[138] ALONSO W. Urban Zero Population Growth [J]. Daedalus, 1973, 102 (4): 191-206.

[139] ANAS A, ARNOTT R, SMALL K A. Urban Spatial Structure [J]. Journal of Economic Literature, 1998, 36 (3): 1426-1464.

[140] ANGEL S, BLEI A M. The Spatial Structure of American Cities: The Great Majority of Workplaces are no Longer in CBDs, Employment Sub-centers, or Live-work Communities [J]. Cities, 2016 (51): 21-35.

[141] BALDWIN E, OKUBO T. Heterogeneous Firms, Agglomeration and Economic Geography: Spatial Selection and Sorting [J]. Journal of Economic Geography, 2006, 6 (3): 323-346.

[142] BAUM-SNOW N, BRANDT L, HENDERSON J V, et al. Roads, Railroads, and Decentralization of Chinese Cities [J]. The Review of Economics and Statistics, 2017, 99 (3): 435-448.

[143] BERTAUD A, MALPEZZI S. The Spatial Distribution of Population in 35 World Cities: The Role of Markets, Planning and Topography [J]. University of wisconsin Center of Urban Land Economics Research, 2001, 63 (1): 77-87.

[144] BLOOM N, GARICANO L, SADUN R, et al. The Distinct Effects of Information Technology and Communication Technology on Firm Organization [J]. Management Science, 2014, 60 (12): 2859-2885.

[145] BRAKMAN S, GARRETSEN H, GIGENGACK R, et al. Negative Feedbacks in the Economy and Industrial Location [J]. Journal of Regional Science, 1996, 36 (4): 631-651.

[146] BRANDT L, BIESEBROECK J V, ZHANG Y. Creative Accounting or Creative Destruction? Firm-level Productivity Growth in Chinese Manufacturing [J]. Journal of Development Economics, 2012, 97 (2): 339-351.

[147] BREZZI M, VENERRI P. Assessing Polycentric Urban Systems in the OECD: Country, Regional and Metropolitan Perspectives[J]. European Planning Studies, 2015, 23 (6): 1128-1145.

[148] BRüLHART M, SBERGAMI F. Agglomeration and Growth: Cross-Country Evidence [J]. Journal of Urban Economics, 2009, 65 (1): 48-63.

[149] CERVENO R. Jobs-housing Balance and Regional Mobility [J]. Journal of the American Planning Association, 1989, 55 (2): 136-150.

[150] CICCONE A, HALL R E. Productivity and the Density of Economic Activity [J]. American Economic Review, 1996, 86 (1): 54-70.

[151] COMBES P, DURANTON G, GOBILLON L. The Costs of Agglomeration: House and Land

Prices in French Cities [J]. The Review of Economic Studies，2019，86（4）：1556–1589.

[152] COX D R. Regression Models and Life Tables（with discussion）[J]. Journal of the Royal Statistical Society. Series B，1972，34（2）：187–220.

[153] DESMET K，FACHAMPS M. Changes in the Spatial Concentration of Employment across US Counties：A Sectoral Analysis 1972–2000 [J]. Journal of Economic Geography，2005，5（3）：261–284.

[154] DURANTON G，OVERMAN H G. Exploring the Detailed Location Patterns of U.K. Manufacturing Industries Using Microgeographic Data [J]. Journal of Regional Science，2008，48（1）：213–243.

[155] DURANTON G，OVERMAN H G. Testing for Localization Using Micro–Geographic Data [J]. Review of Economic Studies，2005（72）：1077–1106.

[156] ELLISON G，GLAESER E. Geographic Concentration in US Manufacturing Industries：A Dartboard Approach [J]. Journal of Political Economy，1997，105（5）：889–927.

[157] FALLAH B N，PARTRIDGE M D，OLFERT M R. Urban Sprawl and Productivity：Evidence from U S Metropolitan Areas[J]. Papers in Regional Science，2011，90（3）：451–472.

[158] FLORENCE P S. Investment，Location，and Size of Plant [M]. Cambridge：Cambridge University Press，1948.

[159] FORSLID R，OKUBO T. Spatial Sorting with Heterogeneous Firms and Heterogeneous Sectors[J]. Regional Science and Urban Economics，2014（46）：42–56.

[160] FUJITA M，OGAWA H. Multiple Equilibria and Structural Transition of Non–Monocentric Urban Configurations [J]. Regional Science and Urban Economics，1982，12（2）：161–196.

[161] FUJITA M，THISSE J，ZENOU Y. On the Endogenous Formation of Secondary Employment Centers in a City [J]. Journal of Urban Economics，1997，41（3）：337–357.

[162] FUJITA M. Thunen and The New Economic Geography[J]. Regional Science and Urban Economics，2012，42（6）：907–912.

[163] GARCIA–LÓPEZ M，HÉMET C，VILADECANS–MARSAL E. Next Train to the Polycentric City：The Effect of Railroads on Subcenter Formation [J]. Regional Science and Urban Economics，2017，67（C）：50–63.

[164] GASPAR J，GLAESER E L. Information Technology and the Future of Cities [J]. Journal of Urban Economics，1998，43（1）：136–156.

[165] GIULIANO G，SMALL K A. Is the Journey to Work Explained by Urban Structure[J]. Urban Studies，1993，30（9）：1485–1500.

[166] GLAESER E L, KAHN M. Decentralized Employment and the Transformation of the American City[R]. NBER working paper, NO. 8117, 2001.

[167] GLAESER E L. Triumph of the City: How Our Greatest Invention Makes Us Richer, Smarter, Greener, Healthier, and Happier [M]. New York: Penguin Press, 2011.

[168] GORDON P, RICHARDSON H W. Beyond Polycentricity: The Dispersed Metropolis, Los Angeles, 1970–1990 [J]. Journal of the American Planning Association, 1996, 62 (3): 289–295.

[169] GRIFFITH D A, WONG D W. Modeling Population Density across Major US Cities: A Polycentric Spatial Regression Approach [J]. Journal of Geographical Systems, 2007, 9 (1): 53–75.

[170] GUILLAIN R, LE GALLO J, BOITEUX–ORAIN C. Changes in Spatial and Sectoral Patterns of Employment in Ile–de–France, 1978–97 [J]. Urban Studies, 2006, 43 (11): 2075–2098.

[171] HARARI M. Cities in Bad Shape: Urban Geometry in India [J]. American Economic Review, 2020, 110 (8): 2377–2421.

[172] HENDERSON J V, BECKER R. Political Economy of City Sizes and Formation[J]. Journal of Urban Economics, 2000, 48 (3): 453–484.

[173] HENDERSON J V. Marshall' s Scale Economies [J]. Journal of Urban Economics,2003,53(1): 1–28.

[174] HIPP J R, KIM J H, FORTHUN B. Proposing New Measures of Employment Deconcentration and Spatial Dispersion Across Metropolitan Areas in the US[J]. Papers in Regional Science, 2021, 100 (3): 815–841.

[175] HOOVER E M. Locaton Theory and the Shoe and Leather Industries [M]. Cambridge, Mass: Harvard University Press, 1937.

[176] HORNER M. Extensions to the Concept of Excess Commuting [J]. Environment Planning A, 2002, 34 (3): 543–566.

[177] HORNER M, ALAN Murray. A Multi–objective Approach to Improving Regional Jobs–housing Balance [J]. Regional Studies, 2003, 37 (2): 135–146.

[178] JAFFE A, TRAJTENBERG M, HENDERSON R. Geographical Localization of Knowledge Spillovers as Evidenced by Patent Citations [J]. Quarterly Journal of Economics, 1993, 108 (3): 577–598.

[179] JAFFE A. Real Effects of Academic Research [J]. The American Economic Review, 1989, 79 (5): 957–970.

[180] KIM S. Expansion of Markets and the Geographic Distribution of Economic Activities: The Trends in US Regional Manufacturing Structure, 1860–1987 [J]. Quarterly Journal of Economics, 1995, 110 (4): 881–908.

[181] KRUGMAN P R. Increasing Returns and Economic Geography [J]. Journal of Political Economy, 1991, 99 (3): 483–499.

[182] KRUGMAN P R. What's New about the New Economic Geography? [J]. Oxford Review of Economic Policy, 1998, 14 (2): 7–17.

[183] LEE B, GORDON P. Urban Structure: Its Role in Urban Growth, Net New Business Formation and Industrial Churn[J]. Region et Developpement, 2011 (33): 137–159.

[184] LI W, SUN B, ZHAO J, et al. Economic Performance of Spatial Structure in Chinese Prefecture Regions: Evidence from Night-time Satellite Imagery [J]. Habitat International, 2018, 76: 29–39.

[185] LI Y, LIU X. How Did Urban Polycentricity and Dispersion Affect Economic Productivity? A case study of 306 Chinese cities[J]. Landscape and Urban Planning, 2018, 173: 51–59.

[186] LONG Y, SONG Y, CHEN L. Identifying Subcenters with a Nonparametric Method and Ubiquitous Point-of-interest Data: A Case Study of 284 Chinese Cities[J]. Environment and Planning B: Urban Analytics and City Science, 2022, 49 (1): 58–75.

[187] LUCAS R E, ROSSI-HANSBERG E. On the Internal Structure of Cities [J]. Econometrica, 2002, 70 (4): 1445–1476.

[188] MARTIN R W. The Adjustment of Black Residents to Metropolitan Employment Shifts: How Persistent is Spatial Mismatch? [J]. Journal of Urban Economics, 2001, 50 (1): 52–76.

[189] MCMILLEN D P, MCDONALD J F. Suburban Subcenters and Employment Density in Metropolitan Chicago [J]. Journal of Urban Economics, 1998 (43): 157–180.

[190] MCMILLEN D P. Nonparametric Employment Subcenter Identification [J]. Journal of Urban Economics, 2001, 50 (3): 448–473.

[191] MEIJERS E, BURGER M. Spatial Structure and Productivity in US Metropolitan Areas [J]. Environment and Planning A, 2010 (42): 1383–1402.

[192] MEIJERS E, BURGER M. Stretching the Concept of "Borrowed Size" [J]. Urban Studies, 2017, 54 (1): 269–291.

[193] MIDELFART-KNARVIK K H, OVERMAN H G, REDDING S J, et al. Integration and Industrial Specialization in the European Union [J]. Revue Economique, 2002, 53 (3): 469–481.

[194] MILLS E. An Aggregative Model of Resource Allocation in a Metropolitan Area [J]. American

Economic Review, 1967, 57 (2): 197–210.

[195] MORETTI E. The Effect of High–Tech Clusters on the Productivity of Top Inventors [J]. American Economic Review, 2021, 111 (10): 3328–3375.

[196] MUÑIZ I, GARCIA–LÓPEZ M A, GALINDO A. The Effect of Employment Subcenters on Population Density in Barcelona [J]. Urban Studies, 2008, 45 (3): 627–649.

[197] MUTH R. Cities and Housing: The Spatial Pattern of Urban Residential Land Use [M]. University of Chicago Press, Chicago, IL. 1969.

[198] OLINNER S D, SICHEL D E. Information Technology and Productivity: Where are we now and where are we going? [J]. Journal of Policy Modeling, 2003, 25 (5): 477–503.

[199] OTTAVIANO G. New New Economic Geography: Firms Heterogeneity and Agglomeration Economies [J]. Journal of Economic Geography, 2011, 11 (2): 231–240.

[200] OUWEHAND W M, VAN OORT F G, CORTINOVIS N. Spatial Structure and Productivity in European Regions [J]. Regional Studies, 2022, 56 (1): 48–62.

[201] PARK D, SEO B, JUNG C. The Effect of Manufacturing Firms' Spatial Distribution on the Productivity of Manufacturing Industries in SMA [J]. Journal of The Korea Planners Association, 2009, 44 (7): 147–159.

[202] PEREIRA R H M, NADALIN V, MONASTERIO L, et al. Urban Centrality: A Simple Index[J]. Geographical Analysis, 2013, 45 (1): 77–89.

[203] SIMON C J. Industrial Reallocation Across US Cities, 1977–1997 [J]. Journal of Urban Economics, 2004, 56 (1): 119–143.

[204] STORPER M, LEAMER E. The Economic Geography of the Internet Age [J]. Journal of International Business Studies, 2001, 32 (4): 641–665.

[205] SUN T, LV Y. Employment Centers and Polycentric Spatial Development in Chinese Cities: A Multi–scale Analysis[J]. Cities, 2020, 99: 102617.

[206] TSAI Yu–Hsin. Quantifying Urban Form: Compactness versus 'Sprawl' [J]. Urban Studies, 2005, 42 (1): 141–161.

[207] WANG J. The Economic Impact of Spatial Economic Zones: Evidence from Chinese Municipalities [J]. Journal of Development Economics, 2013 (101): 133–147.

[208] WANG Y, SUN B, ZHANG T. Do Polycentric Urban Regions Promote Functional Spillovers and Economic Performance? Evidence from China [J]. Regional Studies, 2022, 56 (1): 63–74.

[209] WHITE M J. Urban Commuting Journeys Are Not "Wasteful" [J]. Journal of Political Economy, 1988, 96 (5): 1097–1110.

[210] YOUNG A. Learning by Doing and the Dynamic Effects of International Trade[J]. Quarterly Journal of Economics，1991，106（2）：369–405.

[211] YOUNG A. The Razor's Edge：Distortions and Incremental Reform in the People's Republic of China [J]. Quarterly Journal of Economics，2000，115（4）：1091–1135.

[212] YU M. Processing Trade，Tariff Reductions and Firm Productivity：Evidence from Chinese Firms [J]. The Economic Journal，2015，125（585）：943–988.